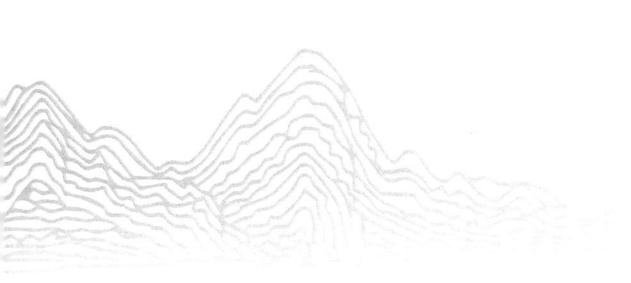

浙江智库
ZHEJIANG THINK TANK

兰菊萍 —— 著

"两山"之路

中国社会科学出版社

图书在版编目（CIP）数据

"两山"之路 / 兰菊萍著. -- 北京：中国社会科学出版社，2025.2. -- ISBN 978-7-5227-4188-8

Ⅰ. X321.2

中国国家版本馆 CIP 数据核字第 2024MT5757 号

出 版 人	季为民
责任编辑	喻 苗
责任校对	胡新芳
责任印制	李寡寡

出　　版	中国社会科学出版社
社　　址	北京鼓楼西大街甲 158 号
邮　　编	100720
网　　址	http://www.csspw.cn
发 行 部	010-84083685
门 市 部	010-84029450
经　　销	新华书店及其他书店

印　　刷	北京明恒达印务有限公司
装　　订	廊坊市广阳区广增装订厂
版　　次	2025 年 2 月第 1 版
印　　次	2025 年 2 月第 1 次印刷

开　　本	710×1000　1/16
印　　张	15.5
插　　页	2
字　　数	240 千字
定　　价	79.00 元

凡购买中国社会科学出版社图书，如有质量问题请与本社营销中心联系调换
电话：010-84083683
版权所有　侵权必究

目录 Contents

引言　绿水青山就是金山银山 …………………………………… (1)

第一章　"两山"理念的逻辑关系 ………………………………… (4)
第一节　"两山"理念的内涵 ………………………………… (4)
第二节　"两山"理念的发展历程 …………………………… (8)
第三节　"两山"理念的价值维度 …………………………… (13)

第二章　"两山"之路的价值承载 ………………………………… (20)
第一节　"两山"之路的时代背景 …………………………… (20)
第二节　"两山"之路的内涵向度 …………………………… (25)
第三节　"两山"之路的生态意蕴 …………………………… (28)
第四节　"两山"之路的价值追求 …………………………… (33)

第三章　"两山"之路的必然与应然 ……………………………… (39)
第一节　"两山"之路与生态文明 …………………………… (39)
第二节　"两山"之路与绿色发展 …………………………… (50)
第三节　"两山"之路与乡村振兴 …………………………… (61)
第四节　"两山"之路与共同富裕 …………………………… (70)

第四章　"两山"的价值核算 ……………………………………… (83)
第一节　生态产品的内涵 …………………………………… (83)
第二节　生态产品价值核算概述 …………………………… (89)

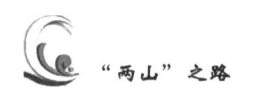

第三节　生态产品价值核算的实践：以新兴镇为例 …………（93）

第五章　"两山"的价值转化 …………………………………（104）
　　第一节　产业生态化 ………………………………………（105）
　　第二节　生态产业化 ………………………………………（115）
　　第三节　生态产业化与产业生态化协同发展 ……………（121）
　　第四节　"两化"协同发展的实践模式 ……………………（126）

第六章　"两山"之路的成效评价 ……………………………（136）
　　第一节　"两山"之路指数的意义 …………………………（136）
　　第二节　"两山"之路成效评价指标体系 …………………（139）
　　第三节　"两山"之路发展成效测度 ………………………（148）

第七章　"两山"之路的创新实践案例 ………………………（159）
　　第一节　绿水青山就是金山银山：以丽水市为例 ………（159）
　　第二节　冰天雪地也是金山银山：以呼伦贝尔市为例 …（167）
　　第三节　戈壁沙漠也是金山银山：以新疆沙漠产业为例 …（172）
　　第四节　大江大河也是金山银山：以黄河流域为例 ……（181）
　　第五节　碧海蓝天也是金山银山：以海南省为例 ………（190）

第八章　"两山"之路的未来展望 ……………………………（198）
　　第一节　深入推进"两山"之路的战略视野 ………………（198）
　　第二节　深入推进"两山"之路的重点任务 ………………（203）
　　第三节　深入推进"两山"之路的长效机制 ………………（213）

参考文献 ………………………………………………………（229）

引言　绿水青山就是金山银山

素有"七山一水二分田"地理特征的浙江，人口稠密、人均耕地面积仅有半亩。在改革开放的春风里，浙江人通过发扬"四千精神"（走遍千山万水，说尽千言万语，想尽千方百计，尝遍千辛万苦），涌现出以鲁冠球、宗庆后、冯根生、李书福、南存辉等为代表的一大批优秀民营企业家，他们成为浙江民营经济蓬勃发展的探路者、领头雁和排头兵。2020年，浙江民营经济贡献了全省66.3%的GDP、74%的税收收入、82%的外贸出口和88%的就业岗位。自21世纪以来，产业的快速发展，让本不丰裕的生态资源环境面临严峻挑战，浙江遭遇了"发展经济还是保护环境"的"成长的烦恼"。

2005年8月15日，时任浙江省委书记的习近平同志在深入浙江省安吉县天荒坪镇余村考察时首次提出"绿水青山就是金山银山"的科学论断。自此，浙江以沉默却有力的方式展现了这一理念的高瞻远瞩。在过去的18年间，始于浙江的"两山"理念，在960万平方公里的土地上被反复检验、不断完善、持续升华，引发巨大的共鸣。

全国各地纷纷践行"绿水青山就是金山银山"（简称"两山"之路）理念，理念不断深入人心，行动更加坚实有力。经过不断实践，各地探索形成各具特色的生态富美、产业兴旺、百姓共富和谐的可持续发展道路。人们的生产生活方式从高能耗、高消耗、高排放走向节能、绿色、低碳，发展思路从迷茫彷徨走向坚定自信，社会共识从"一叶障目"向高瞻远瞩迈进，人与自然的关系从"非此即彼"向和谐共存发展。堪称"中国历史上最为严格"的《环境保护法》顺利落地，具有中国特色的国土空间开发

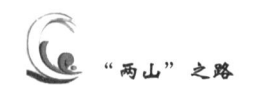

保护制度纷纷建立，中央生态环境保护督察行动稳步落实，大气、水、土壤污染防治三大行动计划全方位推进。

"两山"变革留下了隽永的历史辙印。人们开始重新审视人与自然的本质关系，开始协调处理生态与发展的辩证关系，逐步认识到"生态兴则文明兴，生态衰则文明衰""保护环境就是保护生产力，改善环境也是发展生产力"等可持续发展的思想内涵。全社会形成了较为一致的共识：人与自然是共荣共存的关系，人类无法离开生态环境而存在，人类的发展需以良好的生态环境为前提和基础；任何以牺牲生态环境为代价去换取一时一事发展的思想都是过时守旧的，都是不可取的；人只是自然的一部分，尊重自然并保护自然是人类社会得以可持续发展的前提条件；要实现"绿水青山"本身隐含的价值，我们需要兼顾保护与开发，推动形成经济系统、人口系统、资源系统、环境系统协调统一的现代生态文明大系统。截至2022年，国家生态环境部共命名生态文明建设示范区（市、县）6个批次共470个、"绿水青山就是金山银山"实践创新基地6个批次共187个，国家发改委推进丽水、抚州2个生态产品价值实现机制试点市建设，全国省市各级推出的"两山"之路示范试点不计其数。与此同时，中国连续三年斩获联合国最高级别环保荣誉"地球卫士奖"，中国扩大的地球植被面积占全球总量的近四分之一，中国2019年的二氧化碳排放量比2005年下降了近一半。长江生态扎实修复，黄土高原渐披绿衣，万里沙漠瓜果飘香，黑臭水体变成涓涓清流……天更蓝、水更净、地更绿之后，生态工业、生态旅游、生物能源等随之涌现。"两山"变革的意义和成果远不止这些，它还提出了新时代生态文明思想，及时刹住了肆意消耗生态资源的步伐，为中国现代化发展突破思想禁锢、取得战略主动、赢得转型时间，使中华民族的永续发展成为可能。此外，"两山"变革还为人类文明的未来探索提供了整体性、前瞻性、超越性的视野。

创新的实践与丰硕的果实充分证明"两山"之路是一条十分正确的道路。一次次壮士断腕、刮骨疗毒的代价让我们明白：自然不仅具有生态价值，还具有经济价值，保护生态环境就是发展生产力，经济发展与生态保护相融相长方是长久之道。

当前，中国已进入中低速的高质量发展阶段，发展的重心已转移到舒缓自然与人类的紧张关系，推动经济社会持续健康发展，满足人们对美好生活的需求。我们更应该清醒认识到，大自然在滋养和庇佑人类的同时，也正对人类社会的错误做法进行疯狂报复。各种污染物正通过生态系统的能量流动和物质循环进入我们的身体，疾病肆虐、疫情蔓延，人与自然的关系正在经受严峻的考验。现阶段，我们如何化解生存危机，如何重塑"疫后"世界？答案就是坚定不移地走好"两山"之路。

今天，时代呼唤我们继续吹响"改革开放再出发、创新发展不止步、奋发有为立潮头"的号角，需要我们接续探索"两山"之路，对更多的时代考题作出响亮回答。《"两山"之路》一书通过理念阐释、经验总结、实证剖析、未来展望，为我们坚持以习近平生态文明思想为指导、筑牢中华民族永续发展的基础、建设人类共同的绿色家园提供了一种新的视野。

第一章

"两山"理念的逻辑关系

第一节 "两山"理念的内涵

"绿水青山就是金山银山"是习近平同志在考察浙江地方经验做法后提出的科学论断。这句话中,"绿水青山"喻指丰裕、良好的自然资源和平衡、安全、友好的生态环境,"金山银山"则寓意经济高质量发展、社会和谐稳定和人民生活幸福。如果将自然生态的资源优势转化为社会发展的经济优势,提高人民的获得感、幸福感,那么绿水青山就是金山银山。[①] 简单地说,习近平总书记提出的"两山"理念就是破解经济发展和生态环境保护"两难"悖论的一种绿色发展思想。

"两山"理念实质就是如何找寻到经济发展和自然资源使用之间的平衡点,以及如何处理好经济发展与环境保护之间的辩证关系。如果将"绿水青山"和"金山银山"看成鱼和熊掌,在两者不可兼得的情况下,我们的选择只能是有所为、有所不为。这就是通常所说的"懂得扬弃、学会取舍",即在通盘考虑各种投入成本后,选取"首保青山"不动摇,才能创造条件实现"金山银山"用之不竭。

"两山"理念是新时代生态文明思想的核心内容,是可持续发展道路的理论提升,是"两山"之路探索实践的指导思想。当前,全国各地如火

---

① 秦书生、曹现伟、于洪波:《"两山论"的深刻意蕴与实践引领》,《边疆经济与文化》2021年第5期。

如荼地践行着"两山"理念,成果丰硕、成效显著,这标志着绿色发展已完成从初期探索到系统发展的蝶变,当前已迈向了高质量绿色发展的新时代。

一 "两山"的内涵

(一)"绿水青山"的内涵

"绿水青山"寓意优质的空气、土壤、森林、江河等支撑经济社会发展的投入品。从静态角度看,"绿水青山"价值具有独特禀赋,无法用"金山银山"取而代之,也就是说,当生态环境遭到污染破坏之后,无论花费多少数量的"金山银山"都不能得到原来的"绿水青山"。从动态角度看,"绿水青山"的价值量是随着时间推移而变化的,这种变化的方向主要取决于发展方式。从满足人民对美好生活、美丽生态环境需要的视角出发,我们需要不断提高"绿水青山"的经济价值和生态价值,因为清新空气、清洁水体等生态产品是最公平的公共服务、最普惠的民生福利。所以说,保有"绿水青山"的底数不降方能维持经济社会发展所需,方能满足人民日益增长的美好生活所需,呵护好"绿水青山"方能源源不断地创造出"金山银山"。

(二)"金山银山"的内涵

"金山银山"寓意以经济价值数量衡量的经济发展和社会进步。我们可以从静态和动态两个视角对其内涵进行解析。从静态角度来看,狭义的"金山银山"寓意可量化、可比较的物质财富或物质条件,广义的"金山银山"寓意人类文明所涉及的经济发展和社会进步所需的全部物质基础。从动态的角度来看,"金山银山"数量是随着"绿水青山"的数量和质量提高而增长的。随着人民生活质量的提高和人类文明的发展,要增加"金山银山"供给数量,就需要"绿水青山"底数增加、质量提升。所以,"金山银山"是以"绿水青山"为基础,"金山银山"对"绿水青山"的依存度有不断提高的趋势。

二 "两山"理念的辩证关系

"绿水青山"与"金山银山"之间存在辩证关系,体现为"两山"之

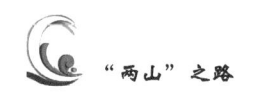

间短期上相互依存且相互对立的关系,"两山"之间长期上不存在此山或彼山的二元选择。"绿水青山"与"金山银山"是你中有我、我中有你的共生共荣关系。

"绿水青山"对"金山银山"具有正向作用力,主要体现在以下三句话:破坏生态环境就是破坏生产力,保护生态环境就是保护生产力,改善生态环境就是发展生产力。① 第一句话表明"绿水青山"为"金山银山"的前提,没有"绿水青山",所有的"金山银山"将不复存在,正所谓"皮之不存,毛将焉附"。第二句话是指我们对生态环境的珍惜将会换来"金山银山"的丰富,保护"绿水青山"本身就是在创造"金山银山"。第三句话是讲生态环境的保护与修复不仅提高了生态价值,还增加了经济价值,也就是说,只有改善"绿水青山"才能发展生产力。

"金山银山"和"绿水青山"之间也具有反作用力,主要体现在以下方面。

其一,"金山银山"是"绿水青山"的价值实在。如果"绿水青山"的存在价值不能体现为经济发展、社会进步的"金山银山",那么人们将会质疑这种价值是否真实存在。这种情况下,其存在价值即便没有消失,也必将大大减弱,进而会导致人类文明的倒退。其二,"金山银山"反哺"绿水青山"。为保持"绿水青山"数量和质量所进行的植树造林、沙漠绿化、污水治理、土壤修复、生态保育等行为都需要一定数量的资金投资和技术投入。如果没有这些"金山银山"的投入,"绿水青山"的颜值增靓与价值增长将难以为继。

从上述有关两者辩证关系的分析可以看出:一是生态保护与经济发展之间是辩证统一的,二是"绿水青山"是决定"金山银山"的发展程度与水平的根本因素,三是"金山银山"发展到一定程度会对"绿水青山"进行反哺,四是"绿水青山"的作用不仅体现在满足人类对"金山银山"的物质追求上,更体现在人类更高层次的精神追求上。

---

① 习近平:《之江新语》,浙江人民出版社2007年版,第102页。

三 "两山"理念的认知迭代

对"两山"的关系认知，在实践检验中经历了三个阶段：用"绿水青山"换取"金山银山"，"金山银山"和"绿水青山"都想获得，"绿水青山"可以转化为"金山银山"。

第一阶段的主要表现是以"绿水青山"交换"金山银山"。在温饱尚未解决的时候，"涸泽而渔"成为权宜之计。人们为了生存，只能牺牲生态环境以换取短时间的经济社会发展。但从整体和长远来看，这种不可持续和失衡的发展方式带来的后果非常沉重。在这一阶段，"金山银山"与"绿水青山"的关系表现为相互对立、相互排斥。

第二阶段的主要表现是同时追求"金山银山"和"绿水青山"。在温饱问题解决之后，人们发现经济发展对环境的消耗是触目惊心的。随着改变传统发展方式的诉求不断增强，人们认识到"既要发展经济，也要保护生态"，于是开始走兼顾发展之路、行统筹发展之策。在这一阶段，"金山银山"与"绿水青山"的关系表现为共存共生、相互兼顾。

第三阶段的主要表现是"绿水青山"就是"金山银山"。其中，"就是"的要义在于人类主动作为带来的转化，即打破经济发展与生态保护相互对立的传统思维禁锢，协同推进"绿水青山"与"金山银山"的增长以实现全社会的可持续发展。这成为人与自然、生态环境与经济发展相得益彰的正确方向，人类追求经济富裕、精神富有阶段的长远之计。在这一阶段，"金山银山"与"绿水青山"的关系表现为齐头并进、融通一体。

"绿水青山就是金山银山"体现了相互依存、相互转化的路径和成效。践行"两山"理念，既要推进生态资源向"金山银山"转化，同时也要推进"金山银山"对自然资源和生态环境的反哺，进而将自然生态的价值优势转变为经济社会发展的财富优势，实现经济活动过程的绿色化和经济活动结果的生态化。

四 "两山"之路的内涵

随着"两山"关系认知的变化升级，人们对"两山"之路内涵的认识

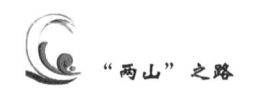

也不断深化。

首先,"两山"之路走得怎么样,其关键在于"绿水青山"转化为"金山银山"的效率和效果。具体可以体现为机制是否完善、过程是否顺畅、转化的效果如何等几个问题。如果"绿水青山"能够有效率、高效益地转化为"金山银山",那就是人从自然获得生存与发展所需,但不对生态环境产生负面影响,自然生态与人类社会的关系呈现长期共存、相互促进、共同发展的状态。如果"绿水青山"未能转化为"金山银山",那么"绿水青山"依旧,"金山银山"远去。但如果"绿水青山"仅仅是低效益、高损耗地转化为"金山银山",那将可能产生"鸡飞蛋打""捡了芝麻丢了西瓜"两种结果。第一种情形就是"绿水青山"不复存在,"金山银山"也未曾得到;第二种情形就是"金山银山"得以一时实现,但"绿水青山"渐行渐远。

其次,"两山"之路是一项影响因素众多、转化过程繁复、多种关系错综的系统工程,需要思想、理论、方法论的创新发展,需要稳定、持续的践行机制。但由于系统工程本身及外部环境在不断变化,以及人类的认知往往滞后于客观世界的变化,这条道路充满荆棘。

最后,"两山"之路的成效取决于"绿水青山"与"金山银山"的互动融合程度。为实现转化的高效率与优效果,我们要选准前行的方向,选好转化的时机,厘清共融互促的机制。实践中,我们要善于选择,求温饱阶段要善用"绿水青山"去换得"金山银山",求发展阶段要选用"金山银山"去换得"绿水青山",求共富阶段要力促"绿水青山"和"金山银山"互融互补、相得益彰。

第二节 "两山"理念的发展历程

通过对发展历程的梳理有助于我们更加深刻地理解"两山"之路的理论渊源,更加深刻地把握"两山"之路的发展方向。从地方探索到系统思考、从一省推行到全局谋划、从少数人认知觉醒到多数人形成共识的过程,"两山"理念的发展脉络大致可分为孕育萌芽、酝酿提出、丰富成熟、深化发展和蝶变升华五个阶段，我们对"两山"内涵的认识也经历了由浅入深、由局部到整体的不断丰富的过程。

一 "两山"理念的孕育萌芽（1997—2004年）

"两山"理念的起源可以追溯到21世纪末。1997—1999年，时任福建省委副书记的习近平同志在不同场合多次指出："青山绿水长远看是无价之宝，将来的价值更是无法估量"[①]，"加快发展不仅要为人民群众提供日益丰富的物质产品，而且要全面提高生活质量。环境质量作为生活质量的重要组成部分，必须与经济增长相适应"[②]。这些讲话体现出对生态保护与经济发展关系的深刻思考，表达了对经济优势源于环境优势的趋势研判，初步阐释了生态环境与生产力的逻辑关系，强调应将环境质量纳入民生福祉进行考量，认识到区域经济持续发展的核心竞争力在于生态环境优势。2003—2004年，主政浙江的习近平同志以系统思维进一步阐述了"金山银山"和"绿水青山"的关系，并将人们对生态环境的认知由浅入深分为三个阶段。在第一阶段，人们为经济发展"披荆斩棘"，沉浸在社会繁荣的狂欢盛宴里，对生态环境缺乏长远的考虑。在第二阶段，人们发现了生态破坏和环境污染带来的问题，意识到环境对人类的重要性，并开始进行生态保护与环境治理，但缺乏整体统筹观，市场主体只考虑自己的小家园，政府仅考虑自己区域的小环境。在第三阶段，人们认识到地球是一个整体，环境问题没有边界，人与人、企业与企业、国与国都是利益攸关体，保护环境则一荣俱荣，破坏环境则一损俱损，因此开始自觉地进行生态保护、自觉地践行生态建设。

二 "两山"理念的酝酿提出（2005—2012年）

自20世纪中后期开始，余村走上了民营经济发展的快车道，积极开采

[①] 刘磊、刘毅、颜珂、李心萍：《风展红旗如画——全面贯彻新发展理念的三明探索与实践》，《人民日报》2020年12月16日第1版。

[②] 段金柱、赵锦飞：《滴水穿石，功成不必在我——习近平总书记在福建的探索与实践·发展篇》，《人民日报》2017年8月23日第1版。

"两山"之路

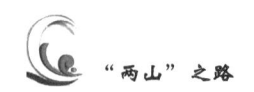

矿山、建设水泥厂、发展产业。粗放式的发展虽获得了一时的"金山银山",但付出了沉重的代价,废水肆意排放、粉尘遮天蔽日、安全事故多发、环境污染严重,人们的生存受到严重威胁。21世纪初,为解决突出的生态环境问题,当地干部群众及时纠正了"涸泽而渔"的发展方向,探索生态环境与经济发展相互协调的发展模式,探索走出了一条绿色、低碳、高效发展的路子,实现了"景色变美、农户变富、关系和谐"。2005年,习近平同志前往浙江省安吉县天荒坪镇余村视察,对余村的做法大为赞许,对余村的经验大感兴趣,在深入调研之后指出余村生态建设印证了"绿水青山就是金山银山"。

"绿水青山就是金山银山"的概念提出不久,习近平同志在《浙江日报·之江新语》就浙江省生态文明建设议题发表《绿水青山就是金山银山》的文章,较为全面、深刻地阐述了"两山"理念。"我们追求人与自然的和谐,经济与社会的和谐,就是既要绿水青山,又要金山银山";"我省'七山一水两分田',许多地方'绿水逶迤去,青山相向开',拥有良好的生态优势。如果能够把这些生态环境优势转化为生态农业、生态工业、生态旅游等经济优势,那么绿水青山也就变成了金山银山。绿水青山可带来金山银山,但金山银山却买不到绿水青山。绿水青山和金山银山既会产生矛盾,又可辩证统一"[1] 这些论述的核心观点是"两山"转化对化解浙江人地矛盾至关重要,"两山"转化要求以"绿水青山"质量并优为前提,以追求经济—社会—自然系统的和谐共生为目的,以充分发挥人类智慧为保障。

此后,习近平同志在浙江省内各地调研时多次强调"绿水青山"与"金山银山"协调发展的重要性。其中,2006年3月,习近平在深刻思考金山银山与绿水青山的辩证统一关系后,发表了更为完整、严谨、缜密的论述。他将"两座山"关系的认识分为三个阶段:在经历过以"青山"换"金山"的经济繁荣之后,人们饱尝了环境破坏带来的严重后果,意识到要"留得青山在,才能有柴烧";随着认知的不断深化,人们发现"绿水青山本身就是金山银山",开始探索如何将生态优势变成经济优势的道路,

---

[1] 哲欣:《绿水青山就是金山银山》,《浙江日报》2005年8月24日第1版。

于是形成了"绿水青山就是金山银山"的认知升华。这些观点实现了"用青山换取金山"的思想超越，其内涵是通过生态资源合理开发利用实现生态优势到经济优势的转化。自此，浙江省把"美丽浙江"作为可持续发展的原动力和创新力，持续推进"两山"之路的生动实践，不断深化经济发展和生态保护之间的辩证统一关系，既促进了绿水青山的颜值增加，又加快了金山银山的价值增长。

三 "两山"理念的丰富成熟（2013—2015年）

随着社会主义生态文明建设实践的推进，习近平总书记对"两山论"的理解更加深刻。从2013年开始，习近平总书记开始在国际上公开论述"两山"理念，其中，2013年9月7日在哈萨克斯坦纳扎尔巴耶夫大学发表演讲时说："我们绝不能以牺牲生态环境为代价换取经济的一时发展。我们提出了建设生态文明、建设美丽中国的战略任务，给子孙留下天蓝、地绿、水净的美好家园。"[①] 这向世界阐释经济发展与环境保护的辩证统一关系，其实质是密不可分的有机整体。这一理念清楚地表明，当面临经济发展还是生态保护的矛盾与冲突时，我们必须毫不犹豫地将保护生态作为首要选择，舍"金山"保"青山"。

2014年，习近平总书记在参加十二届全国人大二次会议贵州代表团审议时指出："为什么说绿水青山就是金山银山？'鱼逐水草而居，鸟择良木而栖'。如果其他各方面条件都具备，谁不愿意到绿水青山的地方来投资、来发展、来工作、来生活、来旅游？从这一意义上说，绿水青山既是自然财富，又是社会财富、经济财富。"[②] 这些话进一步论证了绿水青山和金山银山的辩证统一关系。2015年，"两山"理念被写进新时代生态文明建设的纲领性文件——《关于加快推进生态文明建设的意见》。

至此，"两山"理念逐渐为全国人民乃至世界各国人民所熟悉。全国

[①] 中共中央党史和文献研究院：《习近平新时代中国特色社会主义思想专题摘编》，中央文献出版社、党建读物出版社2023年版，第375页。

[②] 中共中央党史和文献研究院：《习近平新时代中国特色社会主义思想专题摘编》，中央文献出版社、党建读物出版社2023年版，第375—376页。

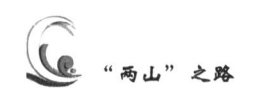

各地纷纷开展"两山"理念指导下的生态环境保护与经济发展协调、互促、共赢的生动实践。

四 "两山"理念的深化发展（2016—2017年）

2016年以来，"两山"理念已经成为中国广大干部群众的思想共识和行动指引，成为具有社会主义特色的新发展理念的重要组成部分。不论是福建宁德发展林竹茶果产业实现农民收入倍增，还是浙江湖州"一片叶子富了一方百姓"；不论是长江入口处的盐碱地变成浩瀚森林、富饶良田，还是昔日黄河干支流的黑臭水体变成休闲景观河；不论是新疆阿克苏在亘古荒原修筑的绿色长城，还是甘肃八步沙书写的"人进沙退"绿色篇章，这都是各地遵循"两山"理念的创新实践。

这一阶段，"两山"理念是指导高质量绿色发展的重要方法论。不论是习近平总书记在浙江省部级主要领导干部学习贯彻党的十八届五中全会精神专题研讨班上的讲话，还是参加十二届全国人大第四次会议黑龙江代表团审议时的讲话，抑或是在联合国日内瓦总部发表题为《共同构建人类命运共同体》的主旨演讲，都反复重申：生态是人类的宝贵财富，是不可再生或再生代价很高的资源；在推进社会发展时，应树立大局观、长远观、整体观，任何因小失大、顾此失彼、寅吃卯粮、急功近利的行为都是不可取的；在人类征服自然走向文明的历史中，每一次进步都难以避免对自然环境带来巨大冲击，工业化发展酿成的惨痛教训仍历历在目。2017年10月18日，习近平总书记在党的十九大报告中再次指出："必须树立和践行绿水青山就是金山银山的理念。"2017年10月24日"绿水青山就是金山银山"理念正式写入《中国共产党章程（修正案）》。

至此，"两山"理念成为全社会的普遍共识，成为全党和全国人民行动的方向指引，"两山"理念为我国开展生态文明建设、实现绿色高质量发展提供了方法论指导。

五 "两山"理念的蝶变升华（2018年至今）

自2018年召开中国共产党十九届二中、三中全会以来，"两山"理念得到进一步蝶变升华。其中，二中全会上通过了《中共中央关于修改宪法部分内容的建议》，建议将生态文明写入宪法；三中全会上通过了《中共中央关于深化党和国家机构改革的决定》，就自然资源和生态环境管理体制改革做出重大决定，要求实行最严格的生态环境保护制度，构建形成政府主导、企业主体、社会组织和公众共同参与的环境治理体系，为"两山"之路提供制度保障。①

此后，习近平总书记在2018年全国生态环境保护大会、2019年的中国北京世界园艺博览会、2019年的黄河流域生态保护和高质量发展座谈会、2019年的中国共产党第十九届中央委员会第四次全体会议、2020年的义务植树节活动、2020年的浙江省安吉县天荒坪镇余村考察、2021年的《生物多样性公约》第十五次缔约方大会领导人峰会等国内外会议和调研考察中反复强调"生态保护""绿色发展"。在党的二十大报告中指出："必须牢固树立和践行绿水青山就是金山银山的理念，站在人与自然和谐共生的高度谋划发展。"这些讲话表明，生态环境关系经济社会发展的潜力和后劲；绿色发展是未来中国的发展方向，未来的繁荣建立在人和自然和谐的基础之上；"降碳、减污、扩绿、增长协同推进"，方能实现社会经济可持续发展。

至此，经过反复的辩证思考、持续的实践论证，"两山"理念成为习近平生态文明思想的重要组成部分，深刻回答了为什么建设"两山"之路、建设什么样的"两山"之路、怎样建设"两山"之路等重大理论和实践问题。

第三节 "两山"理念的价值维度

一 生态价值维度

从2005年的安吉余村，到2013年哈萨克斯坦纳扎尔巴耶夫大学，再到2020年的安吉余村考察访问讲话，从2005年浙江日报理论文章《绿水

---

① 陈建成、赵哲、汪婧宇等：《"两山理论"的本质与现实意义研究》，《林业经济》2020年第3期。

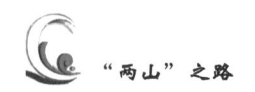

青山就是金山银山》到2023年人民日报理论文章《当前经济工作的几个重大问题》，从2015年的《生态文明体制改革总体方案》到2022年党的二十大报告，"绿水青山就是金山银山"理念经历了反复论证和实践检验，持续推进顶层设计、制度架构、政策体系完善和成功经验的推广借鉴。

不论是共同富裕的实现，还是伟大中国梦的实现，都离不开优质优美的生态环境。从"两山"理念视角看，生态环境就是绿水青山，绿水青山的质量就是衡量生态环境的重要指标。从马克思主义生态观的视角看，"两山"理念是理解人与自然、社会之间和谐发展的生动表现，是实现人类社会与自然生态和谐统一的现实体现，既符合人类社会的根本利益，也满足社会主义生态文明建设的需要，更是破解资本统治逻辑下人与自然激烈冲突的根本途径。新时代生态文明建设中，"绿水青山"与"金山银山"相依相存、共融共生，包含三个层次的意义：一是在建设目标上，"两手都要抓、两手都要硬"，即自然生态与经济发展一个都不能少，正所谓"既要绿水青山，也要金山银山"；二是在建设过程中，如果出现"绿水青山"与"金山银山"的矛盾，要"舍小利、取大义"，即要放弃短期的经济利益，守住长期发展的生态资本，正所谓"宁要绿水青山，不要金山银山"；三是在建设进程中，坚守生态底线不动摇、绿色发展道路不偏离、全社会多主体联结机制不放松，正所谓"绿水青山就是金山银山"。因而，"两山"理念的价值不仅仅体现在生态维度，同时也蕴含在经济、政治、文化、社会等维度中。

二 经济价值维度

"绿水青山"就是生态资源，其形态有森林、草原、河流、湖泊、湿地、绿洲、海洋、沙漠等多种形式。自然生态具有生产性价值，即可以作为生产资料投入生产过程获得财富收益。人类文明史证明，"生态兴则文明兴，生态衰则文明衰"。综观古今中外的社会文明可以发现，每一个生产力发展较好的国家或地区都拥有良好的生态环境，而一旦生态优势丧失，生产力优势也将不复存在，盛极一时的楼兰古国、璀璨夺目的古巴比伦文明、神秘的玛雅文明就是最强有力的例证。因此，作为人类劳动对象的自然资源本身就是生产力，保护自然资源本质上就是在保护生产力。正因如此，恩格斯告诫我们，"不要过分陶醉于我们人类对自然界的胜利。对于每一次这样的胜利，自然界都对我们进行报复"[①]。

人类社会的生存和发展离不开人类对自然资源的开发利用。通过人类劳动，我们将"绿水青山"变成"金山银山"，满足了人类的基本物质需要，促进了经济社会的繁荣兴旺。然而，绿水青山是有限性与无限性相统一的资源。其有限性体现在：一定时间范围内，绿水青山资源的数量是有限的，资源的质量是难以变化的，某种特定绿水青山资源具有自身的增长和消亡规律；在特定情形下，人类活动加速了自然资源的消亡；同时，地球上适宜人类生存和发展的区域有限，可供采伐利用的绿水青山资源有限，于是越为稀缺的自然资源所蕴含的潜在价值就越大。其无限性体现在：绿水青山作为大自然生态系统的一个重要部分，会随着大自然自身规律不断循环与发展；如果人类的活动超出了自然资源的物质循环速度，就意味着无限性的终结。不可否认的是，人类社会的每一次进步都会对生态环境带来巨大冲击，这种冲击绝大部分是负向的，如过去的工业革命对绿水青山带来了极大的破坏。然而，当前我们所践行的"生态文明思想"和"两山"理念，科学合理地开发绿水青山，保住生存和发展的永恒资本，这是正向冲击。因此，我们只有改变传统的经济发展思维和模式，探索绿色可持续发展道路，积极发展生态、环保、低碳、低耗的生态农业、生态旅游、生态工业，才能既满足经济社会发展的需要，又保住"绿水青山"这一人类生存和发展的永恒经济资本，使得"两山"得以协调发展、高质量发展和可持续发展。

三 政治价值维度

纵观传统的资本主义国家发展史，其经济发展走了一条"先污染后治理"的道路，在肆意掠夺资源、盲目扩大生产、疯狂追求高额利润的过程中，生态环境遭受严重破坏，民众深受其害。20世纪在资本主义国家发生

---

① 《马克思恩格斯文集》第9卷，人民出版社2009年版，第559—560页。

的比利时马斯河谷烟雾事件、美国多诺拉镇烟雾事件、英国伦敦烟雾事件、美国洛杉矶光化学烟雾事件、日本水俣病事件、日本富山骨痛病事件、日本四日市哮喘病事件、日本米糠油事件等"世界八大公害事件"便是典型例证。随着人类生存发展和生态破坏、环境污染之间的矛盾越来越深,各国发展绿色经济的呼声越来越高,绿色组织、绿色政党纷纷出现。这些政党和组织以各种形式宣扬保护环境、呼吁停止"涸泽而渔"的发展,甚至反对资本主义国家的政策,这在一定程度上影响到了发达资本主义国家政权的稳定。为此,资本主义国家也在不断地思考、不断地调适、不断地纠偏不适宜的工业化发展道路。遗憾的是,这种改革并不是着手解决资本主义生产方式内部的固有问题,而是持续利用经济优势和技术创新,将高污染、高能耗的产业向其他地区转移。发展中国家成为污染转移的目的地。被污染的发展中国家没有财力、没有技术在短期内进行生态治理和修复,其结果就是污染的伤害不断扩大,人民的生命受到威胁。

绿水青山作为最普惠的民生福祉,和广大群众的生命健康、财产安全和精神富息息相关。在20世纪七八十年代,西方资本主义国家瞄准中国改革开放的契机,视中国为高污染、高能耗、高排放产业转移的目标地区,将环境不友好的产业和技术大量输入中国,这加剧了中国的生态资源保护压力,影响了人民群众的生命健康。同时,由于环境保护意识不强、产业发展技术不高、生态治理保障不足等原因,中国的生态环境问题也越来越凸显。例如,长江上游的大量森林植被遭到破坏,水土流失非常严重;沿海工业发达地区环境治理滞后,河水污染、土壤污染、空气污染等问题层出不穷;随着城市环境治理趋紧,东部沿海城市的污染型产业呈现向中西部地区转移、向农村地区转移的趋势。我们不能一边痛批资本主义国家所走的"先污染后治理"道路,一边却重蹈覆辙。因此,为彰显党和政府的坚定决心,我国深入推进生态文明建设,积极践行"两山"之路,及时出台了环境保护法,执行了严格的环境保护督察制度,保障了人民群众的生命健康和财产安全,维护了党在人民群众中的地位和形象。

四 文化价值维度

文化是人类劳动所产生的一切物质和精神的总和,是人类维系生存与发展区别于自然界的本质特征，文化也是维系一个民族、一个国家生存和发展的根脉。①广义来看，文化的范畴包含意识形态、生产关系、科学与技术、民族与宗教、语言与文化等。文化会潜移默化地影响人的思想，当一种符合科学规律和人类社会发展规律的新思想出现，它可能会改变人的意识形态、影响人的行为方式。"绿水青山就是金山银山"理念蕴含着深厚的文化内涵，它不仅揭示了人与自然、社会与生态、发展与生态之间的辩证关系，还深刻影响着我们的生产生活方式，重塑着我们的意识形态。

人类征服自然的历史源于人类社会的出现。随着自然作为重要的生产资料被投入生产，人类的生产力得以发展，人们改造自然的能力不断增强。在原始文明和农业文明阶段，人类对大自然尚存敬畏之心。但到了工业文明时期，人类的欲望被无限放大，征服自然和改造自然的决心越来越强，完全忽视了自然规律。到工业文明后期，在资本逻辑的操控下，人的价值观被扭曲，社会文化被异化，人类对自然界的索取和征服无度且蛮横，正如海德格尔指出的"人类让世界听命于自己的摆布，姿态横蛮急躁"②。时至今日，地球上未受人类影响的"原生态自然"几乎难以找到，自然深深印上了人类活动的印记，"人化自然"早已替代"自在自然"。从合法性视角来看，资本主义对自然的开发利用完全违背客观规律，其所谓的"生态文明"不具备合法性，所以是不存在的。

2016年习近平在全国哲学社会科学工作座谈会上明确提出，"建设生态文明，构建开放型经济新体制，实施总体国家安全观，建设人类命运共同体……都是我们提出的具有原创性、时代性的概念和理论"③。这里的生态文明建设是以尊重自然、顺应自然、保护自然为前提，将自然规律和社会发展规律有机地结合所进行的伟大创造行动。它开启了人类社会发展的新时代。这一新时代需要与之匹配适应的社会文化，"绿水青山就是金山银山"价值理念应运而生。与新中国成立初期所提出的"人定胜天""人

---

① 袁春剑、张明媚：《"绿水青山就是金山银山"理念的五大价值维度》，《河池学院学报》2017年第3期。
② [德]海德格尔：《人，诗意地安居》，郜元宝译，上海远东出版社1995年版，第147页。
③ 习近平：《在哲学社会科学工作座谈会上的讲话》，《光明日报》2016年5月19日第1版。

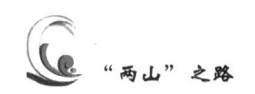

有多大胆地有多大产"等口号完全不同,这一理念内化于心、外化于行,深刻镌刻在全国人民的思想意识当中,有效地引导全社会的生产方式和行为方式向未来而行,有力地营造了良好的生产观念、生活准则。作为一种具有时代特色的社会文化,"两山"理念关注国家和民族的生存与发展,关心全世界人类命运共同体的建设,具有民族性和世界性。当今世界,生态危机不再囿于一地一国范围,比如埃博拉病毒、新冠病毒、赤潮、温室气体等所带来的影响到达全世界范围。所以,人类社会是一个命运共同体,应对生态环境问题需要全人类携手同行。

五 社会价值维度

人是社会的主体,社会的存在与发展离不开人,同时社会也影响着生活在其中的每个个体。因此,社会建设关系到每个人的切身利益。社会建设包括社会实体建设和社会制度建设,其中生态环境建设是实体建设的一部分,它离不开生态制度建设。[①] 在生态疾病缠身、环境治理失序的时代,坚持人与自然和谐、生态与经济相适应的生态理念,切实推进生态治理能力与社会主义现代化建设相匹配,成为影响中国可持续发展的关键因素。近年来,为从法治层面厘清责任、落实举措,中央和有关部门出台了一系列法律法规和政策文件,如《环境保护法》《环境影响评价法》等法律,《土壤污染防治行动计划》《关于构建现代环境治理体系的指导意见》《党政领导干部生态环境损害责任追究办法》等全国性政策文件。这些政策的落实,对加快生态环境综合治理具有显著的促进作用,对创造一个人民满意的社会生态环境具有推进作用。

我们需要充分考虑衡量生态治理好坏的指标是否具有科学合理性,是否能够体现公平正义。只有科学且公平的标准才能够取得广大人民群众的支持,才能够取得符合预期的成效。当前,生态不公平的情况越来越突出,"落后就要被污染"的陷阱愈演愈乱,发达地区的一些污染企业开始

---

① 袁春剑、张明媚:《"绿水青山就是金山银山"理念的五大价值维度》,《河池学院学报》2017年第3期。

向中西部经济落后地区转移，城市的污染企业向偏远农村搬迁，经济欠发达地区为增加收入只能不计后果地砍树毁林、过度放牧。如何做到生态公平正义？我们应完善生态保护的政策和制度，纠正"落后就要被污染""只关注当代人利益、不管子孙后代发展"的错误倾向。同时，我们要充分联合不同社会主体，形成政府、营利性组织、非营利性组织和公民个体等多元参与的治理局面，建立官民共治、社会共治、全球共治的格局，实现"自上而下"与"自下而上"的生态治理有效融合，以保证生态治理这项综合性、系统性的工程取得实效。

第二章

"两山"之路的价值承载

第一节 "两山"之路的时代背景

直面当前的困难、压力和问题,既是稳步推进"两山"之路建设进程的现实需要,也体现了持久完善国家治理体系的自觉和持续建设治理能力现代化的自信。当前,中国在对错综复杂形势的科学研判和辩证认识的基础上,得出中国"两山"之路建设正处于"压力叠加、负重前行的关键期,提供更多优质生态产品以满足人民日益增长的优美生态环境需要的攻坚期,有条件有能力解决生态环境突出问题的窗口期"[①]的特殊历史情境。

一 生态环境不断恶化

20世纪中后期开始,世界范围内不同区域的环境污染和生态破坏日益严峻,造成的负外部效应日渐显著,国际性的环保问题日益突出。如温室效应引发的厄尔尼诺现象、臭氧层破坏带来的辐射收支失衡、酸雨导致的水体pH值失衡、森林锐减引起的土地沙漠化、土壤侵蚀引致的良田毁坏等,这些大范围和全球性的环境危机已经开始严重威胁着人类可持续发展。

改革开放45年来,在对中国经济增长取得的瞩目成就感到自豪的同

---

① 《习近平出席全国生态环境保护大会并发表重要讲话》,2018年5月19日,中国政府网,http://www.gov.cn/xinwen/2018-05/19/content_5292116.htm。

时，我们也应该清醒认识到，以往的快速增长是基于不断增加要素投入、不断破坏生态环境的"非绿色化"增长，这种粗放式发展带来的繁荣必将难以为继。以生态环境破坏情况为例，2021年生态环境部的研究报告显示，中国有约60%的城市空气质量未曾达到新的空气质量标准；中国酸雨区面积约占国土总面积的5%；中国的地下水中Ⅴ类占比仍高达43.6%；中国中等以上水土流失面积占水土流失总面积的36.7%；荒漠化面积261万平方千米、沙漠化面积172万平方千米。① 生态环境质量的不断下降使得经济持续繁荣发展受到严重考验，经济与生态之间的矛盾与冲突也随之不断加剧。

二 生态系统日益脆弱

生态系统中的物质之间是相互依存、紧密联系的有机链条。这就要求从系统工程和全局角度寻求新的治理之道，实现"人—自然—社会"复合生态系统的平衡。总体来看，中国当前的自然生态系统较为脆弱、生态承载力严重超标、生态环境容量明显不足。部分地区政府意识不到位，重发展、轻保护现象依然存在，人与自然的矛盾不断凸显。

当前，中国经济发展带来的生态保护压力主要表现在以下四个方面。一是生态系统质量功能问题突出。草原生态系统退化情况依然严峻，沙漠化和荒漠化面积居高不下、河流湿地的生态功能退化依然存在、海洋生态系统安全受到严重威胁、自然岸线缩减的趋势日趋明显。二是生态保护压力依然较大。细算生态借贷账发现，历史欠账累积、当前新账叠加，部分地区生态环境承载力阈值即将突破，部分地区依然实施以生态环境换取经济增长的发展路径，部分地区因不合理的开发利用使得生态空间被挤占或破坏。生态保护修复任务十分艰巨，我们要做好打攻坚战、持久战的准备。三是生态保护和修复系统性不足。作为一项复杂的工程，生态保护和修复需要对山水林田湖草沙协同治理规律有准确的认识，需要建立权责利

---

① 中华人民共和国生态环境部：《2021中国生态环境状况公报》，2022年5月27日，中华人民共和国生态环境部网站，https://www.mee.gov.cn/hjzl/sthjzk/zghjzkgb/202205/P020220608338202870777.pdf。

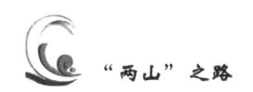

对等的协调管理联动机制，需要创新保护与修复的技术手段。当前关于整体保护、系统修复、协同推进、综合治理的理论认识、技术手段、保障措施与现实要求还有较大差距，部分生态项目建设缺乏协同理念、对自然资源禀赋优势的认识不够、对生态环境承载容量的预测缺乏洞见，引发生态系统服务功能提质增效阶段性目标实现难题。四是水资源保障面临较大挑战。中国水资源分布极不均衡，水资源供需结构性矛盾突出。部分地区水资源过度开发，经济社会用水大量挤占河湖生态水量，水生态空间被侵占，流域区域生态保护和修复用水保障、水质改善、生物多样性保护等面临严峻挑战。一些地区长期大规模超采地下水，形成地下水漏斗区，引发地面沉降、海水入侵等生态环境问题。部分城市过度挖湖引水造景，加剧水资源紧缺，破坏水系循环。全国废污水排放总量居高不下，不少河流污染物入河量超过其纳污能力，部分地区地下水污染严重。

"生态公平与生态正义"是社会持续发展的基础，也是"两山"理念的目标追求。为实现这一目标，我们需要树立正确的生态观和发展观，在冲突抉择时能够"取绿水保青山，舍金山弃银山"，当经济发展威胁到生态环境安全时，及时刹住经济发展的车闸，优先修复生态环境。

三　绿色惠民日益迫切

从国家统计局发布的报告看，中国1952年的国内生产总值规模只有600多亿元，2020年突破100万亿元，年均增长超出8%；1950年的人均国内生产总值约合37美元，1978年只是156美元，2020年则高于1万美元；1952年全国城乡居民人民币储蓄存款余额8.6亿元、人均不足1.6元，2020年却达到210万亿元、人均超过15.2万元；与此同时，居民收入分配差距也呈扩大趋势，自2003年始中国居民收入的基尼系数超出了国际公认的0.4警戒线。同时，分析发现低收入地区往往与生态脆弱地区高度重合。[1] 通常而言，生态资源禀赋高的地区，往往是重要的生态屏障区，

---

[1] 黄承伟、周晶：《减贫与生态耦合目标下的产业扶贫模式探索：贵州省石漠化片区草场畜牧业案例研究》，《贵州社会科学》2016年第2期。

其经济发展水平较为欠缺。按照传统思维，这些欠发达地区的经济发展只能走粗放式发展的老路，只能以破坏生态环境来获得经济繁荣。由于生态屏障的功能约束，以牺牲环境为代价的经济增长之路难以通行，但这些地区也有改变落后面貌、获取经济财富的迫切愿望。为了实现共同富裕的目标，如何补齐绿色惠民和生态环境保护这两大短板，已成为全社会都关注问题，其答案是走高质量绿色发展的道路。

只有保护好绿水青山，人民群众才有良好的生存环境；唯有加快发展经济，民生幸福才有切实的保障。"良好生态环境是人民共有的财富，是全面建成小康社会的重要体现"。在坚持马克思关于人的全面发展思想和中国共产党全心全意为人民服务宗旨的基础上，本着对国家民族、子孙后代高度负责的态度，"绿色惠民"的价值标准应运而生。"绿水青山就是金山银山"理念正是以绿色惠民为价值取向，体现出新时代对惠民之道的新理解。

推进绿色惠民，要遵循不可逾越的客观规律，采取因地制宜的良方妙略。大力发展绿色生产力，培育绿色发展新动能，让广大人民群众获得更多的生态红利和绿色福祉，真正实现百姓富与生态美。与此同时，依托资源环境优势发展本地特色生态经济还是实现乡村振兴的制胜法宝。例如，广西三江侗族自治县位于湘、桂、黔三省（区）交界之地，有着丰裕的自然生态资源和丰富的少数民族文化；近年来，三江县以秀丽的自然山水为依托，以独特的侗寨桥楼为特色，以多彩的民族风情为内涵，走出了一条"生态＋文化＋特色旅游"的发展道路，创造出巨大的社会效益和经济效益。

四　可持续发展成为全球共识

众所周知，环境和空气污染无国界，应对气候变化和防止环境污染，全球必须携手共进。近30年来，随着全球性的气候变暖，各国的经济、社会、生态也面临新挑战。为应对全球性气候变化，国际社会形成了倡导绿色、低碳、可持续发展的广泛共识。

1987年，世界环境和发展委员会在《WCED1987》的报告中首次提出"可持续发展"的概念。自2005年在首尔召开的第五届联合国亚太环境与

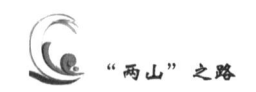

发展部长级会议通过了"关于绿色增长的首尔倡议"以来,韩国政府积极倡导绿色生活,大力推行绿色发展,持续推进绿色增长。2007年以来,日本政府发布了《21世纪环境立国战略》,提出将建设"低碳社会""循环型社会""自然共生社会"作为环境立国支柱,制定了一系列的环境保护经济激励政策。2008年,联合国环境规划署倡导实施"全球绿色新政"。自此之后,绿色发展逐渐成为全球共识、生态环境逐渐引发全球关注,世界各国及国际组织纷纷开始制定绿色发展战略,如经济合作与发展组织在2008年制定绿色增长战略,欧美国家相继推出了"绿色新政",日韩等亚洲国家紧随其后也确立了"低碳增长战略"。这些战略规划虽然名称不一,但核心思路是一致的,那就是大力发展绿色产业、大举发展环境友好型产业,创造就业、增加财富,最终实现经济增长与生态环境相容相长的可持续发展。

2021年1月,习近平总书记在世界经济论坛"达沃斯议程"对话会上向世界承诺,中国将继续促进可持续发展,加强生态文明建设,确保实现2030年前二氧化碳排放达到峰值、2060年前实现碳中和的目标。实现2060目标的重要举措就是全面推进绿色制造。早在2015年,我国政府就制定了《中国制造2025》战略规划,对节能环保产业、绿色低碳消费、一二三产业的绿色发展等绿色制造内容进行了战略安排。其中,新能源汽车是一个突出的例子,从国家层面到地方政府都制定了一系列法律法规来推动新能源技术创新、基础设施建设、生产与消费的补贴政策。截至2022年底,全国新能源汽车(纯电汽车+混动汽车)保有量占比为4.10%,数量达1310万辆,比上年增长67.13%,其中2021年新注册登记的新能源汽车为535万辆。[①] 2019年,海南省制定《清洁能源汽车发展规划》,列出了到2030年全面"禁售燃油车"的时间表,成为全国首个禁售燃油汽车的省份,体现了走绿色高质量发展之路的决心。2021年,国家出台《新能源汽车产业发展规划(2021—2035年)》,对新能源汽车的核心技术、产业竞争、消费需求等方面进行了顶层设计。

---

① 《我国新能源汽车保有量达1310万辆 呈高速增长态势》,2023年1月11日,中国政府网,https://www.gov.cn/xinwen/2023-01/11/content_ 5736281.htm。

第二节 "两山"之路的内涵向度

"两山"理念彰显了严谨的辩证思维、合理的价值取向以及强大的精神力量[1],"两山"之路的内涵向度表现为目标追求、理论遵循、核心路径、突破窗口、制度保障等方面。

一 目标追求：人与自然和谐

马克思、恩格斯指出"在自然面前，人类不是所有者，而是使用者，必须尊重和爱护自然"[2],"自然界是人类社会产生、存在和发展的基础和前提，人类可以通过社会实践活动有目的地利用自然、改造自然，但是人类归根到底是自然的一部分，人类不能盲目地凌驾于自然之上，人类的行为方式必须符合自然规律"[3]。所以，人与自然的关系中，不存在人类对自然的驾驭，人类行事若不遵循自然规律必将导致关系失衡。当人类发挥主观能动性对自然进行适度利用和适当改造时，人与自然的关系维持在和谐相依状态；当人的行为违背生态规律、资源消耗超出自然承载阈值、污染排放超过环境容量约束时，人与自然的关系将会产生局部性、阶段性的不和谐。从当前的趋势看，人与自然的关系中，人已经占据主动地位。这时，我们需要重新审视人类自身的发展逻辑，需要重新研判人类承受自然惩罚的能力，需要重新考量经济发展与生态保护的合理边界。我们正在探索的"两山"道路正成为破解现实困境的有力武器。"两山"之路秉持尊重自然与保护自然的绿色发展观，根本目标在于妥善处理人与自然的矛盾冲突，根本宗旨是要实现人与自然和谐共生。"两山"之路的主要任务包括转变思想观念、完善制度体系、养成生态行为。具体来说，就是在经济发展生态动因测算、生态环境承载阈值测度、水气土等环境容量约束测量

---

[1] 刘海霞、胡晓燕：《"两山论"的理论内涵及当代价值》，《中南林业科技大学学报》（社会科学版）2019 年第 3 期。

[2] 《马克思恩格斯选集》第 2 卷，人民出版社 1995 年版，第 112 页。

[3] 《马克思恩格斯选集》第 1 卷，人民出版社 1995 年版，第 45 页。

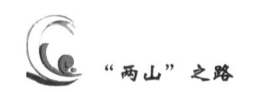

的基础上，科学选取适宜生产方式和发展方式，实现经济因素与生态因素的统一，框定代际公平与代内公平的边界，满足人类物质欲求与精神欲求的需要。

二 理论遵循："两山"理念

"两山"之路是"两山"理念指引的道路。首先，"两山"之路不仅以生态环境为间接生产要素，而且以生态环境为直接生产要素。良好的生态环境为经济发展提供了坚实的基础。众所周知，经济发展需要一定场所，需要进行物质与能量的交换，需要身心健康的劳动者，需要吸引聚齐市场主体投资，而良好生态环境可以充分展现绿色吸引力，能够有效集聚人才、技术、投资等生产要素。同时，良好的生态环境是"两山"之路建设的直接生产要素。如良好的土壤是生产优质农产品不可或缺的生产资料，又如良好的空气、水体是精密仪器、生物制药、生态康养产业的必要生产资料。其次，"两山"之路应当不断以优美生态集聚生产要素，既不缘木求鱼（舍弃经济发展，片面追求生态良好），也不竭泽而渔（片面追求经济发展，不惜牺牲生态环境）。正确处理"两山"的关系，推进以发展促进保护、以保护促进发展，是"两山"理念的精神实质，也是"两山"之路的理论遵循。

三 核心路径："两化"融合

"两化"融合是指产业生态化与生态产业化同步推进、融合发展。为了正确处理"两山"的关系，我们探索的核心路径是产业生态化与生态产业化。首先，我们要推进产业生态化。产业生态化的实质就是传统产业转型升级、新兴产业创新发展，其途径就是通过科技创新和制度创新形成绿色、低碳、循环、可持续的生产方式。因为能源消耗较大、资源投入较高、污染排放较多，传统经济发展方式对生态环境的负面影响较强。这与当前倡导的可持续绿色发展理念严重不符。为改变现状，我们需要推进产业生态化，即通过理念更新、科技创新、政策指引，加快供给侧结构性改革，增强产业的核心竞争力，建立绿色产业结构体系，形成低碳、循环的发展方式。新产业的发展同样需要将"绿水青山"作为推动经济增长的重要内生动力,将生态环境与土地、技术、劳动力等生产要素一起投入生产过程,实现产业生态化发展。

其次,我们要积极推进生态产业化。生态产业化的实质就是要将"绿水青山"的价值资产化,其途径就是先要对生态资源资产进行确权、登记、核算,再将其投入市场通过市场交易实现价值转化。绿水青山可以作为重要的生产要素,生产出农业产品、工业产品、服务业产品和第四产业的生态产品,能够为人们提供高额的生态溢价。所以,我们可以把绿水青山作为资产进行管理。具体实践中,各个地方可结合自身生态资产的特色,优先经营、合理开发与绿水青山相关性较强的生态农业、生态旅游、生态康养等内生产业,稳步推进由绿水青山派生和延伸出来的物流、房地产、文化、信息等外联产业。生态产业化需要我们积极遵循自然生态规律、充分利用生态环保型技术、有效管理自然资源资产,进而保障"绿水青山"保值增值。

四 突破窗口:系统治理

山、水、林、田、湖、草、沙都是大自然的因子,具有各自内在的功能、结构和变化规律。"山水林田湖草是一个生命共同体,人的命脉在田,田的命脉在水,水的命脉在山,山的命脉在土,土的命脉在树。"[1] 作为复杂系统的生命共同体,各因子之间存在相互耦合、相互联系、相互制约的关系。作为整体协调的生命共同体,它为生态环境空间治理规则创新、生态环境治理体系建设提供了依据。"两山"之路建设需要处理人与自然的关系,也就需要对山水林田湖草沙进行系统治理。从系统论视角出发,治理需要积极遵循自然规律,任何忽视某一因子的做法都会导致这一因子成为短板,最终导致整体效能的降低。因此,我们要改变过去"头痛医头,脚痛医脚"的单因子保护修复思路,采取多因子整体保护修复的方式,才

---

[1] 中共中央宣传部:《习近平新时代中国特色社会主义思想三十讲》,学习出版社 2018 年版,第 248 页。

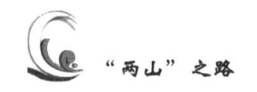

能有效协调"两山"关系。

五 制度保障：生态保护和责任机制

"两山"之路高质量畅通离不开完善的保护机制和责任机制。首先，只有建立完善的保护机制，才能更高质量更高存量地拥有绿水青山。党和国家高度重视环境保护工作，2020年国家印发《全国重要生态系统保护和修复重大工程总体规划（2021—2035年）》，明确提出"统筹自然资源保护监管、生态保护、污染防治，进行综合管理、统一监管和行政执法"，"用最严格的制度来保护生态环境，才能实现人与自然、人与社会和谐发展的现代化、绿色化"①。国家在长江、黄河、西北沙漠、青藏高原等重点生态功能区布局了13个重大工程，推动河湖联动、陆海统筹、生态保育、防风治沙。各级地方政府也积极划定生态空间、严守生态红线、明确环境底线、限制污染排放、加强监管执法。

其次，只有建立完善的责任机制，才能执行最严格的保护制度。随着生态保护各项制度的陆续推出，落地实施中常常遇到责任主体不明确、生态破坏行为惩罚依据不足、事前监测预警不及时、事后惩戒和反思不深刻等问题。所以，我们要列出环境保护清单，明确责任主体，形成事前、事中和事后全覆盖的环保督察机制，完善生态环境损害终身追究制度，健全环境公益诉讼机制，加快社会信用体系建设，促使政府、企业、社会组织、公众更为主动、更为积极、更为有效地参与生态保护事业。

第三节 "两山"之路的生态意蕴

马克思指出："自然界，就它本身不是人的身体而言的，是人的无机的身体。人靠自然界生活。这就是说，自然界是人为了不至于死亡而必须与之处于持续不断交互作用过程的、人的身体。""两山"理念旨在纠正无

---

① 《全国重要生态系统保护和修复重大工程总体规划（2021—2035年）》，2020年6月12日，中国政府网，https：//www.gov.cn/zhengce/2020-06/12/content_ 5518797. htm。

节制追求物质财富、盲目发展"两高"产业、肆意破坏自己的无机身体的传统发展模式。"两山"之路遵循生态发展观的可持续发展道路,"两山"之路的生态意蕴表现在三个方面:一是指实践活动遵从自然法则、契合自然逻辑、遵循人与自然和谐共生;二是指"两山"之路的实践途径是经济与环境协同发展;三是指"两山"之路的目标是生态环境与人类福祉共融共享。

一 人与自然和谐共生

(一)"两山"之路还原自然底色

从广义视角看,自然又称自然界,其组成包括大到宇宙苍穹,小到尘埃微粒。从狭义视角看,自然是指能够满足人类生命活动的生态空间。地球上的山川湖海、花草树木、鸟兽虫鱼,宇宙中的日月星辰、风云雷电,以及从事生命活动的人类,都是大自然的组成部分。随着生产力理论的发展、工业革命的推进、资本逻辑的推波助澜,人类对财富的占有欲望急剧膨胀。与此同时,人类对资源的掠夺不断加剧,呼喊着征服自然、战胜自然、改造自然的口号,乱砍滥伐树木、过度开垦土地、过度开采矿山、不当利用水源、肆意排放有害污染物,其结果是天然植被遭到破坏、土地资源持续退化、污染物大量扩散……如此种种给大自然造成了不可弥补的伤害。在生态破坏、环境污染、水资源短缺、气候变暖等生存危机接踵而来的今天,"两山"理念的提出为我们如何解决人与自然的冲突提供了全新的思路,"两山"之路的实践为我们如何破解生态保护与解决发展的矛盾提供了全新的探索。"两山"之路的宗旨就是唤醒自然本真、恢复自然因子、还原自然底色,要求人类遵循绿水青山的发展规律,科学合理、有序有度地获取人类生产生活所需的生态资源。

(二)"两山"之路激活生态动力

"绿水青山就是金山银山"理念改变了简单地将保护和发展相对立起来的思维束缚,深刻揭示了生态保护和经济发展的内在矛盾统一关系。其中的"就是"两字体现了最本质的意蕴,意味着绿水青山的价值可以表现为金山银山。在"两山"关系中,矛盾与冲突客观存在,短期内难以避免

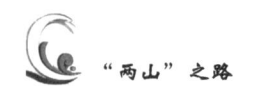

也无法消灭。为有效处理两者的矛盾与冲突，最好的办法就是找寻绿水青山和金山银山两者之间的最佳平衡点位。为实现"两山"协同增效发展，我们需要科学衡量正、反两种动力势能，充分用好两种相互作用力，促成两者的共生共融发展。一味地追求绿水青山，限制了人民群众的发展权，难以满足人们日益增长的美好生活需要。一味地追求金山银山，破坏了发展的生态动力，动摇了人类可持续发展的基础。这两种情况都会打破"两山"关系的均衡状态，使经济和生态背离协同发展的正常轨道。所以，为实现"两山"道路的目标，我们应遵从经济和生态发展的固有规律，激活互促共融发展的生态动力。

(三)"两山"之路遵从生态规律

自然界存在生态平衡规律，经济发展应遵从这一规律。"两山"理念中的"绿水青山"和"金山银山"存在固定的先后次序，任何变换顺序的行为，都将会带来客观发展逻辑的偏离，产生不可逆转的畸形发展。"两山"道路的实践也应遵从自然规律，通过对自然生产力的创新利用，创造出社会生产力的长期红利，以实现效益的最大化、效率的最高化、发展的可持续。只有在准确掌握"两山"辩证关系的基础上，才能遵从自然生产力的发展逻辑，方能维持社会生产力和生产关系的最佳平衡，方可实现经济基础和上层建筑的和谐稳定。

二 经济与环境协同发展

(一)"两山"之路遵循绿色发展理念

"两山"之路是以绿色为底色的创新发展道路。绿色是"两山"之路的逻辑起点，发展评价要以生态效益作为最重要的标准。在适度追逐物质欲求的路上，自然生态的承载能力阈值就是允许发展的极限，超范围、超进度、超强度的发展是有害的。突破绿色环保底线的竭泽而渔行为，虽能带来一时的欲望满足，却无法维持长久的发展需求。按照马斯洛的需求理论，当基本的物质需求得以满足，人类开始追求更高层级的需求。改革开放后的经济增长和社会发展取得了令人瞩目的成效，促使了社会主要矛盾的转变，当前人民群众对美好生活的向往增强，对清新空气、清洁水体、安全食物、优美环境的需求增强，对生态产品追求的脚步不止。"两山"之路正是从经济效率逻辑转向生态效益逻辑的探索，是从传统价值追求到生态价值追求的实践。这一道路紧紧遵循绿色发展的理念，追求多元化的生态需求。

（二）"两山"之路坚持整体发展思维

按照二元分立的观点，"绿水青山"同"金山银山"各自孤立存在，绿水青山被喻为自然实在，体现为不依赖主体意向性的物理体系；金山银山被喻为制度性实在，体现为基于国家发展集体意向的构成性规则体系。这一观点具有缺陷，因为人们基于割裂视角认为对金山银山的物欲追求不会影响绿水青山的数量与质量。我们需要构建起整体发展思维，要在"绿水青山"和"金山银山"与之间搭构起畅通无阻的转化桥梁，以实现两座山的"浑然一体，和谐统一"。"两山"理念中牵涉的两座山并不是对立关系，而是对一座山的分解表达。无论是在理念上还是在实质上，"两山"都是一个"你中有我、我中有你"的整体，无论在自身本质还是在发展逻辑上都具有内在逻辑关联。[1] 如果基于二元论视角看待二者的关系，"两山"就被割裂为单一生态价值的追求或单一财富价值的追求，这必将破坏"两山"的整体性和完整性。因此，只有坚持整体发展思维，集合两座山的内在动能，才能实现生态价值和经济价值的最大化。

三 生态环境与人类福祉共融共享

（一）"两山"之路化解人与自然的矛盾

"金山银山"数量是传统经济效益最优原则的终极目标。但实践探索的历史辙印告诉我们，片面追求经济效益是不可取的，长此以往，会引发自然生态的超负荷消耗，进而引起人与自然的矛盾与对立。化解这一矛盾的最佳选择就是坚定走好"两山"之路，坚持"绿水青山"优先原则，冲

---

[1] 赵亚东：《"两山"理念在乡村振兴中的价值实现及生态启示》，《齐齐哈尔大学学报》（哲学社会科学版）2020 年第 10 期。

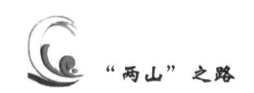

突抉择时"宁要绿水青山，不要金山银山"。随着生态意识的觉醒，人们对生态重要性的认识越来越深刻。大众普遍意识到，顾此失彼的发展模式得不偿失，因为生态环境一旦破坏，花费再多的金山银山也不一定能够完全恢复，并且有些破坏的修复期极其漫长。可以说"两山"之路彻底变革了以往不惜毁坏生态资源获取经济发展的粗放模式，采取依托"绿水青山"赢得"金山银山"的集约模式。这是一条将生态资源变现为生态资产进而变现为生态财富的发展路径。通过"两山"之路建设，人与自然的和谐共生关系得以重新构建，生态价值与财富价值的对立统一关系得以重新建立。

(二)"两山"之路追求人与自然的和谐

人与自然存在双向互动关系，一是人对自然具有生态依赖和生态影响，二是自然为人提供生态空间，并对人的活动做出生态回应。"两山"之路的实质是通过人的适宜行为拓展生态空间并避免自然的不友好生态回应，即"确立相对静止即平衡的追求"。随着"两山"之路的实践，人与自然之间的矛盾趋于缓和，其关系呈现浑然一体、唇齿相依的平衡状态。自然为人类提供必要的物质、能量、空间，人在自然中惬意生存、稳步发展，当自然出现污损时及时采取措施对其进行修复。这种平衡且宁静的和谐状态，不仅为自然永续提供了基础，也为人类持续发展提供了保障，更为人与自然和谐共生统一体构建提供了可能。

(三)"两山"之路追求生态福祉的增加

碧绿森林、清澈水体、宜人空气、优美环境都是生态产品。生态产品是最普惠的民生福祉。[①] 习近平总书记关于"绿水青山就是金山银山"的重要思想，打破了把发展与保护对立起来的思维束缚，指明了实现经济发展和环境保护"双赢"的新路子。在"两山"思想的指引下，人们的生态意识逐步觉醒，人们的生态行动日趋自觉，传统粗放发展的模式渐被抛弃，纯粹的物质追求渐趋落伍，生态与经济协调发展逐渐成为时尚。在

---

① 黄志斌、高慧林：《习近平生态文明思想：中国化马克思主义绿色发展观的理论集成》，《社会主义研究》2022年第3期。

"两山"之路的追寻中，自然生态的价值不止于经济财富的实现，更在于生态好、环境美所带来的舒适感、获得感、幸福感的增加。

第四节 "两山"之路的价值追求

"两山"之路的实践，对浙江省甚至全中国和全世界都具有重要的贡献，对解决当前突出的环境问题、加大生态环境保护力度、积极推进绿色惠民、稳步实现绿色强国都具有重要价值。

一 "两山"之路的区域价值

浙江省是"两山"理念的萌发地，也是"两山"之路的最早实践地。从 2003 年开始建设绿色浙江，到 2005 年开始建设生态浙江，到 2012 年开始建设美丽浙江，再到 2018 年开始建设诗画浙江，浙江省的"两山"之路探索与实践步伐从未停止。浙江省以"生态"为主线、以"文化"为引领、以"制度"为保障，推进环保"811"行动、美丽浙江建设"811"行动、"五水共治""三改一拆""四边三化"统筹山水林田湖草沙系统治理、"千村示范、万村整治"工程、美丽乡村、小城镇环境综合整治、"最美大花园"建设等一系列"两山"战略举措落地落实，实现生态环境质量、生态经济建设、美丽浙江建设的齐头并进。

（一）生态环境质量持续改善

生态环境是"两山"之路的基石，生态环境质量是否好转是衡量"两山"之路成效的重要评价标准。近 20 年来，浙江省坚持生态环境综合治理信念不动摇，推进最严格的生态环境保护制度不手软，以壮士断腕的决心实现从点上治理到全面整治，资源能源利用效率显著提高，环境治理成效持续显现，生态环境质量明显提升，自然和人居环境有效改善，绿色生活方式逐步形成。截至 2020 年，浙江省的生态环境状况指数（EI）连续多年引领全国，PM2.5 和空气质量综合指数（AQI）位居全国重点区域榜首，"水十条"（水污染防治行动计划）考核位居全国榜首，环境质量稳居长三角榜首，生态环境质量公众满意度连续 9 年上升。浙江省生态环境厅

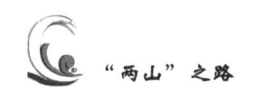

荣获2018—2019年度"绿色中国年度人物"大奖。①

(二) 生态经济建设成效显著

发展生态经济是"两山"之路的主线，生态经济数量与质量是测度"两山"之路成效的核心指标。2005年以来，浙江省坚持绿色发展、低碳生活、全面小康的目标，"八八战略"、"两山"理念见行见效，生态经济发展久久为功。一是地区GDP稳定增长，生态经济运行稳中向好。全省GDP从2005年的13417亿元到2019年突破6万亿元，达到6.23万亿元，在2020年达到6.46万亿元。二是人均GDP稳定增长，共同富裕逐步推进。全省人均GDP从2005年的2.7万元上升到2019年10.7万元。到2020年，尽管遭遇新冠疫情，浙江人均GDP仍进一步增至1.46万美元。三是产业结构不断优化，生态产业占比逐年提高。第三产业产值从2005年的5000亿元上升到2019年的33000多亿元，第三产业对GDP增长的贡献率从2005年的20%提高到2019年的58.9%。2020年，第三产业增加值36031亿元，占国内生产总值的55.76%。此外，浙江省的生态旅游蓬勃发展，生态工业渐显效能，节能环保产业异军突起，生态化产业结构渐趋成熟，生态经济化和经济生态化格局已显山露水。

(三) 诗画浙江建设稳步推进

诗画浙江是美丽浙江的升级版，诗画浙江建设成果是展示"两山"之路科学性的重要窗口。2006年，浙江省率先创建成功全国第一个生态县。2018年，浙江省深化"两山"之路的典型实践——"千村示范、万村整治"获联合国最高荣誉奖项——"地球卫士奖"。2016年，浙江省杭州市被习近平总书记誉为"生态之都"。2019年，经过16年的不懈坚持、一以贯之，浙江省率先创建成功全国第一个生态省，其中城镇居民人均可支配收入、农民人均纯收入、环保产业比重等指标引领全国。截至2020年，浙江提前三年完成消除Ⅴ类水质断面任务，设区城市空气质量优良天数比例提高9.5个百分点，万元生产总值能耗从0.45吨标煤降至0.37吨标煤，

---

① 浙江省统计局：《建设生态文明 打造美丽浙江——中国共产党成立100周年浙江经济社会发展系列报告》，2021年6月21日，浙江省统计局网站，http://tjj.zj.gov.cn/art/2021/6/21/art_1229129214_4667418.html。

森林覆盖率上升至61.2%。诗画浙江建设取得喜人成效，全省的山更青、水更绿、天更蓝、地更净、食品更安全，不仅形态更美、生态更美，还实现了文化更美、生活更美。正是因为浙江省各方面工作都做到"干在实处，走在前列，勇立潮头"，习近平总书记于2021年对浙江省提出了"努力成为新时代全面展示中国特色社会主义制度优越性的重要窗口"的殷切期望。

总之，在"两山"理念的指引下，通过"两山"之路的持续接力践行，浙江的产业兴了，生态美了，居民富了，收入差距缩小了。浙江人民在生态环境保护、生态经济发展、生态社会建设中获得了绿色福利、绿色效益、绿色品质。因此，"两山"之路不仅成为浙江率先建成诗画浙江的战略举措，而且成为全国乃至全世界建成诗意栖居地的创新实践。

二 "两山"之路的国家价值

浙江的伟大实践为其他地区提供了经验借鉴。"两山"理念历经"从实践到理论，以理论指导实践"的丰富完善，形成了一套完整的转化理论体系、系列配套的转化战略举措，为全国性的生态经济与环境保护政策文件制定提供了重要案例、丰富素材，成为全国生态经济与环境保护调研考察的热点地区。

（一）开启了"美丽中国"建设新征程

党的十八大报告系统阐述了"大力推进生态文明建设"，党的十八届三中全会深刻阐述了"加快生态文明体制改革"，党的十八届四中全会着重强调了"依法推进生态文明建设"，党的十八届五中全会把"绿色发展"纳入"五大发展理念"，党的十九大报告再次系统阐述了"加快推进生态文明体制改革，建设美丽中国"。同时，党的十九大把"两山"理念、绿色发展理念、美丽中国建设等均写入《中国共产党章程》，全国生态环境保护大会描绘了我国生态文明建设的时间表：到2035年，基本建成美丽中国；到21世纪中叶，全面建成美丽中国。通观党的十八大以来的国家政策可以发现，党和国家对"两山"理念的重视程度史无前例，对"两山"之路实施进度的关注与日俱增，对"两山"理念转化制度建设的决心坚定不

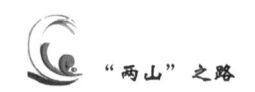

移,对以"两山"之路实现人与自然和谐的信心空前高涨。因此,"两山"之路是推进我国经济从高速度增长转向高质量发展的创新实践,是实现中华民族永续发展的有益探索。

(二) 开启了生态扶贫富民新征程

贫困成因各不相同。一类是生态资源丰富但位置偏远、交通不便导致的贫困,这种情况下,生态富集与贫困存在地理上的高度重叠。一类是生态脆弱、资源贫乏、交通不便导致的贫困,这种情况下,生态脆弱与深度贫困往往互为因果。在"两山"之路建设中,一是通过生态农业产业化、生态资源资本化发展,通过区域共用品牌打造、特色优势产业发展,通过新型农业经营主体的带动发展,实现生态增值、产业增效、农民增收;二是采取造林绿化务工、森林管护就业等方式,拓宽生态扶贫道路,增加农民务工收入;三是通过退耕还林奖补、横向生态补偿等途径,增加农民财产性收入。

三 "两山"之路的世界价值

由于先行进入工业化阶段、先行遇到生态环境问题、先行建设生态文明,西方国家掌握了环境保护、生态经济、绿色发展领域的话语权。然而国情不同,国外的理念和战略引进中国后有些水土不服。于是,中国在创新实践中形成了独具特色的生态文明、"两山"转化、自然资源资产、生态产品价值实现等思想。随着生态建设成效的显现,源自中国的理念逐渐为西方世界所认同,中国的生态发展道路为全球可持续发展贡献了中国智慧和中国方案。

(一) 为世界可持续发展提供了中国经验

长期以来,在生态建设和环境保护的思想创新方面西方国家占据主导地位,无论是"增长极限理论""有机增长理论",还是"循环经济理论""可持续发展理论",均是西方的话语体系,缺乏我们自己的话语权。[1] 例

---

[1] 沈满洪:《习近平生态文明思想研究——从"两山"重要思想到生态文明思想体系》,《治理研究》2018年第2期。

如，21世纪初，当西方国家开始提倡发展"低碳经济"之时，中国尚处于工业化中期，温室气体排放呈现逐年递增状态。由于缺乏话语权，在多轮关于低碳经济的国际谈判中，我们只能无奈地被动应对，最终陷入西方国家布设的"低碳陷阱"。再如，"可持续发展"具有"需要"和"限制"这两个基本特征，但这里所认为的"需要"是强调西方国家的"需要"，"限制"则是针对发展中国家的"限制"。[①] 如果遵照执行西方国家所要求的"限制"，中国必须在尚未实现工业化时就停止前进的步伐。"两山"思想实现了理论上的重大突破，"两山"之路拓展了实践中的伟大创新，为中国赢得了可持续发展的国际话语权。如今，"两山"之路成为中外国际学术会议共同讨论的议题，中国的"两山"道路引起欧美国家政商各界的广泛关注。"两山"之路创新了维护人与人、人与自然、人与社会的和谐关系，倡导生态公平与生态正义。这一理论继承发扬了西方可持续发展理论中当代公平与代际公平、人与自然和谐共生的思想，但断然抛弃了选择性保护与不公平限制的观点。

（二）为应对国际环境合作提供了中国方案

在统筹国内国际两个大局基础上，中国坚持量力而行，坚定"两山"理念，积极参与国际环境保护合作，为全球环境改善做出巨大贡献。正如党的十九大报告所述："引导应对气候变化国际合作，成为全球生态文明建设的重要参与者、贡献者、引领者。"在联合国环境规划署对不同国家可持续发展模式的研究成果中，中国的贡献尤为突出，如2015年的《中国库布其生态财富创造模式和成果报告》充分认可了中国在治理沙漠化、促进共同富裕和应对气候环境变化方面所做的积极行动与巨大贡献；2016年的《绿水青山就是金山银山：中国生态文明战略与行动》高度认同中国将生态文明纳入国家发展规划的壮举，赞誉以"绿水青山就是金山银山"为导向的伟大实践为世界可持续发展提供了中国方案；2019年的《北京二十年大气污染治理历程与展望》高度赞美北京

---

① 王潇君：《以生态文明理念构建全球生态环境治理新格局》，《中国经贸导刊（中）》2020年第3期。

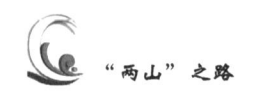

经验对许多遭受空气污染困扰的城市的借鉴意义。2021年，中国提出的"昆明宣言"在《生物多样性公约》缔约方大会第十五次会议（COP15）上正式通过。联合国环境署执行主任施泰纳表示：可持续发展的内涵丰富、实现路径多元，不同国家应因地制宜选择适宜的有效的道路；中国在环境保护领域取得了举世瞩目的成就，成为世界各国的楷模；中国的可持续发展造福了占全球20%的人口，为其他国家平衡环境保护与经济发展提供了经验借鉴。

（三）为创造美丽世界提供了中国智慧

习近平总书记不仅提出了"美丽中国"的建设目标，而且描绘了美丽世界的愿景；不仅提出全国一盘棋的思想，而且提出了人类命运共同体的理念。中国的"两山"之路倡导自然生态是经济系统的物质基础，经济增长必须以保护生态环境为基础；强调了具有绿水青山的经济价值实在。因此，"两山"之路是对"经济中心主义"行为的超越，也是对"环境保护主义"行为的超越。这条道路为我们提供了"鱼和熊掌兼得"的可能性、可行性。换言之，这揭示了绿水青山和金山银山之间不仅存在相互依存的关系，而且存在相互转化的关系。只要掌握和遵循自然发展规律、经济发展规律，就能够把"绿水青山"转化成"金山银山"。"两山"之路隐含的"道法自然、天人合一"思想是追求和谐、平衡、融合的中国智慧，不仅有助于中国建成美丽中国，而且有助于世界建成美丽世界。

因此，中国倡导的"两山"理念、践行的"两山"之路展示了兼顾经济发展和环境保护的"中国经验"，呈现了平衡经济发展和环境保护的"中国方案"，提供了美丽世界建设、人类命运共同体建设、全球生态与经济协调发展的"中国智慧"。

第三章

"两山"之路的必然与应然

"两山"之路是舒缓工业文明引发的人与自然紧张关系的有效路径，是化解生态保护与经济发展对立冲突关系的现实途径，也是推进新时代生态文明建设、乡村振兴发展、共同富裕实现的重要举措。

第一节 "两山"之路与生态文明

"两山"之路是对"两山"理念的忠实践行，"两山"理念是生态文明思想的重要组成部分，"两山"之路与生态文明建设都遵从可持续发展理念，即坚持以人民为中心的价值追求，选择绿色、循环、低碳的发展方式，健全防守、控制、惩罚的制度保障。

一 生态文明的内涵

（一）生态文明的本质

生态文明的核心问题是正确处理人与自然的关系、生态与经济的关系、发展与保护的关系。作为人类社会中最基本的关系，人与自然的关系并非一成不变的，而是随着人类生产能力的发展而变化的。在原始文明时期，人与自然的关系更多地表现为人类受制于自然；到了农业文明时期，随着生产水平的提高，人类开始崇尚征服自然，利用森林、草原、湖泊、河流来进行大规模造田、放牧，造成水土流失、土地沙化、湿地消失、湖面减少等诸多问题，引发了人与自然的关系失衡；到了工业文明时期，人类对自然的利用进一步加强，敬畏自然之心荡然无存，改造自然的决心持续高涨，借用科技手段持续追求物质的富有，引发了环境污染、能源危机、核污染威胁等人与自然的对立；在生态文明时期，经历自然界对人类的一次次报复之后，人们的生态理性得以回归，开始倡导尊重自然、顺应自然、保护自然，开始重塑人与自然相互限制、相互依赖、相互包容的关系。

在人类发展历史中，大自然对人类的馈赠极其慷慨和丰厚。然而，大自然本身也需要维系物质与能量的平衡，失衡之后的大自然变得相当脆弱。虽然人类社会的发展势不可当，人类的物质消费欲望空前高涨，人类对自然的征服与改造前所未有，但是人类对自然的索取要保持适度，其活动对生态的破坏不能超过自然界平衡的限值。人作为大自然有机体的一个重要部分，任何对自然生态的负面影响都将作用于人类自身，无度索取、肆意破坏的行为必将威胁到人类自身的生存与发展。

在新时代生态文明建设中，我们要尊重自然、顺应自然和保护自然。这里强调从观念到行为的统一。尊重自然，是观念层面的要求，具体是要从思想意识深处承认人类是自然之子的身份，对自然怀揣敬畏之心、感恩之情、报恩之意。顺应自然，是行为层面的要求，具体是要求人类在深刻认识自然的基础上，进行符合自然发展客观规律的活动。当然，这并非要求人类任由自然驱使、停止经济社会发展，而是要求人类发挥智慧优势，有序开发、合理利用自然资源。保护自然，也是行为层面的要求，具体是要求人类在开发利用自然的同时关注自然、呵护自然、反哺自然。这就要求人类应将自身活动控制在生态承载、自然修复的限值之内。当发现自然出现不良反应时，应降低对资源的利用强度，为自然留足休养生息的时间和空间。当发现自然出现严重不良反应时，应采用科学技术手段，对自然进行人工修复或引导自然进行自我修复。通过有度获取、有效利用、有为修复，实现经济发展、人口增长、资源利用、环境保护之间的动态平衡，进而提高人与自然和谐相处的文明程度。

（二）生态文明的特征

生态文明是一种文明形态，是人类遵从人与自然和谐共生这一客观规律下取得的物质文明和精神文明的总称。其特征表现为空间维度上的全球共建共享性和时间维度上的动态历史性。

从空间维度看，生态文明不是某一个国家、某一个地区、某一个民族的文明，而是全人类共同的文明。人类共享一个地球，地球上的生态环境问题必将对全世界带来威胁和挑战。生态破坏引发的土地荒漠化、气候变暖、疾病肆虐，任何国家都不可能独善其身。应对生态危机，任何国家都不可能置身事外。因此，我们必须建立国际合作渠道，完善国际合作机制，联手全世界进行生态文明建设。

从时间维度看，生态文明是从原始文明、农业文明、工业文明、后工业文明演化而来的文明形态，并处于不断发展变化中。生态文明具有历史性、动态性。在每一个发展阶段，人与自然都存在不适应、不调和，其差别只是类型不同、程度不同而已。人与自然关系的调和是一个不断实践、不断认识、不断深化的过程，表现为"矛盾出现—科学认识—矛盾解决—新矛盾出现—认识深化—新矛盾解决"的持续循环往复。当已有的矛盾获得完满解决，新的矛盾又会接踵而来，人与自然的矛盾从未停止。正是这一过程，让人类文明从低级阶段向高级阶段一路向前，让人类社会从原始、奴隶、封建、资本主义社会向社会主义社会一路演进。因此，我们要紧跟历史步伐，掌握科学方法，走出一条低投入、低消耗、高产出、少排放、高效益、能循环、可持续的现代化生态文明道路。

二 生态文明的发展阶段演进

中国生态文明建设实践大致可以按照历史进程分为党的十四大以前、党的十四大至十六大期间、党的十六大至十八大期间、党的十八大以后四个阶段，第一阶段是强调环境保护的孕育萌芽阶段，第二阶段是强调可持续发展的发展成型阶段，第三阶段是提倡科学发展的深化成熟阶段，第四阶段是建设美丽中国的蝶变升华阶段。

（一）孕育萌芽阶段（1949—1991年）：强调环境保护

从总量上看，中国地大物博，自然资源十分丰富，但人均自然资源占有量并不多。基于这一现状，新中国成立以来，中国政府就较为重视生态

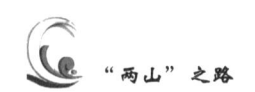

环境保护工作。早在1955年，毛主席就倡导号召"绿化祖国林""实行大地园林化"。之后，中国开展了"12年绿化运动"，参加了联合国首届人类环境会议，召开了第一次全国环境保护会议，通过了我国第一部环境保护法律，并在宪法中明确"国家保护环境和自然资源，防治污染和其他公害"。改革开放以后，中国政府继续环境保护工作不放松，前后陆续出台森林法、草原法、环境保护法等系列法律文件，确定每年的3月12日为植树节，开启了"三北防护林"工程，在宪法中进一步明确"国家保障自然资源的合理利用，保护珍贵的动物和植物"，并将环境保护列为中国必须长期坚持的一项基本国策。这一阶段，随着环境保护的法律制度不断完善、实践活动不断推进，人们对环境重要性的认识不断深化。

（二）发展成型阶段（1992—2002年）：坚持可持续发展

随着经济的发展，生态破坏和环境污染问题逐渐凸显，中国提出了"可持续发展"战略。这一政策表明政府决策从重视环境保护上升为通盘考虑环境保护与经济发展问题，对环保理念的认识进一步深化，推进的行动进一步坚实。中国于1992年参加了联合国召开的环境与发展大会，发布了《中国21世纪议程》，进一步明确可持续发展的战略目标，进一步细化了可持续发展策略。随后，党的十四届五中全会明确提出经济增长方式要"从粗放型向集约型转变"，八届人大四次会议提出"转变经济增长方式和实施可持续发展"是中国现代化建设的一项重要战略，第四次全国环境保护会议提出"保护环境的实质就是保护生产力"。1996年，中国政府发布《关于环境保护若干问题的决定》，对实行环境质量行政领导负责制、环境污染控制、生态平衡维护、自然资源开发利用等做出了具体规定。2000年，中国政府发布的《全国生态环境保护纲要》强调"通过生态环境保护，遏制生态环境破坏，减轻自然灾害的危害；促进自然资源的合理、科学利用，实现自然生态系统良性循环；维护国家生态环境安全，确保国民经济和社会的可持续发展"[①]。2002年，江泽民同志在党的十六大上所做

---

① 国务院：《关于印发全国生态环境保护纲要的通知（2001年第3号国务院公报）》，2021年11月21日，中国政府网，https://www.gov.cn/gongbao/content/2001/content_61225.htm。

报告中把"可持续发展能力不断增强，人和自然和谐，走生产发展、生活富裕、生态良好的文明发展道路"列为"全面建设小康社会"的四个方面的目标之一。①

（三）深化成熟阶段（2002—2012年）：推进科学发展

这一阶段，经济进一步发展，生态破坏严重，环境问题突出，结构性矛盾呈现，中国政府提出了科学发展观，要求以"建设生态文明"作为当前及今后一段时间的经济社会发展的一项战略任务，强调统筹人与自然的和谐发展。至此，科学发展观得到了深化和升华，中国的生态文明建设迈上了新台阶。

在党的十六届三中、四中、五中全会上，党和政府对科学发展观的内涵、路径和目标进行了界定，指出要"坚持以人为本，树立全面、协调、可持续的发展观，促进经济社会和人的全面发展"，决心通过"完善促进生态建设的法律和政策体系、制定全国生态保护规划、在全社会大力进行生态文明教育"的途径来破解资源供给不足和环境持续恶化的困境，构建人与自然和谐、经济与社会和谐、资源和环境友好的社会主义国家。在党的十七大会议上，党中央在推进全面小康社会建设中首次将生态文明建设作为重点战略任务，并首次明确界定生态文明的实质"就是建设以资源环境承载力为基础、以自然规律为准则、以可持续发展为目标的资源节约型、环境友好型社会"。在党的十七届五中全会上，党中央指出要"树立绿色、低碳发展理念，以节能减排为重点，健全激励和约束机制，加快建设资源节约型、环境友好型社会，提高生态文明水平"。随后，国民经济和社会发展"十二五"规划要求加强主体功能定位、国土空间高效利用、发展循环经济，并首次将碳排放强度作为约束性指标纳入规划，确立了绿色、低碳发展的生态文明建设方向。②

---

① 《中国共产党第十六次全国代表大会上的报告》，2008 年 8 月 1 日，中国政府网，http：//www. gov. cn/test/2008-08/01/content_ 1061490_ 6. htm。
② 《国民经济和社会发展第十二个五年规划纲要（全文）》，2021 年 3 月 6 日，中国政府网，http：//www. gov. cn/2011lh/content_ 1825838. htm。

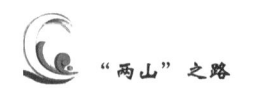

(四) 蝶变升华阶段 (2012年至今): 倡导融合发展

党的十八大以来,中国特色社会主义进入新时代。随着人与自然冲突的加剧,生态文明建设愈来愈紧迫,生态文明思想也不断蝶变升华。党中央提出要"把生态文明建设放在突出地位,融入经济建设、政治建设、文化建设、社会建设各方面和全过程,努力建设美丽中国,实现中华民族永续发展"。生态文明建设关乎中华民族的伟大复兴,政治意义重大。遵循生命共同体、环境生产力的理念,树立尊重自然、顺应自然、保护自然的思想,认同"良好的生态环境是最公平的公共产品,是最普惠的民生福祉"[①],将GEP纳入经济社会发展评价体系,注重山水林田湖草沙综合治理,构建人与自然生命共同体,满足中华民族永续发展的客观需要。这一阶段,党和国家坚持节约优先、保护优先、自然恢复优先的原则,更新发展理念,以提高自然资源的利用效率、倡导低污染低排放生产方式、提倡绿色低碳的生活方式,给自然留下了更多修复空间,为人类提供更多优质生态产品。

三 "两山"之路是生态文明建设的重要举措

(一) 可持续发展: "两山"之路与生态文明建设的共性发展理念

"两山"之路的根本遵循是坚持可持续发展。自人类社会出现以来,人类一直在探索人与自然的问题,即如何从大自然中获取我们生产生活所需要的资料,以及如何抵御自然灾害对人类带来的影响。但长期以来,我们一直未能妥善处理人与自然和谐相处的问题。原始文明时期,人类从自然中获取生产资料得以繁衍生息,人类与自然的关系是一种依附关系。农耕文明时期,随着生产力的进步,人类能够从顺应自然和改造自然中获得生存与发展所需。工业文明时期,随着自然认知水平、生产力水平、科学技术的进步,人类迷恋通过改造自然和征服自然维系过的物欲需求。这一阶段,资源消耗、生态失衡、环境污染持续显现,生态系统的修复能力赶

---

① 思力:《良好生态环境是最普惠的民生福祉》,2021年11月22日,求是网,http://www.qstheory.cn/wp/2019-03/06/c_1124200932.htm。

不上生态破坏的进度，人类与自然之间变成一种对立与冲突的关系。

生态文明是一种全新的文明，它克服了农业文明时代人类对自然的过分依赖，它超越了工业文明时期人与自然的紧张对立。"两山"之路是新时代中国特色社会主义的特色道路，旨在解决好人与自然相互依赖、相互促进的关系，让绿色成为大自然的永恒底色。两者的共同理念是尊重自然、顺应自然、保护自然。

尊重自然，就是要牢固树立人与自然对等互惠的思想。马克思认为，人是自然有机体的一个组成部分，没有自然界就没有人类；人依附于自然供养而生存，人与自然始终处于不断交互、相互影响的状态。因此，强调人类在寻求自身生存和发展的过程中，要始终以平视的眼光来看待自然，以敬重的姿态来对待自然，以节制的索取来保护自然。大自然完全能够满足我们的需要，却无法满足我们的贪婪，只有对自然保持必要的尊重，既不能与自然尖锐对立，更不能肆意凌驾于自然之上，我们的发展才能与自然相互惠益、相互和谐。

顺应自然，就是要坚决恪守遵循和顺应自然规律的方针。在"人类中心主义"思想的支配下，在先进科技和强大资本的驱动下，传统的工业文明违背自然演化规律进行资源无序开发利用，罔顾环境承载能力进行经济建设和城市扩张，以致出现自然界对人类的报复。生态文明的核心目标是人与自然和谐共生。因此，我们要积极维系生态系统平衡，在生态所能承受的阈限内，主动遵循自然规律、适度开发利用生态资源、及时修复生态环境，真正达成"人类与自然的和解"。

保护自然，就是要秉持生态是人类发展的基础理念。其实质要坚守生态底线，秉持保护自然环境和生态系统的准则，摒弃重经济轻环境、重增长轻保护的传统路子。"先污染、后治理"发展模式给我们带来的只是短期经济繁荣，人们在享受现代化甜蜜果实的同时，必然也要品尝环境恶化的苦涩后果。"两山"理念认为环境保护并不是经济负担，因为相对于政策福利而言，严格的环境政策、较高的环境标准引发的成本微不足道。事实上，环境保护是经济持续发展的前置条件，它与经济发展能够相互依赖、相互促进。因此，在保护自然这件事上，我们不但要有深刻的认识，

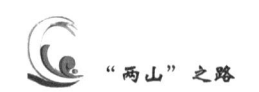

而且要有切实的行动，要探索保护与发展的规矩和边界。

(二) 以人民为中心："两山"之路与生态文明建设的共同价值遵循

树立新发展理念，首先要解决为什么人、由谁享有这个基本问题。党的十八届五中全会所提出的"以人民为中心"思想，明确了发展的客体问题，彰显了人民至上的价值取向，建立了"两山"之路的评价标准，也反映了中国生态文明建设的制度性实在。

走好"两山"之路，是为了让人民群众过得更加幸福美好。我们追求的"经济发展与生态保护"相互协调的目标与欧美可持续发展所追求的"物本"目标，在价值取向上是不同的。"两山"之路追求的是"民本"价值维度。也就是说，只注重经济增长而忽略人民群众的生存环境和生活质量，这种"唯经济增长主义"的追求是错误的；只关注生态环境而不顾人民群众的物质需求和生活水平，这种"唯生态中心主义"的考量是不可取的。所以说，生态文明不止于保护自然环境和生态安全，其深层目标是要把保护视为发展的基本要素，终极目标是满足人民群众日益增长的环境、物质、文化、精神等全方位需求。因此，新时代的生态文明建设必须坚持"以人民为中心"的价值取向，否则就会偏离经济效益、社会效益和生态效益相统一的方向。保持价值追求不偏离、方向目标不偏移的关键，在于是否坚持把人民群众的根本利益作为经济社会发展的衡量标准。作为最普惠的民生福祉，生态环境的好与差直接关系最广大人民的根本利益，也直接关系中华民族发展的长远利益。因此，"以人民为中心"是"两山"之路与生态文明建设共同的价值遵循。

走好"两山"之路，就是积极回应人民群众最关切的问题。发展为了人民，就要顺应民心、尊重民意，及时感知群众冷暖，精准识别群众需求，快速回应群众关切，着手解决群众所需、所急、所盼的问题。经过40多年的快速发展，中国经济建设取得历史性、突破性成就，但生态不断破坏与环境持续污染已经成为民生之患、民心之痛。伴随着生态退化、环境破坏，人们从过去的"盼温饱"发展为现在的"盼环保"，从过去的"求生存"发展到现在的"求生态"。习近平一直非常关切民生问题，积极回应人民群众最关注的领域、最期盼解决的困难，在多个场合多次强调：

"环境就是民生，青山就是美丽，蓝天也是幸福"①。因此，我们要本着对人民群众、对子孙后代高度负责的态度，坚守环保底线和开发利用边界，使碧水长流、青山常在、蓝天无霾、空气常新，让人民群众在享受富裕物质生活的同时，也能充分享受丰裕优美的生态环境。

（三）绿色、循环、低碳发展："两山"之路与生态文明建设的共同路径选择

"绿色发展、循环发展、低碳发展"是转变经济发展方式的基本方略，也是拓宽"两山"通道和推进生态文明建设的重点任务。我们所说的绿色发展是在充分考虑生态环境容量和资源承载力基础上，把环境保护作为经济社会发展可持续性的一个重要组成部分，采用绿色化、生态化、循环化发展手段，达到经济效益、生态效益和社会效益同步实现的过程。在广义上，绿色发展还涵盖了循环发展和低碳发展的基本内涵，"绿色发展"常常作为循环发展和低碳发展的代名词。这里所说的循环发展是对自然界物质能量循环的演化发展，将其规律运用于经济社会子系统，以污染治理、资源节约、生态修复为切入点，促进现代化建设的资源能源减量化和再利用过程。这里所说的低碳发展是在发展观念创新基础上，采用能源技术和减排技术，调整产业结构，发展新兴产业，实现能源合理高效利用、效益逐步提高的过程。当然，我国的绿色发展、循环发展、低碳发展还面临阶段性困境：一是中国的工业化发展尚处于中期加速阶段、城市化进程尚处于高速发展阶段、现代化进程仍处于调整巩固阶段，全社会对能源的需求正处于快速增长阶段；二是作为发展中国家，中国整体科技水平仍然有限，生态修复、污染防治、碳减排、碳转化等方面的技术研发时间不长、成果不多、转化不够；三是在经济结构中，第二产业仍然占据中国经济主体地位，不太先进的工业生产力水平面临"低投入、低能耗、低排放"指标实现的沉重压力。因此，我们必须走符合中国经济与社会发展阶段特点的道路，最重要的是转变发展方式，通过技术创新和政策创新，形成资源

---

① 中共中央宣传部：《习近平新时代中国特色社会主义思想学习问答》，学习出版社、人民出版社2021年版，第136页。

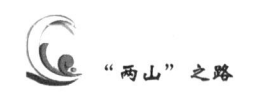

集约利用的生产方式和生活方式。

首先,必须推动生产方式绿色化。习近平同志非常关注如何推动生产方式绿色化,他指出:"必须构建科技含量高、资源消耗低、环境污染少的产业结构和生产方式,大幅提高经济绿色化程度,加快发展绿色产业,形成经济社会发展新的增长点。"[1] 党的十八届五中全会为实现绿色发展提出了一系列新的举措,指出绿色化的能源结构和产业结构是当前推动生产方式绿色化的重要内容。节能节约、清洁利用、替代能源开发是构建绿色化能源结构的主要方式。加快传统产业绿色化转型、加快培育新兴产业和节能环保产业以形成新的经济增长点是构建绿色化产业结构的主要途径。

其次,必须推动生活方式绿色化。2015年,中国政府在《关于加快推进生态文明建设的意见》中提出:"要加快推动生活方式绿色化,实现生活方式和消费模式向勤俭节约、绿色低碳、文明健康的方向转变,力戒奢侈浪费和不合理消费。"[2] "生活方式绿色化"强调公众个体在日常生活中的行为养成和观念转变。生活方式绿色化的内容不限于构建节约生活方式和消费理念,还包括养成"天人合一"的生态伦理道德,树立尊重自然、珍惜生命的理念。公众既是污染的受害者,也是污染的制造者,我们在享受社会进步的同时,也要履行社会成员应尽的环境责任。因此,加强生态文明建设,需要政府、企业、社会组织和个体的共同参与,尤其需要聚民心、集民智、汇民力。实现生活方式绿色化,首先需要广大群众在思想意识上认同生命共同体理念,其次是需要改变生活方式和消费模式,最后是需要基础设施设备的进一步完善。在衣、食、住、行各个方面,都要体现出绿色环保的行为和理念,倡导"从我做起,从现在做起"的绿色低碳生活方式,养成绿色生活的日常行为和习惯,才能共同保护和建设我们美丽的家园。

---

[1] 习近平:《在党的十八届五中全会第二次全体会议上的讲话(节选)》,《求是》2016年第1期。
[2] 《关于加快推进生态文明建设的意见》(国务院公报2015年第14号),2015年4月25日,中国政府网,http://www.gov.cn/gongbao/content/2015/content_ 2864050.htm。

（四）防守、控制、惩罚："两山"之路与生态文明建设的共有制度保障

生态文明建设和践行"两山"之路都是较为复杂的系统工程。针对当前生态环境保护中存在的体制不健全、制度不严格、法治不严密、执行不到位、惩处不得力等问题，我们需要制定实施法律法规和政策制度来保障各项工作的顺利践行，也需要建立健全"源头严防、过程严管、后果严惩"的质量管理体系。正如习近平总书记所说"只有实行最严格的制度、最严密的法治，才能为生态文明建设提供可靠保障"[①]。党的十八届三中全会也对制度体系建设、改革重点任务等作出了非常明确的规定。2015年，中国政府在《生态文明体制改革总体方案》中进一步明晰了生态文明体制改革的理念、原则、目标，确立了产权明晰、全社会参与、激励约束并重、系统完整、科学高效的生态文明制度体系，为中国绿色转型和绿色增长提供了有力的制度保障。此外，中国还制定环境保护法、环境保护税法以及大气、水污染防治法和核安全法等法律文件。全国人大常委会、最高人民法院、最高人民检察院对污染环境和破坏生态的违法行为，加大了惩治力度，形成了高压态势。

源头严防是指在事情开始之初就考虑"防患于未然"，实质就是从源头开始预防破坏生态、损害环境的行为发生。作为生态文明建设的治本之策，源头严防需要在对国家自然生态空间进行确权基础上，形成归属清晰、权责明确、监管有效的自然资源资产产权制度；需要建立健全国土空间规划、开发、保护体系，为自然界的生态系统服务功能预留承载空间，也为"政出多门、权责壁垒"体制"顽疾"提供对症良方；需要建立健全资源总量管理、消耗数量和质量控制的制度，为经济社会的绿色集约、高效发展提供保障。

过程严管是指在事物发展过程中落实监督管理，实质就是为经济发展和资源开发的相关主体建立一套有针对性的约束机制，以规范政府和企业

[①] 赵建军：《最严格的制度最严密的法治》，2013年12月2日，人民网，http://theory.people.com.cn/n/2013/1202/c40531-23713209.html。

的行为。作为生态文明建设的关键之举,过程严管要求在对资源价值和生态产品价值进行科学定价基础上,实行生态补偿制度;在对环境污染进行合理定价的基础上,完善环境治理市场体系;充分发挥能量交易、碳排放权交易、排污权交易、水权交易等市场工具的重要作用,形成较为完善的绿色产品体系、绿色金融保障体系、生态环境保护机制。

后果严惩是指对发展过程中存在的环境损害和生态破坏行为制定严格的惩戒措施、实行严格的追责,实质就是通过过失惩罚机制约束各主体的行为。作为生态文明建设的保障之举,后果严惩要求明确政府和市场主体的职责,落实生态文明责任的承担对象;要求改革政绩评价、企业效益评价机制,将资源消耗、环境损害、生态效益指标一并纳入考核体系;要求对领导干部和市场主体落实生态责任的终身追究制度。

概言之,释放新的经济增长动力和重构经济社会发展体系,加强生态环境保护建设,发展环境友好型、资源节约型产业,深化制度改革、释放制度红利等举措,都是为了缓解人民日益增长的美好生活需要和不平衡不充分的发展之间的矛盾。经过40多年的经济高速增长,中国大多数经济产品的产能已经相对过剩,供给侧结构性改革的任务紧迫。但是,与民生息息相关的生态型公共产品供给却相对不足,难以满足人民群众的迫切需求,供需不足矛盾较为突出。缓解社会主要矛盾的重要举措是持续增加满足民众需要的生态型公共产品的有效供给,同时以生态产品价值转化促进共同富裕的实现。而这正是"两山"之路的本质追求。因此,"两山"之路是生态文明建设的重要举措。

第二节 "两山"之路与绿色发展

当前,绿色已成为时代的主旋律,绿色发展已成为全人类的目标追求,中国也不例外。自提出绿色发展理念以来,我们党和政府以坚定的态度、务实的举措、扎实的作风,全力推进"两山"之路建设,在生态治理、经济发展和民生改善各个方面都取得了骄人成绩,绿色发展正稳步向前。

一 绿色发展的内涵

绿色发展既是当今世界的主要发展趋势，也是指引中国今后发展的重要引擎。正如习近平总书记所说，"发展理念是发展行动的先导，是管全局、管根本、管方向、管长远的东西，是发展思路、发展方向、发展着力点的集中体现。发展理念搞对了，目标任务就好定了，政策举措也就跟着好定了"[①]。由此可见，对绿色发展理念内涵的正确理解和科学把握，是搞好绿色发展事业的基础。

（一）绿色发展的本质属性

1. 绿色发展是人与自然的和谐发展

绿色发展是人类维持生存和生存质量的需要。马克思曾指出，人类历史就是"人性化自然"的历史。自然不仅有其自身的自由，也有其深刻的人性化特征，人与自然长期处于相互影响、相互制约的共生状态。恩格斯曾就人类对待自然的方式深刻指出，人类征服自然的每一次胜利都会遭受自然的强烈报复，胜利带来的战利品往往不足以抵消应对大自然报复的成本。但长期以来，马克思和恩格斯的观点并未被人们重视。直到遭受了大自然一次又一次的报复后，人们才警醒过来，开始认真思考人与自然的关系，开始重新考虑如何把经济发展对自然生态的影响控制在允许范围内及如何最大化地提高生态承载阈值的问题。时至今日，我们已经深刻认识到绿色发展的本质是实现人与自然和谐、生态与经济共融，任何非绿色的行为最终都会伤及人类自身。

2. 绿色发展是系统性的整体发展

绿色发展是通过资源节约、生态保护和环境治理同步推进实现科学、协调、系统、可持续发展的模式。绿色发展本身就包含了节约水土和能源资源消耗、降低废气废水废渣排放、科学治理环境和修复生态的内容。如果把传统的经济发展方式看成单一目标的发展，那绿色发展就是经济、社

[①] 《中共中央关于制定国民经济和社会发展第十三个五年规划的建议》，2015年11月4日，人民网，http://cpc.people.com.cn/n/2015/1104/c64387-27773659.html.

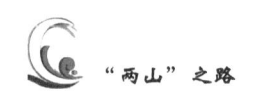

会、生态多元目标协同的可持续发展。资源节约、生态保护和环境治理是可持续发展的重要前提。因此，我们需全面树立绿色可持续发展的理念，实施资源能源节约、生态保护和环境治理并重的发展举措，才能促进人的全面发展和社会的全面进步，才能实现中华民族的可持续发展。

(二)"两山"之路和绿色发展的共融发展

浙江省是践行"两山"之路区域性实践和探索的样板。在"两山"理念的指导下，浙江省自1978年开始一脉相承地进行"绿色浙江""生态浙江""美丽浙江""花园浙江"的建设，现在已经初步形成具有地域特色、符合发展实际的空间格局、产业结构、生产方式、生活方式，保持了生态环境总体质量在全国持续名列前茅，实现了资源节约型和环境友好型社会建设持续推进，确保了经济社会持续较快发展，成为了展示绿色发展道路科学性的"最美窗口"，为全国各地绿色发展提供了实践样板，也为"美丽中国"建设树立了标杆典范。

从"绿色浙江"到"花园浙江"建设，其战略举措和目标追求一脉相承、持续完善、层层递进、互为一体。它们从不同层面体现了"两山"的道路创新，也体现了不同时期浙江省"两山"之路建设的重点脉络和发展方向。换言之，这一系列的战略举措是"两山"之路在浙江省的理性思考、艰辛探索和实践成效。在工业经济蓬勃发展的起始阶段，建设"绿色浙江"对资本主义生态文明的超越，是绿色发展的探索性实践；到了2003年，浙江的乡镇工业企业"遍地开花"，粗放式发展引发的环境问题显现，建设"生态浙江"是可持续发展视角下的路径选择和目标追求；到了2014年，生态破坏和环境污染呈现恶化态势，浙江省政府为进一步响应群众美好生活需求，建设"美丽浙江、美好生活"蕴含着生态文明建设的宏观思路和整体行动；到了2018年，为进一步响应群众美好生活需求，浙江省政府提出"建设美丽大花园、打造高质量诗画浙江"，旨在保持生态环境治理的成果、持续提高第三产业的占比。从逻辑递进的角度看，绿色浙江建设是浙江"两山"之路的孕育萌芽形态，"生态浙江"建设是浙江"两山"之路的发展成型阶段，"美丽浙江"建设是浙江"两山"之路的深化发展阶段，"花园浙江"建设是浙江"两山"之路的蝶变升华阶段。这一系列建设所取得的显著成效，标志着数十年来浙江理明而信、信而笃行地走出了一条行稳致远的"两山"道路，这不仅对浙江一省一域的发展具有重要的现实意义，也为"美丽中国"建设提供了重要的经验借鉴和行动指引。

正是由于浙江持续努力换来了显著成效，"两山"之路逐步成为普遍认同的绿色发展新路径，此后中国上下开始倡导绿色发展、构想生态文明、畅想"美丽中国"。不论是2007年党的十七大报告提出的生态文明建设，还是2012年党的十八大报告提出的美丽中国建设，还是2017年党的十九大报告提出的乡村振兴战略，都是在充分吸收浙江"两山"之路区域性实践和探索成功经验基础上的普同性发展。至此，"两山"之路已经成为全社会的普遍共识：建设"美丽中国"，需要遵循"两山"理念指引，需要走深走实"两山"之路，唯有如此，才能提升"绿水青山"颜值和增加"金山银山"价值，才能真正实现国富民强、国泰民安。

2013年，习近平同志在哈萨克斯坦访问期间发表的演讲进一步深刻阐述了"两山"之路的科学内涵，"我们既要绿水青山，也要金山银山。宁要绿水青山，不要金山银山，而且绿水青山就是金山银山"。[①] 此后，中国领导人在多个国际场合强调"人类只有一个地球""人类是一个命运共同体"。这是对中国过去30多年粗放式发展道路的深刻反思，也体现了中国政府大力推进生态文明建设的鲜明态度和坚定决心，更代表了中国最高领导对地方政府走可持续发展道路的殷切期盼。至此，"两山"之路不仅从一种区域性实践和探索发展到全国的普遍认同，更开始在世界上发挥越来越重要的影响。

2015年，在党的十八届五中全会上提出了"新发展理念"，对"两山"之路进行了系统论述，回答了"我们需要什么样的发展"等核心问题。2017年，党的十九大提出了乡村振兴战略，从城乡一体化发展视角谋划乡村如何实现生态、产业、组织、人才、文化振兴。此外，国家发改

---

① 中共中央党史和文献研究院：《习近平新时代中国特色社会主义思想专题摘编》，中央文献出版社、党建读物出版社2023年版，第375页。

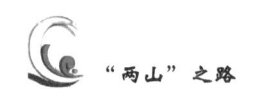

委、自然资源部从生态产品切入，推进全国性试点示范建设，寻求以生态价值实现破解"两山"之路的堵点、难点。2021年，中央发布《关于建立健全生态产品价值实现机制的意见》，雷厉风行地在全国推行"两山"之路。至此，从理论和实践层面被证明科学可行的"两山"之路，成为契合中国发展实际、破解中国发展难题的道路，成为举国上下普遍认同、协同实践的道路。

(三)"两山"之路和绿色发展的共性特征

"两山"之路和绿色发展都具有绿色性、共生性、精细性和长远性的共性特征。

1. 绿色性

绿色是生命的底色，是自然的本色，是体现自然价值的颜色。绿色发展是当今世界发展的重要趋势，其核心是经济增长和社会发展追求效率、和谐、可持续，"两山"之路是绿色发展的行动举措，其核心是环境保护和经济发展齐头并进，其目标是"绿水青山"和"金山银山"的协同实现。因此，"两山"之路和绿色发展都强调发展过程要凸显绿色性，都强调通过生态价值的转化来保障人民权益和人类福祉的实现。从提出"绿水青山就是金山银山"的重要论断，到推行"绿色浙江"的省域实践，到党的十八大正式提倡"绿色发展理念"，再到全面部署和启动"美丽中国"建设，都是中国政府对绿色发展之路的顶层设计，旨在以理念为引领，引导社会各界加快建立与绿色发展相适应的体制机制，推进绿色技术创新研发与运用、促进生产方式和生活方式向绿色转变，实现绿色崛起。

2. 共生性

马克思主义辩证自然观认为，自然有自在自然、人化自然和历史自然之分，自在自然具有先在性，人化自然具有实践性，历史自然具有规律性。自人类出现以来，人与自然的关系表现为以活动为基础的关系，自然与历史就是一个双向互动的过程。毋庸置疑，人与自然是一种相互影响、相互制约、交融共存的复杂关系。如何处理好人与自然关系成为新时代走好中国特色社会主义道路的基本方略和关键抉择。不可否认的是，过去一段时期,我们曾经走过"先污染、后治理"的弯路,经济发展成本中包含了沉重的环境代价,如高浓度雾霾挥之不去、水体和土壤污染严重、近海岸赤潮频发、部分地区生态脆弱,人居环境质量直线下降。同时,囿于人们思想认识、信念追求、科学技术的限制,在过去一段时期,不同程度上出现了透支自然、透支生态的情况,我们遭受了大自然的惩戒。因此,重拾人与自然之间的和谐关系,我们必须走科技内涵式、人文关怀式的绿色发展之路。绿色发展和"两山"之路正是以高品质、高质量的发展,以最低的环境成本、资源耗散,实现天更蓝、山更绿、水更清的和谐状态。

3. 精细性

精细性是高质量绿色发展的应有之义,主要体现在发展层级合理和发展品质优良。对经济社会精细化程度的判断就是对绿色发展水平的衡量,我们可以从三个方面进行。一是科技是否起到了对发展的支撑作用。这是科技生产力的问题,只有当科技改善了发展方式,提高了生产效率,实现信息化、清洁化、无害化和低污染、零排放和低能耗,绿色发展才得到了保障。在这一点上,绿色发展强调必须以生态为基、转型为要、科技为先、创新为魂。"两山"之路倡导通过科技创新强基赋能、体制机制健全完善、经济结构和产业结构优化调整,实现绿色、低碳、可循环、可持续。二是生态治理是否高水平进行。如何对政府、企业、个人的主体行为进行规范、约束和监督,以降低企业和个人行为的负外部性,从而增强国家治理、政府治理的科学性和有效性,是高水平生态治理的关键所在。实践中,我们从国家层面进行了生态主体功能区的划分、生态补偿制度的建立、河湖与水域的治理、生态环保督察制度建立、生态环保主体责任制度的完善、生态立法的推进,从区域层面进行了河长制、湖长制、林长制的推行、垃圾分类制度的大力实施、各地《文明行为促进条例》的制定出台等,这些都取得了显著的成效。由此可见,生态环境问题的解决,关键在规则,核心在治理。三是高标准的人文情怀是否养成。绿色发展和"两山"之路的实现离不开每个社会成员的共同参与和共同努力。只有每个社会成员都形成敬畏自然的思想观念,养成绿色低碳的生产生活方式,身体

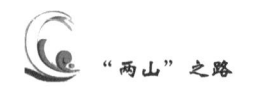

力行地减少污染、能源消耗、资源损耗，绿色发展的精细性、品质性才会具备生态伦理的根基。由此可见，我们要倡导保护优先的价值观念，树立尊重自然、爱护自然、保护自然的行为意识，把天蓝、地绿、水清的奋斗目标融入大众生产生活，形成深刻的人文情怀。

4. 长远性

"以生态换发展"只能维持短暂的繁荣，有效实现绿水青山和金山银山之间的辩证统一才能保持长久的兴旺。正如习近平总书记指出的，"我们绝不能以牺牲生态环境为代价换取经济的一时发展;[①] 绿水青山和金山银山不是对立的，关键在人，关键在思路[②]；保护生态环境就是保护生产力，改善生态环境就是发展生产力"[③]。对上述观点的理解可分三个层面。一是我们必须坚持生态优先，强调敬畏和保护自然。自然是"生命之母"，人与自然是生命共同体。这就需要我们能够改变过去很长一段时间内存在的急功近利、寅吃卯粮、顾此失彼的思维方式和行为方式，坚持节约资源和保护环境的基本国策，逐步实现从过度干预、过度利用向自然修复、休养生息转变，从污染环境、破坏生态向敬畏自然、保护自然转变。二是我们必须改变传统发展方式。当前，我们应该站在新的历史视角重新看待自然和审视发展。基于此，绿水青山的价值就不仅包含物质财富，同时也包含经济财富，也就是说，绿色生产力的价值非常巨大。三是绿色发展就是可持续发展，"两山"之路就是可持续发展的道路。生态环境问题事关中华民族永续发展、子孙后代血脉延续，生态安全是事关国家大局的问题，我们要算大账、综合账和长远账。由此可见，我们应通过走绿色发展的"两山"之路，建设"美丽中国"，为子孙后代留下宝贵的生态财富，留下充足的发展空间。

---

① 中共中央党史和文献研究院：《习近平新时代中国特色社会主义思想专题摘编》，中央文献出版社、党建读物出版社2023年版，第375页。

② 中共中央宣传部：《习近平新时代中国特色社会主义思想三十讲》，学习出版社2018年版，第245页。

③ 中共中央党史和文献研究院：《习近平新时代中国特色社会主义思想专题摘编》，中央文献出版社、党建读物出版社2023年版，第375页。

二 "两山"之路是绿色发展的科学阐释

"两山"之路的核心是要实现经济发展与生态环境保护的互动双赢。走好"两山"之路,就需要我们科学辨识经济发展和生态保护的关系,理性兼顾经济持续发展和生态质量保持,做到既不会降低生态环境质量又能够保持经济社会高质量发展。"两山"之路是对绿色发展观、绿色财富观与绿色幸福观的创新探索。

(一)"两山"之路回答了什么是绿色发展观

"两山"之路所蕴含的绿色发展观包含如下三个层次。

第一,"两山"之路的基本要求是"既要绿水青山,又要金山银山",这与绿色发展观倡导自然和经济协调发展的要求相一致。走好"两山"之路,需要我们在发展经济的同时保护好生态环境,在保护生态环境的同时发展好经济。作为对传统发展观的一种反思,绿色发展观反对"先污染后治理"的粗放发展方式,不主张简单地用绿水青山去换金山银山,不主张超越环境承载阈值的资源利用方式。绿色发展观主张积极谋划资源约束趋紧、环境污染严重、生态系统退化等严重问题的解决之道,与"两山"之路的目标完全一致。

第二,"两山"之路的基本原则是"宁要绿水青山,不要金山银山",这与绿色发展观"生态优先、保护优先"的发展理念完全吻合。所以,两者都是对"宁要金山银山,不要绿水青山"观念的理性批判,都是对破坏生态环境引发严重后果现象的行为纠正。两者也都认为当生态保护与经济发展发生冲突时,我们要守住"绿水青山"底色,宁愿舍弃金山银山也不能舍弃绿水青山。

第三,"两山"之路的最高境界是"绿水青山就是金山银山",而绿色发展的客观追求是实现经济发展与生态环境保护的双赢目标,两者目标具有高度一致性。这表明,两者对待生态环境与生产力关系的信念相同,实现生态优势向经济优势、发展优势转化的方向相同,推进绿水青山与金山银山兼得的举措一致,追求"绿水青山"可以持续地转化为"金山银山"的目标一致。

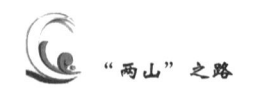

(二)"两山"之路回答了什么是绿色财富观

"两山"之路所蕴含的绿色财富观包含了如下三个层次。

第一,"两山"之路强调"绿水青山"富有价值,绿色财富观认为人类的财富包括自然资源和生态环境。生态系统适宜人类生存发展就表现为服务功能,生态系统的服务功能具有丰富性、多元性。从服务形态上看,生态系统既提供有形服务,也提供无形服务。从产品供给看,生态系统既提供直接产品,也提供间接产品。从服务功能看,生态系统既具有现实的功能,也具有潜在的功能。从价值供给看,生态系统既具有可量化的价值,也具有不可量化的价值。生态系统适宜人类生存发展的程度,就反映了价值量的大小。所以,自然是有价值的,自然资源、生态环境本身就是财富,而且是更具基础性和本源性的财富。

第二,"两山"之路强调"绿水青山"是"金山银山"的前提和基础,绿色财富观认为自然资源和自然价值是一切财富的源泉。可以说,自然资源和生态环境是比其他资产更具基础性和本源性的财富。其基础性体现在自然是人类获得高质量生存的基础,其本源性体现在自然是人类社会"财富"根源,失去自然资源和生态系统的支持,已取得的一切财富都将面临缩减甚至枯竭。正是因为"纵有金山银山难买绿水青山",人类追求金钱、创造财富的前提是必须守住"生态安全"的底线。所以,坚持"生态优先"原则,绝对不以牺牲"绿水青山"(即生态环境)的方式换取"金山银山"(经济发展),既是绿色财富观的内在要求,也是"两山"之路的基本遵循。

第三,"两山"之路坚持在一定条件下转化"绿水青山"为"金山银山",绿色财富观也认为在一定条件下生态优势可以转化为经济优势,这里的"条件"是指我们必须深刻认识"自然财富"是其他财富的前提,必须坚守"生态安全"底线,采取科学合理的方法。所以,要使绿水青山转化为金山银山,我们需要找到生态维持、环境保护和经济发展之间的平衡点,充分考虑生态环境的承载阈值,科学合理发展生态产业。

(三)"两山"之路回答了什么是绿色幸福观

"两山"之路所蕴含的绿色幸福观包含了如下三个层次。

第一,"两山"之路认为人类本身是自然有机体的组成部分,保护自然环境就是保护人类,绿色幸福观认为良好的生态也是人类福祉。因为人类福祉具体表现为生产发展、生活富裕、生态良好的有机统一,所以实现经济发展与生态环境保护的良性循环就是增进人民的福祉。也就是说,增进福祉就是既要"金山银山",又要"绿水青山",两者缺一不可。这里的"既要"代表要满足人民群众日益增长的物质文化需求和对美好生活的向往。这里的"又要"代表要满足人民群众对赖以生存繁衍的良好生态环境和多元生态产品的需求。从心理学上看,生态环境有改善、食品安全有保障,有利于提升人民群众的主观幸福感。幸福感的提升有助于激发人民群众以更高的热情、更多的投入进行生产发展和经济建设。

第二,"两山"之路认为生态环境就是公共产品,生态环境好不好与民生福祉紧密相关;绿色幸福观认为保护生态环境直接关系到群众提高最普惠的民生福祉。从人类发展史看,单独依靠市场机制不可能实现公共产品的帕累托最优供给。理论研究和实践经验都表明,政府通过财政政策引导市场主体提供生态产品是最为有效的模式。因此,在共同富裕的目标下,政府应为广大人民群众提供更多更好的"绿水青山",创造更高质量、更高效率、更加公平的公共产品,从而提高人民的幸福感。

第三,"两山"之路坚持不以牺牲后代人的幸福换取当代人的富足,绿色幸福观提倡代际公平。"两山"之路蕴含的绿色幸福观充分体现了"代际公平"原则下的可持续发展的幸福理念。这就要求不仅要为当代人的生存和发展考虑,还要为子孙后代的发展预留生态空间,也就是不能"吃了祖宗饭,断了子孙路"。

三 "两山"之路是绿色发展的生动实践

"绿水青山"和"金山银山"相互转化是一条前无古人的创新道路,中国多年探索实践的发展与保护并重道路深刻诠释了怎样实现绿色发展的问题。具体可概括为如下三个方面。

（一）再生产绿色财富

绿色财富再生产包含两层意思:从发展策略来看,财富绿色再生产的

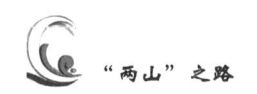

途径是减少资源损耗、降低能源消耗、控制污染物排放，实现经济发展的绿色化；从目标追求来看，绿色财富再生产是保护生态系统、修复生态环境，创造更高质量的"绿水青山"。只有走"两山"之路，才能做到让"绿水青山"源源不断地带来"金山银山"，才能破解再生产理论中社会总产品增长和生产关系重塑的重大问题。应对这一问题的关键是需要实现财富绿色生产和绿色财富生产相互平衡以及代际平衡。再生产理论告诉我们，再生产类型有简单和扩大之分，扩大再生产又可细分为内涵式和外延式两种。其中，内涵式是指增长方式的集约化，外延式是指增长方式的粗放式。所以，基于绿色发展视角，不论是当代平衡还是代际平衡，财富的生产都应该是内涵式的扩大再生产。这就需要我们执行资源节约、环境友好、资源循环型的绿色扩大再生产方式，才能保证"绿水青山"到"金山银山"、"金山银山"再到"绿水青山"的循环往复，从而实现人与自然的和谐共生，进而实现人与自然的永续发展。

（二）提升绿色生产效率

提升绿色生产效率的要义就是实现人与自然的和谐发展、经济与社会的和谐发展。习近平总书记多次从"两山"视角阐述人与自然的和谐共生关系，他的论述包含两个要点：一是人与自然始终是平等的关系，即人类在与自然进行物质交换时，必须尊重自然规律，关注生态承载阈值，遵守共存共生规则，以避免人类遭受自然的逆向惩罚；二是环境生产力是提升绿色生产效率的关键，即要求我们不能一味追求经济发展，要认识到保护生态环境的重要性。因此，我们要在尊重自然规律、遵守环境阈值、提高科学技术、创新体制机制的前提下，更高效率地利用生态环境资源，在更高层次上实现人与自然的和谐，这是绿色生产效率的标志。

（三）系统抓生态建设

不论是绿色发展，还是"两山"实践，都需要遵循系统思维，做好生态建设。习近平总书记认为环境治理首先是一项需求全社会长时间参与才能完成的系统工程。所以，环境治理和生态建设需要按照系统工程的思路进行，生态建设的关键在于：一是坚持生态红线不触碰。生态红线是决不能逾越的"雷池"，谁破坏了生态，就要拿谁是问。环境保护决不能是喊喊口号、走走过场的"假把式",社会各界要认识到位、措施务实、推动有力,正所谓"知之愈明,则行之愈笃"。二是坚持国土空间优先开发。国土空间包括生产空间、生活空间、生态空间,其科学布局、合理利用与人类社会可持续发展息息相关。只有按照人口、资源、环境相均衡原则进行布局,才能给自然生态留下更多修复空间,才能给产业发展留下更多生态资源,才能给子孙后代留下天蓝、地绿、水净的生存场所。三是坚持资源节约全过程。这就需要构建资源节约型社会,在生产、流通、消费的全过程都深入实施减量化、再利用、资源化的策略,并深入推动能源生产和消费革命、"三低一高"(低开采、低消耗、低排放和高利用)生产方式革命、绿色低碳生活革命。

第三节 "两山"之路与乡村振兴

"两山"之路就是在化解生态矛盾、催生绿色发展观、激活绿色生产力实践中实现生态价值的乡村振兴之路。"两山"之路推动的乡村振兴,不仅表现为生态环境不断美化、产业结构不断优化、物质财富持续创造,更表现为乡村居民思想观念的变革、乡村文化的传承与发展。

一 乡村振兴的内涵

乡村振兴是在统筹国内之变革和国际之变局的背景下,准确把握变中之"机"、推进城乡融合发展、坚守高质量发展的战略举措,是以历史逻辑和科学规律为准绳,以民族文化遗产开发利用、乡村资源再生产为抓手,对乡村社会发展进行系统形塑的过程。推进乡村振兴是当前中国的一项重大历史任务,其主要作用表现为如下三个方面。

一是推进乡村振兴是解决当前社会发展主要矛盾的关键路径。在中国,乡村面积占全部国土面积的90%以上,乡村人口占全国人口的50%以上。乡村社会的发展不仅是关乎乡村自身发展的问题,更是影响中国经济社会可持续发展的核心问题。研判中国国情可以发现,农业的现代化是中国现代化的重要组成部分,农村的振兴发展是中国"两山"之路建设的重

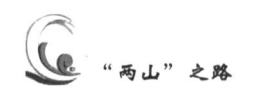

要保障，农民的收入水平和幸福感是评价中国经济社会发展的重要指标。现阶段，城乡之间的发展不平衡依然较大，乡村发展不充分问题依然突出，如2020年城乡居民可支配收入比仍高达2.5，基础设施、医疗教育、文化卫生等的差距更大。乡村是中国不可或缺的重要组成部分，但其发展却是最薄弱和最欠缺的环节。因此，乡村的发展是当前中国解决不平衡不充分发展问题的核心内容。为此，中国政府一直非常重视乡村的发展，在2017年更是从国家战略的高度提出乡村振兴战略。当前，大力提高乡村社会生产力，科学重塑乡村社会生产关系，逐步缩小城市和乡村的差距，以破解城乡发展不平衡为突破口，成为破解城乡二元矛盾的关键点、构造和谐互融城乡关系的主抓手、实现"两个一百年"奋斗目标的关键路径。

二是推动乡村振兴是契合城乡社会发展规律逻辑的内在要求。综观世界各国的发展历程可以发现，城乡矛盾和城乡问题是社会发展的产物，具有普遍性。人类文明贯穿着城市和乡村的分离，伴随着文明程度的提高，这种分离程度正在进一步加大。几乎所有国家都存在城乡关系的困扰，都面临城乡矛盾。如何破解这个问题？唯一的方式就是推进城乡一体化发展，最为有效的手段就是大力发展乡村生产力。自改革开放以来，中国乡村已经发生和正在发生着深刻的变化。从内部结构看，乡村社会的同质性正在破裂，差异化、分层化越来越明显，静态乡村社会正在被打破，乡村人口向城市和城镇流动变得越来越坚定。从经济结构看，随着农产品精深加工业和乡村旅游业的发展，以农业为主导产业的状态正逐渐发展为一、二、三产融合发展的态势，农民也从务农为主分化为务农、兼业和非农化三种不同的情况。从发展历程来看，在新中国成立后的很长一个时期，中国农业为工业发展提供了原材料和劳动力、为城市发展提供了资金和人才支持，城乡关系成为典型的"工业主导农业、城市主导乡村"；改革开放后，随着乡镇企业的异军突起，很多农民离开土地开始务工、经商，其工资性收入和财产性收入随之增加，城乡关系有所改善；在"两山"理念提出来后，党和政府加大了对乡村基础设施、公共事业的投资和倾斜力度，乡村不仅变富了，还变美了，城乡关系得到进一步改善。新时代的乡村振兴战略是工业反哺农业、城市反哺农村的制度安排。这一战略要求建立以工助农、以工补农、以城带乡、城乡共生的新发展格局，实现城乡一体化发展。

三是推动乡村振兴是夯实民族复兴基础的必然选择。首先，民以食为天，乡村振兴有利于守住中华民族生存之本的粮食红线。农业生产关乎全国人民的生存发展，其所提供的农林牧副渔业产品供养了全国 14 亿人口，所以我们应高度重视农业现代化、农业基础设施建设、农地占用、农田抛荒、水土污染、农民非农化等一系列问题。乡村振兴战略就是要让更多的人到农村来参与农业生产，让愿意从事农业生产的人获得更高的经济效益，让农田能够产出更多的产品，让农民能够在自家门口过上想过的生活。其次，乡村振兴有利于筑牢中华民族生存环境之基。大部分的山水林田湖草沙（生态资源）都分布在农村，水土保持、生态涵养、洪水调蓄的主战场也在农村，所以农村生态环境状况事关当代中华民族儿女及其子孙后代的生存发展。乡村振兴战略提出统筹解决乡村"三生"（生产、生活、生态）的空间问题，实现"三生"有机融合与协调发展，正是破解当前生态环境危机的有力举措。再次，实施乡村振兴战略有利于筑牢民族的文化之基。对一个民族而言，文化是最核心的精神力量。作为具有五千年历史的中华文明，从农耕时代开始，传承和发展至今，形成了一套包含价值、情感、知识和伦理的特色文化系统。遗憾的是，在强势资本逻辑的侵蚀下，今天的许多农民逐渐抛弃了祖祖辈辈传承的文化精髓、荒芜了祖祖辈辈固守的精神家园。世风日下、道德沦丧的行为时有发生，乡村传统文化的传承与发展正面临前所未有的困境。乡村振兴战略提出通过文化振兴实现中华优秀传统文化的有机更新和活化传承，从而实现中华民族的伟大复兴。最后，实施乡村振兴战略有利于筑牢社会治理之基。与城市相比，农村的社会治理体系落后、公共服务供给水平低下、农业现代化水平低等问题突出，这不仅影响城乡一体化建设进程，也对可持续发展、社会安定和谐、国家现代化带来束缚。实施乡村振兴战略就是要充分发挥乡村熟人社会的德治、自治优势，形成自治、法治、德治相统一的高效治理机制，筑牢社会发展和乡村治理的根基。

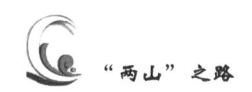

二 "两山"之路化解乡村振兴中的生态矛盾

(一)"两山"之路催生乡村生态意识崛起

乡村生态振兴是新时期乡村振兴的前提条件和重要内容。自然是人类生存发展的基础,人类只有依自然规律行事才不致遭受自然的报复。历史经验表明,在资源开发利用上的任性与疯狂终将伤及人类自身。为了少走弯路,我们尊重自然、保护自然、合理利用生态资源,这也是乡村振兴的本质要求。没有丰富的生态资源,没有良好的生态环境,乡村振兴是不完整的、不全面的。绿色应是乡村振兴的主色调,绿色发展与乡村振兴应是浑然天成的关系。

由于历史和现实的原因,很多乡村居民的生态意识比较薄弱,总是以理性经济人思维进行生产生活,目光一直放在个体经济利益上。正是因为以经济价值作为衡量事物的第一标准,以经济物欲作为生产活动的第一追求,乱砍滥伐林木、过度开发自然资源、盲目发展高污染高耗能产业就披上了合理合法的外衣。过度追求 GDP 的结果是经济快速发展、人们的收入迅速增长,但是生态环境被严重破坏、生态资源被过度利用、生态资产被过度消耗。众所周知,很多生态破坏往往难以修复,或者需要漫长的时间和巨额的费用才能修复;很多污染问题已严重影响到了人们的健康,很多生态问题已严重威胁到了人类的生存与发展。

思想决定行动,意识指导实践。在"两山"理念指导下的"两山"之路,强调的是生态资源的保质保量、生态价值的合理转化,追求的是经济发展和环境建设的同步进行、自然环境与经济社会的同步发展。通过"两山"之路建设,"绿水青山"的部分价值被转化出来。当采用生态种养方式产出的农产品价格高于普通农产品的价格、优良生态环境带来生态旅游的蓬勃发展、通过山水林田湖草沙系统治理建成美丽乡村、因环境保护行为获得信贷优先时,人们的钱袋子鼓起来了,幸福感也强起来了。基于这些看得见、广受益的事实,人们明白生态也是财富,保护生态可以增加收入,破坏生态则需要付出代价。正是"两山"之路所要求的坚持生态正义、倡导的人与自然的和谐共处,生态有价的意识逐渐形成,绿色发展、绿色消费的理念逐渐流行，自觉、主动保护生态环境的行为逐渐被激发出来。通过辩证地看待经济发展与生态保护的关系，通过强调低能耗低污染的生产方式和绿色低碳的生活方式，急躁的社会洪流被分流，贪婪的物欲渴望被稀释，清新的空气、干净的水质、宁静的田园风光、诗画的自然景观成为人们的向往，乡村成为寄托乡愁、净化灵魂的理想之地。在追求美好生活的过程中，人们实现了从"经济人"到"生态人"的转变，生态理念逐渐形成并成为指导乡村振兴实践的主体思想。

（二）"两山"之路寻求效益与生态共融共生

现代经济学认为，资源稀缺性与人类需求无限性之间的矛盾长期存在。即，相对于人的无限需求来说，任何资源都可能是稀缺的，生态资源也不例外。自工业革命以来，生态保护和经济效益之间的矛盾日益加剧。随着生态资源的不断开发，生态之殇日益凸显，绿水青山的稀缺性日益加剧，土地资源短缺，水资源污染，草场过度放牧，森林面积不断减少，矿山无序开采，旅游过度发展，工业污染随处可见，垃圾无害化处理不力……这与人们日益增长的美好生活需要严重不符。保经济增长还是保生态环境成为摆在我们面前的艰难选择。

随着物质生活的不断富裕，人民群众对美好生活的追求也越发广泛，在钱袋子鼓起来的同时，还希望能享受好空气、好水质，享受静谧安逸的田园生活，欣赏如诗如画的自然美景。理想的乡村是拥有优良的生态环境，能够承载美好乡愁，可以恢复心灵宁静的地方。"两山"视域下的乡村振兴，是以绿色为时尚流行色、以生态振兴作为产业振兴的基础来实现绿色发展与自然保护和谐相处的过程。"两山"之路舍弃了唯 GDP 论的社会发展评价标准，主张充分发挥乡土人才优势来发展特色产业，提倡在发展经济的同时要做好生态保护，对已经遭到破坏的生态环境要进行适宜的修复，这与乡村振兴所包含的发展经济、拓展产业、繁荣文化、留住人才、丰富生活等多个向度振兴实现了同频共振。这种新的发展观点确立了生态优先的战略地位，引发了经济与生态兼顾的效益追求，舒缓了乡村振兴中效益与生态之间的固有矛盾。可以说，"两山"之路是对经济效益为第一追求之思维的否定，是对乡村发展中效益或生态一元观点的否定。因

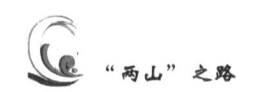

此,"两山"之路所追求的生态保护与经济发展协同共进破解了乡村生态矛盾。

三 "两山"之路催生乡村振兴中的绿色发展观

绿色发展观是马克思主义发展观与中国经济社会发展相结合后产生的新理念,当前已成为中国经济社会发展的指导思想,其要义在于解决好人与自然共生问题。绿色是乡村的底色,绿色发展是全面落实乡村振兴战略、迈向绿色小康的重要途径。"两山"之路所遵循的"绿水青山就是金山银山"理念蕴含着包容性、可持续、大发展的内涵。通过"两山"之路实践,催生了保护优先、统筹兼顾、人与自然和谐的绿色发展观。

(一)"两山"之路引发生态渴望

经过40多年大刀阔斧的改革开放,中国的工业化快速发展,经济实力显著增强,人均GDP从1978年的0.04万元增长到2021年的8.1万元。与此同时,中国的土地资源、水资源等生态约束趋紧,例如农业的高投入、高产出发展模式和耕地的高强度、高负荷利用引发了基础地力下降、荒漠化、土壤污染等一系列问题;持续的工业发展和人口集聚引发了水资源短缺、水资源污染、地下水超额开采等一系列问题。

根据马斯洛需求理论,人们的需求是发展变化的。当基本的温饱问题已经解决,人们从只求温饱的需求发展到品质生活的需求;而当有了一定的物质财富积累,人们又从品质生活的需求提高到美好生活的需求。实质上,这种从物欲追寻到生态渴望的变化,反映了绿色本质的回归。人们越来越清楚地认识到,资源是有限的,人类的需求或者说追寻需求的脚步要适度。适度就是对物欲的追求要适可而止,无止境的物欲满足带给我们的快乐是短暂的,因为生态资源短缺的烦恼和负担会随之而来,大自然对人类的惩罚也会随之而来。近年来,随着环境问题愈演愈烈,健康威胁日益严重,人类认识到以牺牲环境为代价的发展是不可持续的,人类对合理生态空间、优良生态资源、优美生态环境的渴望与日俱增。

(二)"两山"之路将绿色发展融入乡村振兴全过程

"两山"之路的实质是兼顾生态保护与经济发展、将绿色基因彻底地融入乡村振兴的绿色发展道路。推进乡村振兴过程中,既反对因发展经济而破坏环境的短视做法,也反对因保护环境而放弃经济发展的消极态度,这与"两山"之路遵循"绿水青山"和"金山银山"内在统一的思路不谋而合。也就是说,在生态环境数量和质量不降低的前提下,应采用绿色可持续发展理念指导高质量的乡村振兴实践,促进"绿水青山"的生态价值转化为"金山银山"的经济价值。

(三)"两山"之路的统筹兼顾带给乡村振兴新活力

辩证唯物法认为,物质世界存在事物之间以及事物内部诸要素之间的相互联系、相互影响、相互依存关系。传统的发展思维深陷"一元"发展的滞后逻辑中,片面地追寻经济利益至上,通常以生态破坏为代价来发展经济,以人类物质欲望的满足为终极追求。这种"一元"发展方式背离了事物之间普遍联系的规律,忽视了发展的多层次、整体性、联系性。"两山"之路注重生态逻辑,强调发展子因子之间相互协调、共同发力、充分融合,关注经济效益和自然生态的协同协调,注重调动自然生态的活力因子,促进在经济社会发展中实现生态价值、审美价值和精神价值。可以说,"两山"之路调动了自然活力,推进了"一元"发展观向多元价值的转变。

新时代的乡村振兴不仅是产业的振兴,还包括生态振兴、文化振兴、组织振兴、人才振兴。换言之,我们所追求的乡村振兴需要多元振兴相继迸发、齐头并进,实践中需要统筹兼顾生态保护和产业发展。生态环境振兴、乡村组织振兴、乡村产业振兴的协同发展赋予乡村振兴内生活力,将会加快促进绿水青山蕴含的多重价值变现。为实现"青山常在,绿水长流",当代人充分释放自身的活力,全面统筹生态因子、经济因子、社会因子的活力,全面布局绿水青山和金山银山之间的转化桥梁。推进乡村振兴战略,切实守护好绿水青山,稳步走好"生态优先、兼顾发展"的路子,生态就会源源不断地为人类生存提供庇佑,为人类发展提供保障。可以说,统筹兼顾为乡村振兴提供了时间红利和空间红利,给乡村振兴带来了内生活力。

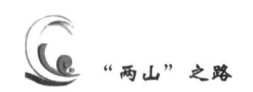

(四)"两山"之路的人与自然和谐加速乡村振兴实现

综观全国各地所进行的乡村振兴成功经验,基本上是依托农村、依靠农民走出"三产"融合、城乡一体的发展路子。其基本模式是:守住生态本底、延伸产业链条、发展低碳循环产业、实现收入增长、文化繁荣和社会和谐。近年来,许多乡村高污染、高能耗产业发展迅猛。短期来看,这些地方虽暂时获得了"金山银山",但随之而来的是生态环境治理与修复的巨大代价,最终得不偿失。不论是生态资源丰富、发展步伐滞后地区,还是牺牲"绿水青山"暂得"金山银山"的地区,都要重新审视生存与发展的问题,都应该依据自身的资源特色探索"两山"之路。当前的乡村振兴实践,以尊重自然为第一准则,以生态优先为首要条件,以绿色思维为本质要求。通过乡村振兴发展,既有助于实现人们生产生活需要的基本目标,又有助于促进人与自然之间的和谐、人与自然之间的平衡充分体现。

四 "两山"之路激活乡村振兴中的绿色生产力

绿色生产力是对马克思生产力理论的继承和发展,其内涵是在兼顾人与自然和谐基础上的物质财富和精神财富创造。绿色生产力强调劳动对象、劳动资料和劳动力的绿色结合,旨在促进市场供需、经济发展和生态保护之间的协调一致。

(一)以"两化"发展激发乡村产业振兴

产业生态化和生态产业化(以下简称"两化")是"两山"价值实现的主要途径,也是乡村产业振兴的重要形式。只有通过"两山"之路建设,实现自然资本的保值增值,才能让良好生态环境成为人民生活的增长点,成为展现我国良好形象的发力点,所以乡村振兴要在产业生态化和生态产业化上下功夫。

从生态维度看,"两化"融合发展是"两山"之路的表现形态。产业生态化就是要在经济发展过程中保护好我们赖以生存的自然环境,实现产业发展的绿色低碳化。这里的绿色低碳化是指新入驻企业要求符合节能环保标准,高污染、高能耗的已建企业要逐渐转型升级,最终实现产业结构的优化。生态产业化就是要适度开发、合理利用生态资源资产,实现绿水青山到金山银山的价值转化，最终使人类福祉得以增加。这里的适度是指在生态环境承载力阈值限额内，依据自然资源特色有序地发展生态农业、生态林业、生态养殖业等，挖掘地方人文特点，有序地发展旅游产业、文化产业、创意产业等。

从经济维度看，"两化"融合发展与乡村振兴一脉相承。产业发展能够增加税收、带动就业。乡村振兴战略实施的关键是产业振兴，重点是发展生态生产力，目标是创造金山银山。乡村产业振兴就是在乡村推进生态产业化，也就是应因地制宜开发生态产业新业态、探索绿色发展新模式。农业产业方面，如各地发展的放心农业、生态农业、精品农业等模式，进行的"三品一标"认证，推出的农产品质量溯源体系，生产的品质优良农产品；服务产业方面，如各地发展的"生态+旅游""农业+旅游""乡村文化+旅游"等模式，培育乡村旅游景区景点，推出的"吃、住、行、游、购、娱"旅游商品。

绿色生产力是一种以人与自然和谐为目标的生产力形态，是在不对自然带来伤害前提下人化自然和人工自然的生产力，是以生产要素绿色化、生产过程低碳化、生产目标生态化的生产力，是经济体系合理化、经济运行绿色化的生产力。当前人类发展主题已经从适应自然、改造自然转变为追求人与自然和谐，相应地，生产力也从高速发展带来生态危机的传统工业生产转变为生产资源可再生、生产过程可循环、生产产品生态化为属性的先进生产力。

"两山"之路强调环境就是生产力，意味着经济效益增长不再是终极目标。实现乡村振兴就是通过人化自然和人工自然将乡村蕴含的丰富自然生态资源转化成金山银山，生态产业化就是通过有序开发和合理利用将生态资源优势转化为经济效益。因此，通过"两化"发展，乡村的生态生产力得到激发，乡村的产业振兴得以实现。

（二）以有序保护开发完善乡村治理

乡村是国家基层政权的"神经末梢"和最基本的治理单元。乡村治理水平直接关系到国家"三农"政策法规能否得到落实。提高基层社会治理水平是推进国家治理体系和治理能力现代化的重要基础。乡村治理的核心

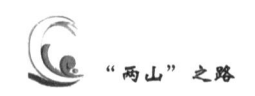

是充分发挥乡村群众的主导者作用，采用法治、自治和德治"三治"融合方式，实现共建共治共享。通过增进合作，凝心聚力，才能实现让农民群众的获得感、幸福感、安全感更加充实、更有保障。

在"两山"理念指导下，"两山"之路的建设需要自然资源保护、生态资源利用、生态资产管理、生态产品开发等方面的制度进行保障。对此，中国先后出台了《森林法》《土地管理法》《环境保护法》《水资源保护法》《防沙治沙法》《渔业资源保护法》《城乡规划法》《自然资源统一确权登记办法（试行）》《自然资源执法监督规定》《关于健全生态保护补偿机制的意见》《节能产品政府采购品目清单》《关于统筹推进自然资源资产产权制度改革的指导意见》《节约集约利用土地规定》等一系列法律法规和文件制度，从法治层面对保护性开发和开发中保护进行约束。

以"两山"之路促进乡村振兴的重点是需要将"两山"理念融入乡村治理实践。这意味着，乡村治理要以"两山"理念为指导。即，乡村自治、法治、德治水平不仅是确保"绿水青山"保护优先原则能否坚持的基础，也是"金山银山"转化成效能否提升的保障，乡村治理体制机制完善是能否实现将"两山"理念付诸常态化实践活动的关键。"两山"之路坚持有序保护和合理开发原则，将生态环境质量逐年改善作为区域发展的约束性要求，建立污染者付费制度避免环保"公地悲剧"，完善"谁保护、谁受益"的生态补偿政策，实现乡村治理的提升。

第四节 "两山"之路与共同富裕

共同富裕是社会主义的本质要求，是全体人民的共同期盼。党的十九届六中全会擘画和指明了新发展阶段实现共同富裕的宏伟蓝图和科学道路，响亮地提出"坚定不移走全体人民共同富裕道路"[①]。全体人民的共同富裕是指区域发展平衡化，城乡发展一体化，个体之间收入差距缩小。"两山"之路也旨在促进生态资源资产的转化，缩小城乡发展差距，增加

---

① 《党的十九届六中全会〈决议〉学习辅导百问》，党建读物出版社2021年版，第63页。

生态资源丰富地区的生产力。所以，"两山"之路可以加速共同富裕的实现，对生态富集区尤为如此。

一 共同富裕的内涵

在工业文明时代，资本对剩余价值的最大化追求导致"两极分化"不断加剧。科学社会主义的先驱在批判荒谬的资本积累逻辑之后，提出只有建立社会主义国家才能消除全面贫困和实现共同富裕。百年来，中国共产党矢志不渝地追求消除贫困、改善民生和共同富裕的伟大目标。中国共产党建党到新中国成立之前，中国共产党通过建立无产阶级领导、建立新民主主义制度为共同富裕奠定前提基础；新中国成立到改革开放之前的50多年里，党和国家着力进行了社会生产力提升和社会主义基本制度建设的共同富裕理论与实践探索；改革开放初期，党和国家创新性地提出了"先富带后富"的理念，在处理"先富"与"后富"关系时遵循"效率优先，兼顾公平"的原则；党的十八大以来，党和国家坚持以人民为中心的思想，把全面脱贫列为主要攻坚任务，2020年我国消除绝对脱贫的实践为新时代共同富裕奠定了坚实基础。

知是行之始。明晰理论要义，把握基本属性，掌握科学内涵是实现共同富裕的基础和前提。2021年中国人均GDP为1.25万美元，首超世界人均GDP的1.21万美元，这表明中等收入人数增加，意味着具备了"先富"与"后富"的经济基础。随着脱贫攻坚任务的成功和生态文明建设的推进，原先贫困地区的信息化、工业化、市场化趋于成熟，生态产品价值得到有效转化，生态环境持续改善，人们的幸福感增强，这意味着具备了"先富"与"后富"的精神基础。因此，当前的中国已经具备内需拉动型经济增长的基础，初步形成国内市场为主、就业持续扩大、实体经济良性循环的发展模式。

共同富裕的科学内涵体现为微观个体的经济富有和精神富足、宏观层面的社会全面进步。从微观层面看，共同富裕就是个体收入增加和幸福感增强。国家是个体的集合，个体的富裕是社会全面进步的基础。个人的物质富裕是共同富裕能够得以实现的最基本要求。作为评价共同富裕的首要

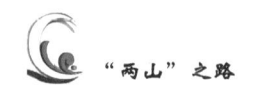

指标，物质基础的丰裕程度直接关系着共同富裕水平。当个体具有较强的财富创造能力、较高的人力资本水平时，个体就具备获取更多物质财富的能力和获得更高精神独立自强的能力。实践中，我们可以通过教育和健康投资来提高人力资本产出水平，可以通过服务水平提升和社会联系加强来满足人的多元化需求。从宏观层面看，整个民族、整个国家和全社会的进步是共同富裕的标志。只有实现了个体全方位融入经济、社会、政治、文化领域，全方位提升德、智、体、美、劳能力，才能实现人的全面发展。只有实现了全体公民均衡的"生活富裕富足、精神自信自强、环境宜居宜业、社会和谐和睦、公共服务普及普惠"，才标志着满足了人民美好生活的需要。所以，共同富裕是经济富裕和精神富裕的统一，是个体经济富足、精神独立自强和社会全面进步的统一。

二 "两山"之路与共同富裕相得益彰

"两山"之路既是护好绿水青山，推动生态优势向经济优势转变的道路，也是做大金山银山，拓宽生态产品价值转化的道路。共同富裕不仅是私人或家庭收入的共同富裕，而且是包括生态环境在内的公共产品和公共服务的共同富裕。

（一）共同富裕的福利经济学解释

边际效用递减是现代经济学的基本规律。该规律指出，随着商品消费数量的增加，增加一个单位商品的消费给消费者带来的效用增加是逐渐递减的。边际效用递减规律表明，富人最后一元钱的边际效用远小于穷人最后一元钱的边际效用。著名福利经济学家庇古指出："任何使穷人手中实际收入的绝对份额有所增加的因素，在从任何角度判断均未造成国民收入减少的情况下，一般来说都将使经济福利增大。"因此，征收累进税，促进财富转移，可以增进社会福利，可以促进共同富裕。从而，通过财政手段促进共同富裕成为各国的普遍做法。当然，福利经济学的前提假设是人与人之间的效用是可以比较且可以加总。基于此，不同收入分配理论非常一致地指出，"橄榄球型"收入分配结构为最优类型；"哑铃型"收入分配结构是经济收入"两极分化"的体现；"哑铃型"收入分配结构非常不利于社会的和谐与稳定；扩大中等收入群体人数才是推动新经济增长点的关键。因此，没有公平保障，没有共同富裕，经济效率也是难以保障的。

(二) 生态福利属于共同富裕的组成部分

为了实现中华民族的伟大复兴，党的十八大提出"五位一体"的总体布局，要求一体化协同推进经济、政治、文化、社会、生态文明等五个方面的建设。与此对应，社会主义现代化强国的目标是"富强、民主、文明、和谐、美丽"协同推进；与此对应的文明就是物质文明、政治文明、精神文明、社会文明、生态文明共同提升。因此，人的福利包含经济福利、政治福利、文化福利、精神福利、生态福利等多个方面。经济福利并非代表福利全部，生态福利也是福利的重要组成部分。

人的福利评价不能仅看经济指数，还要看幸福指数。媒体界的调查统计结果显示，个人平均GDP高的地区人们幸福指数未必高，人均GDP低的地区人们幸福指数也未必低。学界基于调研数据的全国共同富裕水平测度也发现了类似的结果。寻找这一耐人寻味结果背后的真相，我们发现：某些地方的经济发展水平仅处于全国中位数，但幸福指数特别高，就是因为生态环境优良、人们的幸福感特别强；某些地方经济发展水平非常高，但是环境污染严重、癌症等疾病多发，随着"钱袋鼓了"，人们的危机感增强、幸福感下降，所以幸福指数不高，甚至很多有钱人都选择逃离。这表明生态与经济的协调发展能够促进经济增长和生态环境质量的改善，进而促进经济与生态的效用水平上升，最终促进共同富裕实现；以牺牲生态环境为代价的发展促进了福利的增加，但这种福利不足以抵消生态环境质量引致的健康危机和生态危机，最终共同富裕难以实现。因此，生态福利是共同富裕的重要组成部分。

(三) 绿水青山包含经济福利和生态福利

从经济学角度看，"绿水青山就是金山银山"理念主要关注"经济增长有没有破坏生态和污染环境"以及"生态资源资产有没有转化为经济财富"的问题，"两山"之路强调经济生态化和生态经济化带来的经济福利。经济生态化的内涵在于：强调经济与生态的互融共生，扭转了经济增长以破坏环境为代价的做法，化解了经济发展中外部成本内部化的长期困境，

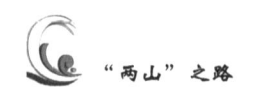

改善了生产者和消费者的福利扭曲状态。生态经济化的内涵在于：扭转了资源配置扭曲问题，破解了"生态资源无偿使用""生态资产难以变现""生态产品优质低价"等一系列困扰，解决了正外部性的内部化，增加了农村居民的收入，通过生态产品交易实现了城乡之间的财富转移。

从生态学角度看，"两山"之路的意义还在于优美生态环境带来的生态福利。在收入水平相同的情况下，置身于生态优美的环境下，人们会感到幸福感满满；置身于生态退化的环境下，人们会感到忧心忡忡。可见，生态好坏直接影响了福利大小，生态是一种福利，一种绿色福利。因此，即使生态的经济价值没有转化，生态改善就是福利增加，生态退化就是福利下降。

三 "两山"之路是共同富裕的创新实践

生态环境是典型的公共产品，生态面前人人平等。生态平等是缩小生态福利差距的前提，有助于共同富裕的实现。现实中，生态资源富集于乡村，生态产品的供给者主要为乡村居民。这部分人的收入相对较低，是共同富裕的主要提高对象。生态产品的需求者主要为城市居民，他们的收入相对较高，是共同富裕的主要帮扶对象。打通生态产品的供求渠道，促进生态产品的市场化交易，可以有效促进财富的城乡转移。生态产品的供销要通过完善保险制度防范生产、储存和运输过程中自然和人为的灾害风险，要通过完善信息甄别机制和营销渠道创新防范假冒伪劣风险。生态要素参与财富分配，可以提高乡村居民的财产性收入或财富，这是保障共同富裕的重要条件。开展区域之间和社会主体之间的用水权交易、用能权交易、排污权交易、碳排放权交易，有助于促进全社会在生态要素使用上的边际收益增加和边际成本降低，从而实现更高层次的共同富裕。

（一）打通生态产品供求渠道可促进共同富裕实现

1. 生态产品符合生态需求递增规律

生态产品是一种高档货和奢侈品。经济收入低下时，人们首先要解决温饱问题。因此，20世纪80年代，有的乡镇企业排放黑臭污水、倾倒废料废渣，但老百姓没有强烈的抵制。为什么？因为一个老板办了企业，自己子女可以进厂打工，可以获得较为稳定、相对可观的收入，一家人就吃得饱饭、穿得上衣服。正如老百姓的形象说法"与其被饿死不如被毒死"。这与需要层次理论完全吻合，即衣、食、住、行等生存需要位于第一层次，只有在第一层次的生存需要得到满足之后，人们才会追求高一层级的安全需要。

随着收入水平的上升，温饱问题获得解决，衣、食、住、行等最低层次的需要获得满足，人们就开始关注生态优良、环境安全、身体健康等更高层次的安全需要。被污染者与污染者的对抗、环境问题引发的群体性事件都是在这一背景下发生的。于是，全社会开始关注生态环境问题，政府不得不协同企业、非政府组织和家庭等社会主体致力于生态环境保护。例如，发达国家在工业化进程中普遍经历了"先污染，后治理"的路子，导致世界性的"八大公害事件"①，由此引发了环保主义的崛起，进而倒逼政府进行环境治理。随着生态文明建设的推进，人们已经从低层次的生态安全追求转向更高层级的优良生态环境、优质生态产品、富裕物质财富相统一的追求。随着消费者收入水平的上升，消费者的生态需求呈现阶梯式上升趋势。

2. 建立通畅的生态产品供需渠道

生态产品的供给者往往是乡村居民，生态产品的需求者则主要是城市居民。相对而言，城市居民收入水平高，而城市的生态环境质量不如乡村；乡村的生态环境质量好，而乡村居民的收入水平不如城市。由于生态

---

① 因现代化学、冶炼、汽车等工业的兴起和发展，工业"三废"排放量不断增加，环境污染和破坏事件频频发生，在20世纪30年代至60年代，发生了8起震惊世界的公害事件：(1) 比利时马斯河谷烟雾事件（1930年12月），致60余人死亡，数千人患病；(2) 美国多诺拉镇烟雾事件（1948年10月），5910人患病，17人死亡；(3) 英国伦敦烟雾事件（1952年12月），短短5天致4000多人死亡，事故后的两个月内又因事故得病而死亡8000多人；(4) 美国洛杉矶光化学烟雾事件（二战以后的每年5—10月），烟雾致人五官发病、头疼、胸闷，汽车、飞机安全运行受威胁，交通事故增加；(5) 日本水俣病事件（1952—1972年间断发生），共计死亡50余人，283人严重受害而致残；(6) 日本富山骨痛病事件（1931—1972年间断发生），致34人死亡，280余人患病；(7) 日本四日市哮喘病事件（1961—1970年间断发生），受害人2000余人，死亡和不堪病痛而自杀者达数十人；(8) 日本米糠油事件（1968年3—8月），致数十万只鸡死亡、5000余人患病、16人死亡。

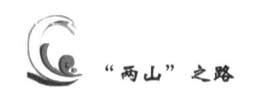

产品的生产成本高、生产风险大、产品产量小等特点，生态产品的价格远高于非生态产品。因此，通过生态产品向城市流动的市场交易，可以促进社会财富从城市居民向农村居民转移。也就是说，农村居民通过出售生态产品增加了收入，城市居民通过消费生态产品增加了效用。通过城市居民向乡村的流动，可以促进财富转移实现共同富裕。也就是说，城市居民享受天然氧吧、负氧离子、有机食品、生态旅游等生态产品获得了效用，其费用支付使农村居民增加收入。可见，生态产品连接着乡村和城市，连接着农民和市民，实现了农村居民的共同富裕。所以，生态产品的价值实现，必须建立健全生态产品的市场机制，打通生态产品的供给者和需求者之间的供销渠道。

3. 防范生态产品产销的两大风险

当然，生态产品的生产和营销面临两大风险：一是自然灾害风险；二是假冒伪劣风险。自然灾害风险是指农产品如果不施用化肥农药，可能面临严重的病虫害，甚至可能面临颗粒无收的境地。假冒伪劣风险是指非有机食品冒充有机食品、非绿色产品冒充绿色产品、非无公害产品冒充无公害产品，使得非有机食品、非绿色产品、非无公害产品获取暴利，而有机食品、绿色产品、无公害产品无利可图。

因此，生态产品的生产环节需要建立保险机制，即通过保险机制分散生态产品生产中可能出现的病虫害等自然灾害风险；生态产品的销售环节需要加强信息甄别，即通过防伪标记、产品直供等方式加强信息甄别以防止假冒伪劣的"生态产品"。保险机构是打通生态产品供销渠道的"第三方"，而生态产品又不同于普通的投保标的物，具有很强的外部性甚至公共性，因此，往往需要政府的补贴。政府补贴保险机构，保险机构为生态产品的供给者保险，从而保障生态产品的需求者的高端需求。生态产品的营销需要加强品牌建设。农产品是最接近于完全竞争市场的物品，属于竞争性产品。由于大量的生产者向大量的消费者提供农产品，因此，农民往往缺乏品牌意识。由于缺乏品牌支撑，农民往往只能获取正常利润，因此，农民的比较收益相对低下。随着人们收入水平的上升，人们不仅注重产品质量的追求，也越来越注重品牌的追求。因此，生态产品的品牌化正逢其时。

(二) 生态要素参与财富分配可保障共同富裕实现

1. 生产函数中不含自然资源是一种简化表达

在古典经济学中，生产函数中已经充分考虑了土地等自然资源。古典经济学之集大成者约翰·穆勒认为，任何社会生产都必须具备三种要素：劳动、资本及自然所提供的材料与动力；自然界所提供的各种材料与动力是进行生产所不可缺少的必要条件；第三种"自然要素"可以笼统地称为土地，提供农作物资源的土地是各种生产要素当中最主要的。约翰·穆勒函数的重大创新在于把"自然要素"作为生产函数中的重要变量，理论局限在于忽视了水、空气等生态要素的存在，将"自然要素"等同于土地。

随着高等数学的发展，生产函数的表述从文字转向数学函数。为了简化生产函数的表达，不再将资源环境等"自然要素"纳入生产函数。简化后的生产函数就是 $Q=F(L, K)$。该函数表明，产品的最大产出数量 Q 是劳动投入量 L 和资本投入量 K 的函数。不难看出，这一生产函数的前提假设是自然资源与环境资源是可以无限供给的。其实，随着经济规模的扩张，经济发展越来越面临"自然要素"所带来的"生态阈值""资源阈值""气候阈值"的约束。此处所说的"生态要素"就是古典经济学家所说的"自然要素"。工业文明时代所面对的重大挑战恰恰是"生态要素"的短板所致，如资源枯竭、生态退化、环境污染、气候变暖等。

2. 生态要素成为影响生产函数的重要变量

理论研究和实践经验都表明现代产业发展所需的生产资料不是只有劳动和资本，还包含生态要素。土地是重要的生态要素，但不是唯一的生态要素。生态要素还应包含森林资源、湿地资源、水资源、荒地资源、沙漠资源、冰川资源、海洋资源等狭义的自然资源；生态平衡资源、排污容量资源等环境资源；气候容量资源、碳汇资源等气候资源。在上述生态要素中，有些自然资源依然不太稀缺，但有些自然资源已经变得非常稀缺，如水资源、环境容量资源、气候容量资源。对于日益稀缺且十分重要的生态要素，没有理由不纳入生产函数的自变量之中。

在生态要素中，有些生态要素具有可替代性，例如以石油替代煤炭，

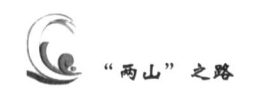

以天然气替代石油,以太阳能替代天然气。也有些生态要素具有不可替代性,例如生物多样性是保证食物链和食物网健康的前提,没有健康食物链和食物网,人类的生存和发展也将成为无源之水、无本之木。如此重要的自然资源当然要像对待生命一样予以保护。

3. 让农民参与生态要素的财富分配

一旦把生态要素纳入财富分配体系,农民不仅可以获得劳动收入,还可以获得要素收入。要素收入能够加快共同富裕的实现。假如仅仅考察每个人的生存权和发展权,并不考虑区位条件等因素,就城乡而言,乡村的环境权收益=(乡村的人均排污量–乡村的人均排污量)×乡村人口数×排污权价格。乡村的用能权收益=(乡村的人均用能量–乡村的人均用能量)×乡村人口数×用能权价格。乡村的碳排放权收益=(乡村的人均碳排放量–乡村的人均碳排放量)×乡村人口数×碳排放权价格。乡村的碳汇权收益=(乡村的人均碳汇量–乡村的人均碳汇量)×乡村人口数×碳汇价格。如果把生态要素纳入财富分配体系,收入水平相对较低的农民可以大幅度增加收入或财富。我们深知城乡土地的巨大"剪刀差"是导致农民财产性收入增加缓慢的重要原因。因此,财富分配体系的重构应以农村土地制度改革为突破点,让农民在土地使用权的经营、转让中获取应得的收益。唯有如此,才可以真正做到在山靠山、在水靠水、在海靠海,实现城乡之间的共同富裕。

(三) 生态产权交易可实现更高层次的共同富裕

1. 生态产权交易的条件日渐成熟

长期以来,自然资源、环境资源、气候资源是共享资源、开放产权。随着自然资源稀缺性的增加,界定自然资源产权并开展产权交易可获得的收益不断递增;随着科学技术的进步,自然资源产权的界定成本不断下降。如果把自然资源产权、环境资源产权和气候资源产权都统称为生态产权,在生态产权稀缺性增加和生态产权界定成本降低两个方面的共同作用下,通过生态产权交易促使交易双方共赢成为可能。

产权是所有权、使用权、用益权、决策权和让渡权等组成的"权利束"。产权具有不同权属,这些属性可以分离。对于中国而言,自然资源产权、环境资源产权、气候资源产权等生态产权大多属于国家所有或集体所有，但是，这些生态产权均可以借鉴土地产权制度改革的做法，把使用权从所有权中分离出来，推进使用权的交易，通过交易实现社会福利的最大化。

2. 政府高度重视生态产权交易制度建设

党的十八大以来对生态产权交易制度的改革提高到了前所未有的程度。党的十八大报告指出，积极开展节能量、碳排放权、排污权、水权交易试点；十八届三中全会修改为，实施节能量、碳排放权、排污权、水权交易制度；十九届五中全会将概念微调为，实施用能权、用水权、排污权、碳排放权交易制度。举一个水权交易的例子来说，宁夏回族自治区是黄河流域用水效率最低的，山东省是黄河流域用水效率最高的，宁夏的用水效率只有山东的三分之一。按照"八七分水方案"，600万人口的宁夏可以拥有40亿立方米的黄河取水权，9000万人口的山东拥有70亿立方米黄河取水权。姑且不论分水方案是否合理，假如宁夏使用1立方米水可以带来5元人民币的净收益，山东使用1立方米水可以带来15元人民币的净收益。那么，如果宁夏以10元人民币的价格出让10亿立方米水给山东省，就可以做到宁夏和山东各增加50亿元人民币的净收入。这就是水权交易双赢的硬道理。正因为如此，《浙江高质量发展建设共同富裕示范区实施方案（2021—2025年）》特别强调："统筹推进自然资源资产产权制度改革，创新生态补偿机制，培育发展生态产品和生态资产交易市场，率先实施排污权、用能权、用水权、碳排放权市场化交易。"[①] 所以，生态产权交易对共同富裕实现具有不可忽视的意义。

3. 生态产权交易制度改革的基本思路

生态产权制度改革需要完成"四个转变"：一是要推进生态产权从"不控总量"到"总量控制"的转变。基于自然资源可以无限供给的假定，生态产权就不必控制总量；基于自然资源稀缺性的日益加剧，生态产权就

---

① 《中共中央 国务院关于支持浙江高质量发展建设共同富裕示范区的意见》，《人民日报》2021年6月11日第9版。

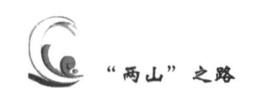

必须严格控制总量。通过总量控制,确保生态环境所需的"生态阈值""环境阈值""气候阈值"。通过总量控制,努力提升自然资源的生产率。

二是要推进生态产权从"开放产权"到"封闭产权"的转变。开放式的产权往往只顾自身利益不顾社会利益,最终导致"公地的悲剧"。封闭式的产权会想方设法保护好生态产权并使之实现高效率利用和可持续利用。因此,自然资源的确权工作十分重要。

三是要推进生态产权从"无偿使用"到"有偿使用"的转变。只要产权明确,生态产权的分配既可以无偿,也可以有偿。但是,基于中国的人口基数大、资源需求大以及长期以来无偿使用的惯例,大力推进生态产权的有偿使用,有利于更加珍惜自然资源,加快资源的高效利用。当然,有偿使用的进程要掌握好节奏,需要充分考虑企业和居民的承受能力。

四是要推进生态产权从"不可交易"到"鼓励交易"的转变。只要自然资源的边际收益或边际成本存在差异,就存在生态产权交易双方双赢的可能。因此,为了促进社会福利的最大化,实现更高程度的共同富裕,需要鼓励更多主体参与生态产权交易。

(四)治理体系构建可保障共同富裕实现

1. 可持续的治理目标设定

建设一个什么样的共同富裕社会是需要明确的第一个问题。西方福利国家所构建的福利社会主要依靠两种方式:一是公共产品供给,通过不断完善教育、医疗、社保等公共社会保障体系来实现;二是财税政策保障,通过力度较大的累进税制及转移支付来实现。我国学者明确提出了构想:"一种以生态主义为导向,注重经济、社会与环境三边平衡的共同富裕治理体系必将形成……走向一个可持续的绿色生态致富体系。"[①]"以生态主义为导向"实际上就是要求以生态文明替代工业文明,实现生态文明对工业文明的扬弃,发扬工业文明时代的高效率,摈弃工业文明时代的高污染。"三边平衡"的内涵是把物质文明纳入"经济",政治文明、精神文明

---

① 郁建兴、刘涛:《共同富裕方略:中国对全球治理的重大贡献》,《学习时报》2021年4月16日第A2版。

和社会文明纳入"社会",把生态文明纳入"环境"。这就是可持续发展观所强调的经济可持续发展、社会可持续发展、环境可持续发展的基本理念。有所不同的是,西方的可持续发展观往往把经济、社会、环境三个子系统相互割裂开来了;而中国的可持续发展观则是在强调每个子系统的可持续性的同时,进一步强调各个子系统之间的相互协调。这种可持续性和协调性正是共同富裕治理目标所要求的。

2. 分工合作的治理结构构建

生态文明驱动共同富裕是一个系统工程。在这个系统工程中,既要追求效率,又要追求公平;既要追求微观主体的利益最大化,又要追求社会公共利益的最大化;既要考虑当代人的切身利益,又要考虑后代人的永续发展。这种系统结构的优化,不可能是某个主体的单独决策,而是多个主体的多元协同治理。无论是经济、社会、环境子系统的可持续发展还是三个子系统的协调发展,都要坚持以政府为主体的政府机制、以企业为主体的市场机制、以公众为主体的社会机制相互配合和相互制衡。政府的职责在于提供生态文明相关的公共物品和公共服务,提供绿色发展的制度体系和规章标准,提供保障绿色为导向的市场机制顺畅运作的竞争秩序等。企业的职责在于充分考虑环境管制的约束条件,通过组织绿色生产、提供绿色产品以加快实现资源的最优化配置。公众的职责在于自觉践行绿色消费,并以非政府组织、听证会、协商会、征求意见等形式参与公共决策,监督政府和企业的行为。"三边平衡"的共同富裕治理体系的核心是寻找政府、企业、公众需求的耦合点,做出利益平衡的科学决策,也就是不仅要防止政府"好心办坏事",而且政府要与企业、公众充分协商。

3. 绿色共富的治理制度创新

生态文明驱动共同富裕治理体系建设能否取得实效,其核心在于绿色制度体系建设。浅绿色发展观主张技术决定论,往往把制度排除在外;深绿色发展观强调制度决定论,但同时高度重视技术的作用。绿色制度体系建设不是单个制度的建设,这一制度体系包括别无选择的强制性制度、权衡利弊的选择性制度和道德教化的引导性制度三个层面。由此可见,绿色制度体系建设包括正式制度、非正式制度及实施机制的建设;正式制度的

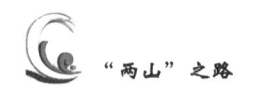

建设必须与非正式制度相匹配，制度的实施必须要有切实可行的实施机制做保障。当然，绿色制度体系建设不可能一劳永逸，需要制度的持续设计创新。对于具有可替代性的制度要进行优化选择，在定性定量分析基础上选择制度绩效更佳的制度；对于具有互补性的制度要进行耦合强化，发挥"1+1>2"的制度绩效。同时，为保障制度取得预期绩效，我们要加强制度设计、决策和实施评价。也就是说，在制度实施前，应采用试点实验、仿真模拟、数字孪生等形式预估其绩效，选择最优方案；制度实施过程中，要设置偏离预警机制，若发现问题及时采取纠偏措施；制度实施后，厘清制度的影响因素及其贡献率，根据影响因素对绩效的贡献进行取舍。

第四章

"两山"的价值核算

国际上的研究建立了一套非常成熟的机制对一个国家或地区的经济价值发展水平进行测量,那就是国内生产总值(Gross Domestic Product, GDP)测算。我们一直在强调自然对人类发展的重要性,那么,生态系统为人类提供的产品和服务的价值到底是多少呢?近20年来,发达国家和发展中国家都在致力于建立一套科学合理的测度体系。2005年,联合国发布的《千年生态系统评估》对全球生态系统生产总值(Gross Ecosystem Product, GEP)评估进行了大胆尝试,为其他国际组织及世界各个国家的生态系统测算提供了经验借鉴。随着"两山"之路建设的推进,我国也建立了一套具有中国特色的核算体系,对自然生态系统提供的生态产品进行了核算。

第一节 生态产品的内涵

一 生态产品的概念

生态产品的概念具有中国特色,是在借鉴国外生态系统服务概念基础上的中国创造。

(一)国外生态系统服务概念的演化

国外最早关于生态系统的成熟说法来源于2005年发布的《千年生态系统评估》。这份报告将生态系统服务定义为"人类从自然生态系统获得的效益",并将其分为四种类别,分别是供给服务、调节服务、文化服务和支持服务。具体来看,自然为人类提供的各种食物、水、天然渔业产品

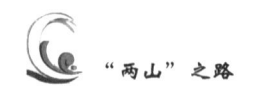

和天然牧业产品被称为供给服务；自然为人类在气候调节、水土保持、环境净化等方面提供的服务被称为调节服务；自然为人类在休闲享乐、美学价值等方面提供的服务被称为文化服务；自然为人类在土壤形成、养分循环等方面提供的服务被称为支持服务。[1] 这些服务不仅为人类生存与发展提供了物质要素，还提供了精神要素。

（二）国内生态产品概念的演化

随着经济的发展、社会的进步，中国国内对生态环境保护重要性的认识进一步加强。当然，对生态产品相关内容的认识经历了一个动态发展的过程。早在1985年，学界就提到了"生态产品"，但在很长一段时间，学界对生态产品的认识仅停留在生态生产出来的"环境友好型产品"阶段。随着"两山"之路的建设，可持续发展理念不断深入人心，学界对生态产品也有了全新的认识，指出生态产品"是由生物生产与人类生产共同作用而产生，并且能满足人类需求的产品"[2] 或者"是由生物过程直接生产，并且能满足人类各种需求的自然要素"[3]。近年来，我国政府在相关政策文件中对生态产品进行了定义，这进一步丰富了生态产品的内涵。所以，我们可以尝试从狭义和广义两个层面对生态产品进行界定。

初期的政府文件将生态产品的内涵主要集中于自然要素本身，如2010年发布的《全国主体功能区规划》中将生态产品的概念界定为"维系生态安全、保障生态调节功能、提供良好人居环境的自然要素"，2012年党的十八大报告指出要"增强生态产品生产能力"。这一阶段，人们从狭义观视角对生态产品进行定义，将其看成"能够丰富生态资源并促进生态和谐，维持人们生命和健康需要的自然要素或产品"。随着生态文明实践的发展，人们对生态产品的认识不断深化与拓展，意识到除了自然要素外，生态产品还应该包括依托自然要素、通过人类劳动生产出来的产品。于

---

[1] Millennium Ecosystem Assessment, *Ecosystems and Human Well-being*, Washington DC: Island Press, 2005, p.103.

[2] 张林波、虞慧怡、李岱青等：《生态产品内涵与其价值实现途径》，《农业机械学报》2019年第6期。

[3] 曾贤刚、虞慧怡、谢芳：《生态产品的概念、分类及其市场化供给机制》，《中国人口·资源与环境》2014年第7期。

是，学界从广义观视角提出生态产品是"由生态系统与人类社会共同生产的供给人类社会使用和消费的终端产品或服务，并能满足人们美好生活需要的产品"①。

对比国内的"生态产品"和国外"生态系统服务"概念，我们可以发现，这两者都来源于自然，都能为人类带来福祉，并且支撑经济系统和社会系统的可持续运行。由此可见，在概念内涵上，生态产品和生态系统服务具有共通性，其表现主要包括三个方面：第一，不论是生态产品还是生态系统服务，都与人造产品存在本质区别，两者都来源于一定的生态系统结构和过程；第二，无论是生态产品还是生态系统服务，都包括市场化的物质产品和非市场化的非物质服务；第三，无论是生态产品还是生态系统服务，其消费主体都是人类，但人类对他们的消费必须保持科学、理性和可持续，不能因为消费而损害生态系统的结构和功能。

二 生态产品的政策历程

中国政府非常关注生态产品价值的实现。最早关于生态产品的政策文件是2010年国务院印发的《全国主体功能区规划》。在这份文件中，中国政府首次对生态产品进行了概念界定，将其定义为"维系生态安全、保障生态调节功能、提供良好人居环境的自然要素，包括清新的空气、清洁的水源和宜人的气候等"②。在这份文件中，中国政府明确将生态产品认定为同农产品、工业产品和服务产品并列的产品类型。此后，在党的十八大报告、十九大报告、二十大报告、国民经济和社会发展"十三五"规划、"十四五"规划、深入推动长江经济带发展座谈会等政策文件和重要讲话中屡次提到生态产品及其价值实现相关的内容。2021年，在丽水和抚州两个生态产品价值实现机制试点成功经验基础上，国家更是专门出台了《关于建立健全生态产品价值实现机制的意见》，要求全国各地健全机制切实

---

① 张林波、虞慧怡、郝超志等：《生态产品概念再定义及其内涵辨析》，《环境科学研究》2021年34卷第3期。

② 《国务院关于印发全国主体功能区规划的通知》，2011年6月8日，中国政府网，http://www.gov.cn/zhengce/content/2011-06/08/content_ 1441.htm。

做好生态产品价值实现工作。这是一份切实推动"两山"转化的引领性关键文件,标志着生态产品价值实现从理论研究、试点探索向整体实践方面转移。① 从 2010 年到 2022 年,中国出台了至少 16 份涉及生态产品政策的政府文件,具体文件名称和主要内容详见表 4-1。

表 4-1　　　　　　　　　中国生态产品的政策发展历程

序号	年份	文件名称	主要内容
1	2010	《全国主体功能区规划》	首次提出并明确生态产品的概念,强调生态产品为生态系统提供生态调节的功能
2	2012	《中国共产党第十八次全国代表大会》	增强生态产品生产能力
3	2015	《中华人民共和国国民经济和社会发展第十三个五年规划纲要》	为人民提供更多优质生态产品
4	2015	《关于加快推进生态文明建设的意见》	良好生态环境是最公平的公共产品,是最普惠的民生福祉
5	2015	《生态文明体制改革总体方案》	健全资源有偿使用和生态补偿制度
6	2016	《全国生态保护"十三五"规划纲要》	扩大生态产品供给;丰富生态产品,优化生态服务空间配置,提升生态公共服务供给能力
7	2016	《关于设立统一规范的国家生态文明试验区的意见》	建立健全体现生态环境价值、让保护者受益的资源有偿使用和生态保护补偿机制
8	2016	《国家生态文明试验区(福建)实施方案》	建设生态产品价值实现的先行区。积极推动建立自然资源资产产权制度,推行生态产品市场化改革,建立完善多元化的生态保护补偿机制,加快构建更多体现生态产品价值、运用经济杠杆进行环境治理和生态保护的制度体系
9	2016	《关于健全生态保护补偿机制的意见》	以生态产品产出能力为基础,完善测算方法;研究建立生态产品市场交易与生态保护补偿,协同推进生态环境保护的新机制;完善生态产品价格形成机制

---

① 刘伯恩:《生态产品价值实现机制的内涵、分类与制度框架》,《环境保护》2020 年第 13 期。

续表

序号	年份	文件名称	主要内容
10	2017	《中国共产党第十九次全国代表大会》	提供更多优质生态产品以满足人民日益增长的优美环境需要
11	2018	《习近平在深入推动长江经济带发展座谈会上的讲话》	选择具备条件的地区开展生态产品价值实现机制试点，探索政府主导、企业和社会各界参与、市场化运作、可持续的生态产品价值实现路径
12	2020	《习近平在全面推动长江经济带发展座谈会上的重要讲话》	要加快建立生态产品价值实现机制，让保护修复生态环境获得合理回报，让破坏生态环境付出相应代价
13	2020	《中华人民共和国国民经济和社会发展第十四个五年规划和2035年远景目标纲要》	支持生态功能区把发展重点放到保护生态环境、提供生态产品上；建立生态产品价值实现机制，在长江流域和三江源国家公园等开展试点
14	2021	《关于建立健全生态产品价值实现机制的意见》	积极提供更多优质生态产品满足人民日益增长的优美生态环境需要，深化生态产品供给侧结构性改革，不断丰富生态产品价值实现路径；让提供生态产品的地区和提供农产品、工业产品、服务产品的地区同步基本实现现代化
15	2022	《生态产品总值核算规范（试行）》	以行政区域单元的生态产品价值核算为对象，规定了具体的核算指标、核算方法、核算周期、核算原则等要求，为稳步推进全国的生态产品核算工作提供了重要依据
16	2022	《中国共产党第二十次全国代表大会》	建立生态产品价值实现机制，完善生态保护补偿制度

三　生态产品的类别

生态产品是指从工业文明向生态文明转型的过程中，不会造成环境污染、资源浪费、生态破坏，不会危害人的健康与安全，同时能够满足人生产生活需要的产品。它既包括物质产品，也包括调解服务产品和文化服务产品。

物质产品包括自然生态系统提供的物质产品，以及生态农业生产的物质产品，如有机农产品、中草药、原材料、生态能源等。

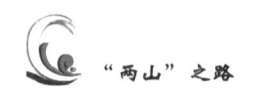

调节服务产品是生态产品的重点，也是生态系统生产总值（GEP）的关键组成部分，具体包括水源涵养、水土保持、固碳释氧、水环境净化、气候调节等。

文化服务产品是非物质的东西，如感受、体味等。文化服务产品包括休闲旅游服务和艺术灵感。

四 生态产品的价值内涵

为了便于对生态产品的价值进行评估与核算，促进生态产品价值转化，我们需要了解生态产品的价值内涵。

（一）生态产品具有价值

关于生态产品价值的争论一直存在，学界分别从劳动价值论和效用价值论视角进行了分析。

从劳动价值论视角出发，早期的观点认为人类的抽象劳动是价值的唯一源泉，而生态产品是一种自然要素，因而不具有价值。但随着"两山"之路的推进，人们意识到生态产品不再是单纯的自然要素，而是自然生产和人类劳动共同作用形成的产品。同时，为了保护自然要素，人们部分地放弃了对生态资源的开发利用，同时对生态环境治理投入了资金、技术、管理等。因此，生态产品不仅具有人类抽象劳动所形成的价值，还包含因保护生态放弃生产和生态资源管护等人类活动的成本价值。这一观点丰富了马克思主义的科学劳动价值论。

从效用价值论视角出发，人们认为产品的价值就是满足需求的程度，生态产品具体价值量的大小由边际效用和边际成本来决定。在工业文明之前，由于资源总量较大，人们的开发利用强度不高，人类活动对生态环境的负向影响不明显，因而使用自然要素的边际成本较低。这时人们感受到的产品的边际效用几乎为零，所以生态产品不存在价值。随着人们对美好生活需求的提高，对自然资源的高强度开发利用，使得生态产品出现了短缺现象，生态破坏修复、环境污染治理的成本也非常巨大。这时人们意识到生态产品的珍贵，觉得生态产品带来的效用在增加。基于此，效用价值论的支持者认为生态产品具有价值。

（二）生态产品具有使用价值

从"两山"理念的视角来看，不论是自然要素本身还是增加了人类劳动所生产的生态产品，都是人类生存和发展必不可少的，所以生态产品具有使用价值。因生态产品的类型多样性和功能特殊性，其使用价值体现在生态、伦理、政治、社会、文化、经济等多个方面。

学界对生态产品的使用价值也进行了比较广泛的研究。

基于生态产品价值能否进行转化的视角，学者们提出了不同观点：第一种观点认为使用价值就是能够变现的基础价值和增值价值，其中增值价值就是人类生产劳动成果的价值体现，也正是价值转化的重点；第二种观点认为生态产品的使用价值含生态服务和交换价值，其中生态服务的价值含量非常巨大但短期内难以实现市场交易，交换价值是可以通过市场化手段进行量化评估的部分；第三种观点认为生态产品的构成非常丰富，既包含消费性和非消费性的使用价值，也包含当前阶段难以实现的选择价值和内在价值等非使用价值。

基于生态系统增进人类福祉的视角，为便于评估生态文明建设成效，学者们提出了不同观点：一种观点认为生态产品价值应该包括生态资本价值、产品使用价值、政绩激励价值和刺激就业价值四个层面的内容；另一种观点认为生态系统为人类生存与发展提供了物质基础和精神给养，人类是整个生态系统的消费者，生态产品价值就是生态系统提供的全部服务的价值。

第二节　生态产品价值核算概述

自人类出现以来，生态系统持续为人类提供了物质和精神的给养。但我们并不清楚具体的给养量大小。为了较好较快地推进生态文明建设，走出一条具有中国特色的"两山"道路，我们需要促成生态产品的价值实现。对大自然提供的生态产品进行功能量和价值量的核算是建立健全生态产品价值实现机制的基础性工作。

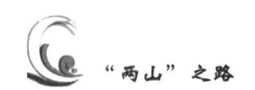

一 生态产品价值核算的重要意义

首先,进行生态产品价值核算是资源集约利用的需要。在人类社会发展过程中,生态资源作为一种生产要素投入到了经济和社会发展过程。随着资源使用数量的增加,资源约束趋紧,集约利用变得迫切。当前,全社会对生态资源数量缺乏具体的、合理的、科学的数值概念。在生产生活实践中,资源和能源的浪费情况较为严重,随之引发的生态破坏和环境污染情况也是相当严重。为了衡量生态资源要素的投入量、增加量、减少量等数据,我们需要对资源进行数量计算。因此,通过生态产品的核算,一方面可以较为科学准确地评价生态产品的功能量和价值量,另一方面可以价值量为基础建立"保护获益,破坏赔偿"机制,并进一步完善相应的激励机制和约束机制。

其次,进行生态产品价值核算是形成全社会资源有价理念的需要。在很长一段时间里,我们总是以 GDP 数量来衡量一个地方的发展水平,认为生态资源无法对经济社会发展带来实质性好处。随着生态环境问题的出现,人们意识到生态环境对经济社会发展的重要性,但是对资源环境的真正价值缺乏客观认识。实践中,生态环境的保护者没有得到什么实质性的补偿和奖励,生态环境的使用者没有支付相应的成本,生态环境的破坏者也没有受到对应的惩罚。通过生态产品价值核算,可以计算出保护者应得的补偿数额、使用者应支付的成本费用,破坏者应接受的惩罚金额,从而在全社会树立资源有价的理念,促使社会主体自觉地节约资源、保护环境。

最后,进行生态产品价值核算是推进"两山"之路的需要。"绿水青山就是金山银山"理念中,"就是"问题的解决需要促使"绿水青山"转化为"金山银山"。除了可以通过市场交易进行转化部分外,当前条件下大量的生态资源无法进行直接市场交易,需要通过生态补偿等间接市场来实现。不论是政府向个人的生态补偿,还是流域上下游政府间的生态补偿,都需要对生态产品进行数量和价值核算。此外,通过价值核算,还可以对各个地方生态环境保护、环境治理修复、经济发展中的资源能源消耗量等绿色发展成效进行评价,以便衡量党中央国务院决策部署的贯彻落实情况。

二 生态产品价值核算的代表性方法

近年来,中国国内政府部门和学术界对生态产品价值的关注度非常高,理论研究和实践探索也在持续推进。截至目前,中国大致形成了绿色GDP核算、GEP核算、生态元核算等三种有关生态产品核算的代表性方法。

(一) 绿色GDP核算

这是一种考虑资源消耗和治理成本的方法。其计算公式可表示为:绿色GDP = GDP – 自然资源耗减 – 生态环境污染损失。公式中,自然资源耗减是指土地、矿产、湿地、森林、水、海洋等自然资源的使用消耗数量,生态环境污染损失是指生态修复、环境治理所支付的经济成本。绿色GDP就是将GDP中非绿色部分的成本费用进行了扣减,所核算出来的数值可以用来评估国民经济的净增长。因此,绿色GDP不仅能够呈现经济发展的总量和质量情况,还能够直观呈现绿色发展目标的实现情况。

(二) 生态元核算

这是一种基于太阳能值、聚焦生态系统调节服务的价值核算方法。因为太阳光照辐射会通过光合作用等进行能值转换,最终驱动生态系统提供服务价值,所以选用太阳能值作为价值核算的量纲。以生态元为单位衡量一定量的太阳能值所对应的生态系统调节服务给人类带来的效用,再以市场交易价格算出价值量,其中规定1货币单位的生态元等于1010太阳能焦耳。生态元核算方法的创新之处在于将不同调节服务类型的实物量统一为"生态元",并参照市场中的房价、生态基金价格等测算价值量。

(三) GEP核算

GEP是Gross Ecosystem Product的简称,中文对应说法是生态系统生产总值。这是反映某一个地理生态空间内生态系统为人类社会发展所提供的产品与服务数量和价值的方法。生态系统提供的生态产品具有多样性,我们可将其分为物质产品、调节服务、文化服务和支持服务。由于支持服务与前三个品类生态产品存在一些交叉,所以在核算实践中暂未考虑支持服

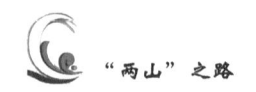

务的价值。

三　生态产品价值核算的主要模式

近十年来，中国内蒙古、福建、青海、贵州、广东、浙江、江西、云南、吉林等省份纷纷开展了生态产品价值核算试点。在核算实践中，各地相继出台生态产品价值核算技术规范地方标准，依据本地生态系统特色形成具有地方特色的核算指标和计算方法。其中，比较具有代表性的试点是广东省的深圳、福建省的厦门和浙江省的丽水。

（一）深圳市"1+3"核算制度体系

2014年，广东省深圳市在盐田区开展了我国首个城市GEP的核算试点。2018年，盐田GEP核算的经验在罗湖区、福田区等其他8个区推广实施。2019年中共中央、国务院出台的《关于支持深圳建设中国特色社会主义先行示范区的意见》和2020年中共中央办公厅、国务院办公厅印发的《深圳建设中国特色社会主义先行示范区综合改革试点实施方案（2020—2025年）》充分肯定了深圳的GEP核算工作，并对GEP核算结果运用做出了指导性建议。2021年，深圳建设完成"1+3"核算制度体系，其中，"1"是指GEP核算实施方案，"3"是指《深圳市生态系统生产总值（GEP）核算技术规范》、GEP核算统计报表制度和GEP在线自动核算平台。[①] 在核算指标中，深圳市增加了具有城镇特色的削减交通噪声、康养服务等二级指标。《深圳市生态系统生产总值（GEP）核算技术规范》成为我国首个城市GEP核算标准，对高度城市化区域的绿色发展成效评价具有借鉴意义。

（二）厦门市的"沿海样板"核算制度体系

2016年，自中共中央办公厅、国务院办公厅印发《国家生态文明试验区（福建）实施方案》后，福建省选择在厦门进行GEP核算和生态环境损害赔偿的试点。2018年，厦门市发布了《厦门市生态系统价值核算报告（白皮

---

① 《不唯GDP，强调绿色价值！深圳发布GEP核算制度体系》，2021年3月23日，深圳市生态环境局网站，http://meeb.sz.gov.cn/xxgk/qt/hbxw/content/post_8644518.html。

书)》，创建核算的理论框架，形成核算业务规范，创新核算结果运用。在核算指标中，根据生态系统特点，厦门在调节服务一级指标下增设了"清洁海洋"二级指标，在生物多样性二级指标下新增了海洋生态系统的生境质量三级指标。[①] 在司法实践中，厦门市依据GEP核算结果对过度养殖、倾倒污染物、阻断海水自然交换等情形的生态环境破坏者进行赔偿追责。

（三）丽水市的"山区特色"核算制度体系

2019年，浙江省印发《浙江（丽水）生态产品价值实现机制试点方案》，丽水成为全国首个生态产品价值实现机制试点城市。2019年，丽水市发布《生态产品价值核算指南》，构建了GEP核算指标体系，并按照行政地理单元对全市开展了市、县、乡、村四个层级的GEP核算。2019年，丽水市在全市成立了县级、乡镇级生态资源运营管理平台，并完成林地流转、农地流转、农村宅基地流转等农村产权线上公开交易747宗，成交总金额超过3亿元。2020—2021年，丽水市推进GEP核算运用的财政和金融创新，一是成立"两山银行"，退出"两山贷""生态贷"等金融创新产品，对生态保护行为进行授信和贷款，二是出台政府采购管理办法，县级政府购买乡镇生态系统调节服务的部分增量价值，乡镇将这笔转移支付资金用于绿色产业发展。

从实践的案例可以看出，不同地区资源特色不同，核算体系各不相同，指标选择也略有差异。正因如此，核算结果的可比性持续受到业界质疑。基于此，2022年3月，国家发改委和国家统计局制定并发布了《生态产品总值核算规范（试行）》，为全国的GEP核算提供了国家标准。

第三节 生态产品价值核算的实践：以新兴镇为例

一 新兴镇基本情况

新兴镇地处浙江省丽水市松阳县，辖区总面积140.61平方公里，下辖

[①] 《厦门市生态环境委员会办公室关于印发〈厦门市生态系统生产价值2019〉和〈厦门市生态系统生产价值统计核算技术导则2020年修订〉的通知》（厦环委办〔2020〕35号），2020年12月16日。

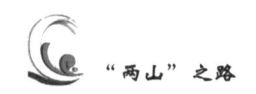

44个行政村，2018年户籍人口为22160人，共7743户。

全镇土地面积211236亩，林业用地面积168487亩，森林覆盖率76.6%，林木绿化率78%，活立木蓄积约60990立方米。境内以平原为主，地势西北高、东南低，地貌类型丰富。气候属于亚热带季风气候，温暖湿润，四季分明。全年平均气温17.7℃，平均年降水量1563毫米。全年无霜期241天。辖区内有国家4A级风景区1家，依山傍水，风光秀丽，生态环境优良。茶产业为主导产业，具有山水相生、茶园相连、宜居宜游、风景宜人的独特生态系统。

2018年，全镇实现工农业总产值8.21亿元，其中，农业总产值3.73亿元，工业总产值4.48亿元。财政总收入6455万元；农民人均可支配收入20178元，高于县域平均水平15%。全镇纳入统计口径的茶叶加工企业总计545家，茶产业产值38286万元。全镇共有3家规模以上企业，规模以上企业总产值达9641万元，其中茶产业规模以上企业有2家，产值达328万元。累计农产品通过无公害、绿色或有机认证8个。全镇积极推进传统村落保护和民宿业改造，努力打造省级"茶香小镇"，大力发展休闲农业与乡村旅游，年吸引乡村旅游游客60.68万人次，实现休闲观光农业收入6796万元。

新兴镇所在地有着漫长的产茶历史，最早可以追溯到三国时期，到唐朝时交易景象便盛极一时，更有道教宗师叶法善培植的"卯山仙茶"名满天下。至明朝，制茶产业进一步发展，茶税在当地财政收入中占有举足轻重的地位。1929年，新兴茶叶以精致的工艺、出众的品质获首届西湖博览会一等奖。全镇有8个村入选了住建部、文化部、国家文物局、财政部、国土部、农业部、国家旅游局等七部局联合公布的中国传统村落名录。

二 新兴镇生态产品价值（GEP）核算体系

（一）术语和定义

1. 生态产品（ecosystem product）

人类从生态系统中获取的生态物质产品、生态调节服务和生态文化服务的总称。

2. 生态物质产品（material product of ecosystem）

生态系统通过生物生产及其与人工生产相结合为人类提供的物质产品。生态物质产品包括两类：一是自然形成的野生食品、淡水、燃料、中草药和各种原材料等；二是人们利用生态环境与资源要素人工生产的农业产品、林业产品、渔业产品、畜牧业产品和各类生态能源产品。

3. 生态调节服务（regulating services of ecosystem）

人们从生态系统中获取的水土保持、水源涵养、洪水调蓄、气候调节、空气净化、水质净化、固碳释氧、病虫害防治等享受性物质惠益。

4. 生态文化服务（cultural services of ecosystem）

人们从生态系统中获取的丰富精神生活、生态认知与体验、自然教育、休闲游憩和美学欣赏等体验性非物质惠益。

5. 生态产品价值（ecosystem product value）

凝结在生态产品中的各种要素价值的总和。

6. 生态产品实物量（physical quantity of ecosystem product）

生态物质产品的年度产量。

7. 生态产品功能量（bio-physical value of ecosystem product）

生态调节服务和生态文化服务功能的物理量。

8. 生态产品价值量（monetary value of ecosystem product）

生态产品经济价值对应的人民币货币量。

9. 生态系统生产总值（GEP）

一定区域内的生态系统为人类福祉和经济社会可持续发展提供的各种最终产品与服务价值的经济价值总和，主要包括物质产品价值、调节服务价值和文化服务价值。

（二）核算原则

1. 全面性原则

应统筹考虑生态物质产品、生态调节服务和生态文化服务等综合价值，反映生态系统为本地以及其他地区的人提供的实际惠益。

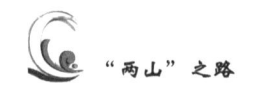

2. 整体性原则

应系统核算生态产品价值中环境质量、资源禀赋、生态技术、生态文化等要素的贡献度，确保能够反映各类生态系统的整体功能。

3. 科学性原则

应准确反映生态产品的真实价值，基于人类生态认知、生态消费和科学技术水平合理界定纳入核算的生态产品范围和边界。

4. 统一性原则

同一类型的生态产品应当采用统一的计价标准。不同类型的生态产品之间价值转换时应采用统一的价值核算当量。

5. 可比性原则

同一核算单元同一年度的核算结果应可定量、可重复、可检验，不同年度的核算结果可进行比较分析。同一年度不同核算单元的核算结果可进行对比分析。

（三）核算对象

列入核算对象的生态产品应当是进入经济社会领域的最终形态的实际产品，以可交易、可消费、可体验为判断标准。

以下产品不应纳入核算范围：

（1）未进入社会经济领域的生态系统服务；

（2）未形成最终形态的过程性产品；

（3）未产生实际收益的潜在产品；

（4）不具有经济稀缺性的产品；

（5）没有可获性数据的产品；

（6）破坏生态环境或非法利用生态资源生产的产品；

（7）有毒有害以及禁用的产品。

（四）核算流程

GEP 核算流程包括确定生态评估和核算地域范围，明确生态系统类型与生态产品清单，开展生态产品功能量与价值量核算，确定生态产品目录清单和指导价格，具体步骤如下。

1. 明确生态系统类型

调查分析评估地域内的森林、草地、湿地、湖泊等生态系统类型、面积与分布，绘制生态系统分布图。

2. 编制生态产品清单

根据生态系统类型，调查评估范围内生态产品的种类，编制生态产品名录。生态产品可分为生态物质产品、生态调节服务产品、生态文化服务产品三大类。

3. 开展生态产品功能量核算

调查核算评估范围内生态系统在一年时期内提供的各类生态产品的功能量。

4. 确定生态产品价格

运用市场价值法、替代市场价值法、假设市场价值法等相关的价值评估方法，确定每一类生态产品的参考价格或货币价值，形成统一的生态产品指导价格。

5. 开展生态产品价值量核算

在生态产品功能量核算和参考价格基础上，核算各类生态产品的货币价值；然后对各类生态产品的价值加总，得到评估地域内的生态产品价值。对开展绩效考核的各级行政单元，计算各类生态系统产品的总价值，即生态系统生产总值。

根据不同的评估和考核目的，可以核算不同类型的生态产品价值。当评估核算各级行政单元的生态系统对福祉和经济社会发展的支撑作用时，可以核算所有三个类型的生态产品价值。

（五）核算方法

新兴镇2017年、2018年GEP核算方法采用中国科学院生态环境研究中心GEP核算方法体系，按照DB33/T 2274—2020《生态系统生产总值（GEP）核算技术规范　陆域生态系统》进行核算。

（六）核算指标

生态系统生产总值核算指标包括3个一级指标、16个二级指标、165个功能量指标和价值量指标。一级指标含物质产品、调节服务和文化服

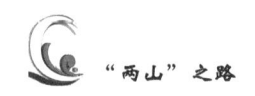

务。其中，生态物质产品包括两类自然形成的物质产品和人们利用生态环境与资源要素人工生产的生态产品。生态调节服务包括水源涵养、土壤保持、洪水调蓄、空气净化、水质净化、固碳释氧、气候调节、病虫害控制等。文化服务主要包括旅游休憩和景观价值等。详见表4-2。

表4-2　　　　　　　　生态系统生产总值（GEP）核算指标

一级指标	二级指标	功能量指标	价值量指标
物质产品	农业产品	谷物、豆类、蔬菜、水果、油料、茶叶等产量	农业产品产值
	林业产品	木材、毛竹、油茶、笋干等产量	林业产品产值
	畜牧业产品	猪、牛、羊、家禽肉，禽蛋、蜂蜜等产量	畜牧业产品产值
	渔业产品	淡水鱼类、贝类等产量	渔业产品产值
	生态能源	水电发电量	生态能源产值
	其他产品	花卉、苗木、盆栽等产量	其他产品产值
调节服务	水源涵养	水源涵养量	水源涵养价值
	土壤保持	水土保持量	减少泥沙淤积价值
			减少面源污染价值
	洪水调蓄	洪水调蓄量	调蓄洪水价值
	水质净化	净化COD量	净化COD价值
		净化总氮量	净化总氮价值
		净化总磷量	净化总磷价值
	空气净化	净化二氧化硫	净化二氧化硫价值
		净化氮氧化物	净化氮氧化物价值
		净化工业粉尘	净化工业粉尘价值
	固碳释氧	固定二氧化碳、生产氧气量	固碳、氧气生产价值
	气候调节	植被蒸腾消耗能量	植被蒸腾降温增湿价值
		水面蒸发消耗能量	水面蒸发降温增湿价值
	病虫害控制	森林病虫害控制面积	森林病虫害控制价值
文化服务	旅游休憩	旅游收入及游客总人数	景观游憩价值
	景观价值	受益土地与房产面积	土地、房产升值

（七）核算年份

核算年份为 2017 年和 2018 年。

三 新兴镇生态产品价值（GEP）构成

经核算，2018 年全镇生态系统生产总值（GEP）为 29.45 亿元，其中调节服务价值最高为 26.88 亿元，占全镇 GEP 总值的 91.26%；其次是物质产品价值为 2.50 亿元，占全镇 GEP 总值的 8.47%；再次是文化服务价值为 0.08 亿元，占全镇 GEP 总值的 0.27%（见图 4-1）。

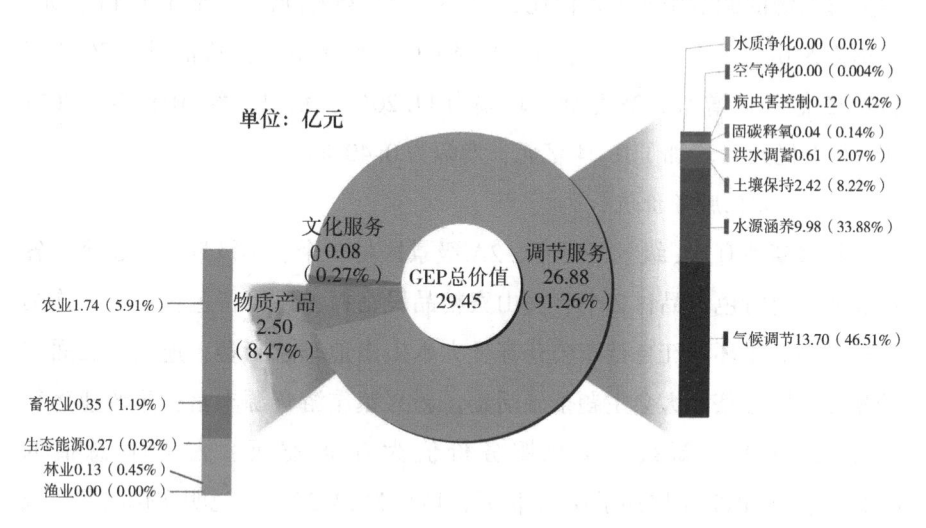

图 4-1 2018 年新兴镇生态系统生产总值（GEP）构成

（一）物质产品价值

新兴镇 2018 年生态系统提供的物质产品总价值为 2.50 亿元，占全部 GEP 总值的 8.47%，其中农业产品价值为 1.74 亿元，林业产品价值为 0.13 亿元，畜牧业产品价值为 0.35 亿元，生态能源价值为 0.27 亿元。2017 年新兴镇生态系统提供的物质产品总价值为 2.75 亿元，2018 年比 2017 年减少 0.25 亿元，降幅为 9.09%。

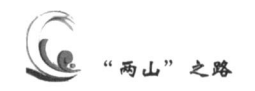

(二) 调节服务价值

2018年,新兴镇生态系统的调节服务总价值为26.88亿元,在GEP中的比例为91.26%,其中气候调节服务价值为13.70亿元,占整个调节服务总价值的比例为46.51%,水源涵养服务价值为9.98亿元,占整个调节服务总价值的比例为33.88%;其次是土壤保持和洪水调蓄,价值分别是2.42亿元和0.61亿元,占整个调节服务总价的比例分别为8.22%和2.07%;其余的固碳释氧、病虫害防治、空气净化和水质净化四项的价值总和为0.16亿元,占整个调节服务总价值的比例的0.56%。新兴镇2018年生态系统的调节服务总价值比2017年(25.45亿元)增加了1.43亿元,增幅为5.62%;其中2018年的调节服务中气候调节服务价值量比2017年(12.32亿元)增加1.38亿元,增幅为11.20%;水源涵养2018年比2017年(0.1亿元)增加了0.04亿元,增幅为0.40%。

(三) 文化服务价值

新兴镇现有4A级景区1个、2A级景区村2个、A级景区村3个、省级美丽乡村特色精品村2个、关山寮精品民宿村、风情特色村2个,连续成功举办五届环浙江自行车公开赛暨大木山山地车越野赛,连续十二届成功参与松阳县茶商大会主题茶旅活动。新兴镇旅游资源丰富,旅游业蓬勃发展。2018年,新兴镇文化服务价值为0.08亿元,占GEP总值的0.27%。比2017年增加了0.01亿元,增幅为14.29%。说明文化服务领域发展较快。

(四) 新兴镇2017年、2018年GEP增长分析

从图4-2可以看出,新兴镇2017年到2018年,生态系统生产总值(GEP)实现稳步增长,增幅为4.17%。GEP总量由28.27亿元增加到29.45亿元。其中,调节服务增加1.43亿元,物质产品减少0.25亿元,文化服务增加0.01亿元。调节服务占据GEP总值绝大部分份额。

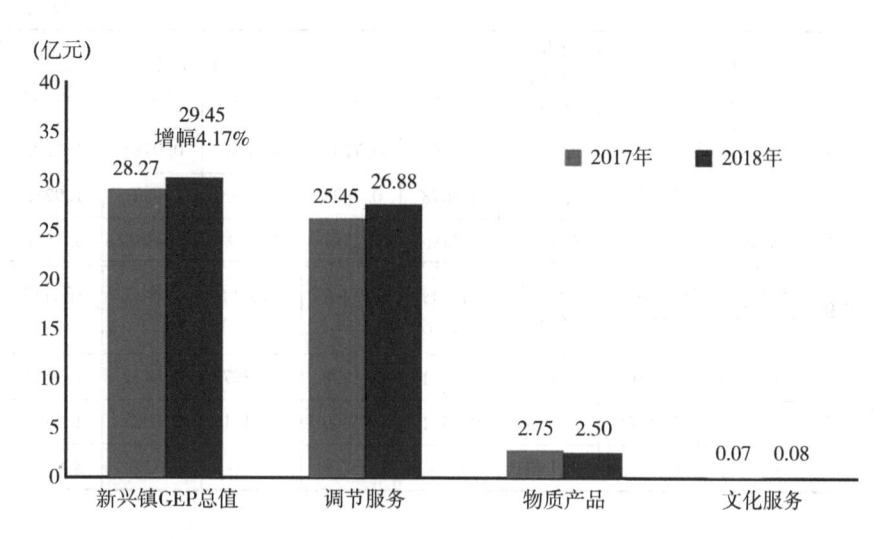

图 4-2 新兴镇 2017 年、2018 年 GEP 总值及分类值

（五）新兴镇各村及林场 2017 年、2018 年调节服务价值变化

从表 4-3 可知，新兴镇所辖区域中，除新刘村外，23 个行政村 2018 年生态系统调节服务价值同比上年都实现了增长。从绝对值来看，泉庄村最大，调节服务价值达到 2.60 亿元；新刘村最小，只有 0.05 亿元，前者是后者的 50 多倍。从增幅来看，关岭村、李山头村、山甫村林场和谢西坑村增幅最多，均超过 6 个百分点；而新刘村是唯一一个出现负增长的行政村，减幅为 5.76%。

表 4-3　新兴镇各村及林场 2017 年、2018 年调节服务价值变化

年份	大岭根村（亿元）	大石村（亿元）	关岭村（亿元）	横溪村（亿元）	后周包村（亿元）	李山头村（亿元）	内孟村（亿元）	潘连村（亿元）
2017	1.3806	0.5916	1.0412	0.1137	0.9242	1.4131	1.4624	0.4325
2018	1.4585	0.6203	1.1038	0.1147	0.9753	1.4979	1.5405	0.4554
增幅	5.64%	4.85%	6.01%	0.88%	5.53%	6.00%	5.34%	5.29%

续表

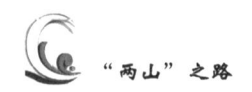

年份	平卿村（亿元）	泉庄村（亿元）	山甫村林场（亿元）	上安村（亿元）	上源口村（亿元）	外石塘村（亿元）	下源口村（亿元）	谢村村（亿元）
2017	0.3608	2.4509	0.3387	0.8568	0.7243	1.3007	0.9784	1.8203
2018	0.3824	2.5950	0.3590	0.9078	0.7623	1.3762	1.0321	1.9286
增幅	5.99%	5.88%	5.99%	5.95%	5.25%	5.80%	5.49%	5.95%

年份	谢村源水库（亿元）	谢西坑村（亿元）	新处村（亿元）	新刘村（亿元）	杨村头村（亿元）	朱山村（亿元）	竹囤村（亿元）	庄后村（亿元）
2017	0.8040	2.1016	2.3898	0.0521	0.1738	1.5397	0.8432	1.3624
2018	0.8056	2.2277	2.5316	0.0491	0.1800	1.6181	0.8923	1.4437
增幅	0.20%	6.00%	5.93%	-5.76%	3.57%	5.09%	5.82%	5.97%

四 新兴镇生态产品价值转化的结论

新兴镇2018年生态系统生产总值（GEP）达到29.45亿元，与2017年相比增加了1.18亿元，按可比价计算增幅为4.17%。充分说明新兴镇坚持践行"绿水青山就是金山银山"理念，通过加强生态环境保护、大力发展绿色产业，生态产品供给能力持续提升，实现了GEP和GDP规模总量协同较快增长。

（一）调节服务功能突出

新兴镇调节服务价值高达26.88亿元，占GEP总值的91.26%，所占比值高于县域平均水平，其中气候调节占比46.51%，水源涵养占比33.88%，这说明该区域空气清新、水质洁净，气候资源和水资源的调节服务价值巨大。建议采取各种有效措施加大森林培育和竹林经营力度，做好森林经营和森林管护工作，积极组织开展全民义务植树造林活动，加强烂田砚湿地的生态保护和碳汇功能，发挥湿地提供水资源、调节气候、涵养水源、均化洪水、促淤造陆、降解污染物和保护生物多样性的重要作用；采取有效措施加强饮用水水源地保护、粪便无害化处理、河道环境污染防治等工作，强化农村生活环境治理和大气污染防治工作，不断提升调节服务价值，守住绿水青山。

（二）物质产品特色鲜明

新兴镇物质产品价值为2.50亿元，占GEP总值的8.47%。其中，以茶叶为代表的农业产品价值高达1.74亿元，是物质产品的主要部分。这说明，新兴镇在茶产业发展方面取得了不错的成绩。建议继续鼓励市场主体加大茶叶精深加工产品的研发力度，加快发展绿茶、红茶制品及端午茶等特色优势产品，延伸产业链，加快形成种植、加工、销售的全产业链发展模式。迎合消费市场对保健、美容产品的需求，提高产品的科技含量，重点拓展茶多酚、速溶茶、茶食品、茶保健品等精深产品产业。新兴镇的2018年物质产品总价值与2017年相比减少了0.25亿元，主要减少部分为畜牧业产品，这说明新兴镇在"五水共治"和"美丽乡村建设"的大背景下，正在经历"畜牧业减量提质转型"的阵痛期，在坚决维护生态环境保护方面做出了艰难但又正确的决定。政府应着力发展以竹木、中药材、农副产品为主要内容的农产品精深加工，推进现有初制加工企业整合提升，引导加工领域向高档家居用品、养生保健食品、美容化妆用品、新型装饰产品转变，同时积极配套中药材、山茶油、山核桃、香榧、瓜子等农林产品加工，把农产品优势转化为生态工业经济发展优势。

（三）文化服务有待提升

新兴镇文化服务价值为0.08亿元，仅占GEP总值的0.27%，同2017年相比虽有较大幅增长，但占比仍然非常低，这与新兴镇旅游资源禀赋和深厚的茶文化优势相比还有很大的提升空间。建议依托茶产业大力发展电子商务、旅游、养生养老产业；加快推动茶产业综合体建设，努力完善电子商务服务平台，探索"互联网+茶产业"模式；大力发展旅游业，开展各种旅游业态的培育，策划山林生态旅游、古村落文化旅游、运动休闲旅游、现代农业旅游、水库养生休闲和高山湿地游览等旅游产品，打响"大木山骑行茶园"和"茶香小镇"品牌，积极谋划大石廊桥、悬棺、十二都源水库等旅游景区建设和下一个国家4A级旅游景区；积极发展休闲农庄、乡间客栈、文化驿站等乡村旅游新业态，打造一批宜居、宜业、宜游的"古村复兴"示范村落。

第五章

"两山"的价值转化

自新中国成立以来,中国经济社会发生了翻天覆地的变化,不仅实现了从农业生产大国到工业生产大国的转变,还实现了第三次产业增加值占GDP的比重超过50%。但由于国际贸易保护主义抬头,主要贸易国的贸易壁垒不断增多,对中国以外向型为主要特征的经济增长带来了不利影响。此外,由于产业结构不平衡、产业发展不充分、人口增速较快、城市化进程较快、资源开发过度等情况的存在,导致生态破坏严重、环境污染加剧、资源浪费不断,经济发展与环境保护之间的矛盾和冲突日益突出。当前,以结构性加速为特征的规模扩张型经济发展拐点已经到来,中国经济正在进入以结构性减速为特征的高质量发展阶段。与此同时,中国党和政府从1978年开始就相继提出了"环境保护""生态经济""可持续发展""绿色经济""生态文明建设""乡村振兴""绿水青山就是金山银山""生态产品价值实现"等一系列发展战略与发展理念,持续推进生态、经济与社会的平衡协调发展。在2018年全国生态环境保护大会上,中国政府明确提出"要加快建立健全以产业生态化和生态产业化为主体的生态经济体系",这为"两山"之路建设指明了出路和方向。因此,未来很长一段时间内,经济与环境的关系能否协调发展必将对中国"两山"转化、生态文明建设、经济高质量发展的顺利推进发挥重要影响。维持生态质量不减、保持环境质量不降、利用资源能源高效的产业生态化和生态产业化融合发展成为"两山"价值转化的必然选择。

第五章 "两山"的价值转化

第一节 产业生态化

产业是经济发展的最大推动者，也是生态环境的最大影响者。产业如何发展关系着社会经济和生态环境的发展走向。由于自然资源的稀缺性，产业发展不能以耗竭自然资源和损害环境为代价，而应谋求与自然资源和生态环境有机平衡的发展。产业生态化就是通过环境保护促进产业结构优化，使得产业经济活动无害甚至有利于生态环境保护。可以说，产业生态化是转变经济发展方式、优化产业结构、推进生态文明建设的重要内容，也是实现可持续发展的必然选择。

一 产业生态化的内涵

为科学有序地推进产业生态化，我们需要明确产业生态化是什么、为什么、谁来干、谁获益、怎么干、在哪里干等6个关键问题。其一，产业生态化是工业、农业、服务业、矿业的资源减量化、环境减污化、生态减用化。其二，因为生态破坏、资源约束、环境污染问题持续加重，我们必须直面现实进行产业生态化。目的是从生产上减少资源消耗和损耗，实现生产效率提升和生态资产保值增值；从源头上减少环境污染，实现环境质量改善和环境容量增加；从行为上减少生态系统的干扰、占用和破坏，提高生态系统服务功能和留存生态保育空间；从根本上减少生产生活的"碳足迹"，以便提升产业发展效能和适应国际"碳税"发展趋势。其三，产业生态化是一项系统性工程，需要政府、企业和市场形成合力才能完成。其中，政府起主导和调控作用，市场提供市场信号、交易平台、激励机制，企业则以资源、环境、生态为着力点进行资源节约、环境友好、生态保育型产业的发展实践。其四，产业生态化的直接受益者是直接实施生态化行为的企业，收益源于资源费用、排污费用和生态补偿费用的支出减少、产品生态竞争力提高带来的收益增长所形成的净效益。间接受益者涉及整个产业、整个经济体系的经营主体以及整体的生产者和消费者，主要因增加生态环境对人类活动的承载能力而间接获取惠益。其五，产业生态

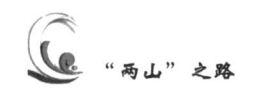

化有三条主要路径：资源减量、环境减排、生态减占。其六，在中国，几乎所有的产业、所有的地区都迫切需要推进产业生态化。当然，我们应优先在产业分布密集的京津冀、长三角、汾渭平原、胶东半岛等地区，重点对资源密集型、环境易污型、生态占用型产业进行生态化。

所以，在新发展阶段，中国产业生态化仍然面临一系列阶段性问题。一是人均资源不足成为高质量发展的最大硬约束。中国的人均耕地、淡水、森林拥有量仅占全球平均水平的32%、27%和13%，石油、天然气、铁矿石等重要资源的人均水平也远远低于全球平均水平。二是叠加的生态旧账与生态新账成为高质量发展的最大障碍。中国过去50年粗放型经济的高速增长付出了沉重的资源、能源、生态代价，资源消耗率居高不下、能源消耗强度水涨船高、生态环境恶化日益严峻，可持续发展受到严重考验。人类文明实践经验表明，生态系统与经济社会系统相依相长，生态体系提供的资源、能源作为生产生活要素保障着经济社会系统的正常运行，一旦生态系统不能持续提供这些要素保障，人类文明将失去物质载体和发展基础。因此，我们必须坚定不移地走好产业生态化道路。

二　产业生态化的逻辑框架

产业生态化是一个从生产到消费都体现生态特征的过程，即实现自然生态支持产业发展、产业发展遵循自然规律的良性循环。在这一过程中，人类将生态学原理和经济学规律兼容并顾，促进产业发展与生态环境的良性循环，提升资源配置、产业结构、组织关联的生态化、合理化、科学化。

产业生态化的内在要求是"绿色、循环、低碳"，本质要求是遵循企业生产活动的消耗与自然生态系统物质供给的能量守恒规则，具体要求是企业在供应、生产、销售等不同阶段的生产经营活动都纳入生态循环体系。实践中，我们要淘汰低端落后低效产能、关停整治"三高两低"（资源消耗高、污染排放高、危险系数高、产业层次低、经济效益低）企业；利用节能减排、综合利用、减污降碳的生态技术改造升级传统产业；挖掘经济发展新动能，培育发展新兴产业和新型业态。

第五章 "两山"的价值转化

因此，产业生态化发展应遵循低碳循环经济可持续发展的要求，淘汰严重不生态的产业，改造轻度不生态的产业，培育发展新兴的生态产业，建立资源节约型、环境友好型的产业结构体系；采用新技术、探索新模式、发展新业态、培育新产业，实现新旧动能转换，构建绿色、循环、低碳的产业发展格局，形成新的经济增长点，实现经济社会的可持续发展。产业生态化发展的逻辑如图 5-1 所示。

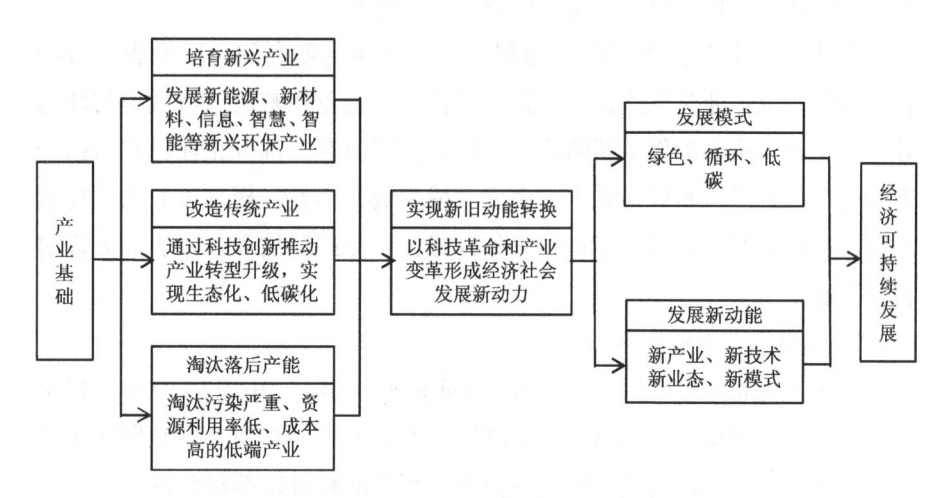

图 5-1 产业生态化发展逻辑

三 产业生态化的现状与困境

（一）产业生态化的现状

中国产业生态化的发展时间不长，进程还处于初级阶段，主要形态为农业产业生态化、区域产业生态化、工业园区生态化和企业生产清洁化。

1. 逐步推行企业清洁生产

什么是清洁生产？联合国环境规划署认为："清洁生产是指将综合预防的环境策略，持续应用于生产过程和产品中，以便减少对人类和环境的风险。"2002 年颁布的《中华人民共和国清洁生产促进法》提出："清洁生产是指不断采取改进设计，使用清洁的能源和原料，采用先进的工艺技术与设备，改善管理、综合利用等措施，从源头削减污染，提高资源利用

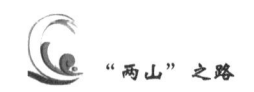

效率，减少或者避免生产、服务和产品使用过程中污染物的产生和排放，以减轻或者消除对人类健康和环境的危害。"上述概念表明清洁生产涉及企业生产、产品和服务全过程。在生产环节，企业需节约原材料和能源以降低废弃物的数量，淘汰有毒原材料以减少或消除废弃物的毒性；在工业产品上，企业需关注从原材料获取到产品最终处置的全生命周期，降低生产全过程的不利影响；在产品服务上，企业需将生态理念和环保理念纳入设计、生产、销售及售后的所有服务环节和过程。

清洁生产要求资源节约集约利用、废弃物循环利用、环境影响最小化，这给传统工业化道路提供了新的契机，给企业在解决经济效益与环境效益冲突和矛盾中提供了新的路径。目前，国内有一部分企业已经根据产业生态化的要求，积极转变生产理念，减少资源消耗，提高废弃物循环利用率，创新生产、经营、管理和服务方式，在保护环境和效益提高方面取得了双赢。

2. 建设生态工业园区

什么是生态工业园区（Eco-industrial park，EIP）？中国在1999年提出生态工业园区的概念，当时广西贵港国家生态工业（制糖）示范园区正开始首家全国试点园区建设。根据环境部、商务部和科技部联合发布的《国家生态工业示范园区管理办法》和综合类生态工业园区标准（HJ 274 – 2009）的定义，总结认为：生态工业园区是一种新型工业组织聚集形成的区域，园区运用需遵从循环经济的减量化、再利用、再循环的3R原则，也就是需要将园区内一个组织或单元产生的副产品作为另一个组织或单元的投入品进入生产，以能量交换、废物循环、资源利用、清洁生产等手段，实现园区的物质闭路循环、能量梯级利用和污染物趋零排放。在实践中，我们需要利用工业生态学、系统工程学、管理生态学的理念来规划、建设和管理。在管理上，不仅要注重园区内的单个成员企业内部的物质循环、能源减量和清洁生产，还需要注重建立不同入园企业间、园区与周边区域间的支持与协作关系，形成物质、能量、信息交换的生态企业社区，促进共同管理、相互受益、协同发展，最终实现经济、社会和环境的协调共进。因此，生态工业园区是实现生态工业的重要途径。

截至2019年，在国家宏观调控和规划布局下，中国已验收通过的国家生态工业示范园区有上海市莘庄工业区、天津经济技术开发区等51家，正在创建的有42家。国家生态工业示范园区享受的支持政策有财政专项资金、节能环保产业国际合作、税收优惠、贴息贷款、融资便捷、招商引资、对外经济技术合作和服务等。

3. 区域产业链生态化

在总体资源利用率不高、环境污染严重的现状下，中国经济面临下行压力又叠加疫情不利影响。我们既要保护环境，又要撬动新经济增长。为应对困境，中国实施了严格的环保制度、推出节能减排政策、开展生态省建设、发展循环经济。2002年，辽宁省成为全国首个发展循环经济的试点省，在工业用水重复利用率、工业固体废弃物综合利用率、省内生活垃圾无害化处理率等指标上取得显著成效。在辽宁省试点经验基础上，2005年国务院出台《关于加快发展循环经济的若干意见》（国发〔2005〕22号）。此后，全国各省纷纷制定本省范围内发展循环经济的试点实施方案，因地制宜地选择城市、园区和企业主体探索循环经济发展模式，推行企业清洁生产、园区生态化运行、城市循环型运营。

4. 农业生态化发展

进入21世纪以来，中国农业也进入了新发展阶段，加快从传统农业向现代化、科技化、生态化方向发展。中国农业取得的效益是显著的，用不到全球10%的土地生产出世界总产量25%的粮食，养活了占世界总人口20%的国人。但是，我们必须认识到，中国农业高产出高效益是建立在生态破坏严重、资源消耗过度、农业污染储积的基础上的。这是一种非可持续的发展模式。随着资源节约型和环境友好型农业的推进，农业生态化越来越受关注。

农业生态化是人类遵循自然生态系统运行规律，在农业生产过程中采取集约化生产、高效化干预，获得量足质优农业产品的过程。农业生态化涉及种植养殖、农产品加工和农旅融合等全产业链环节，促进农业生态效益、社会效益、经济效益三者有机统一。当前，中国农业生态化主要表现为政府、新型农业经营主体、农户、市场"四方共建"格局，农业产业化

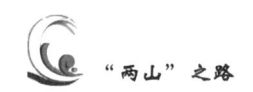

经营模式主要有"农业大户（家庭农场）""农业龙头企业＋农户""农业龙头企业＋合作社＋农户""农业龙头企业＋村集体＋合作社＋农户""农业产业联合体"五种。

（二）产业生态化的困境

最近50年来，中国坚持不懈地发展工业，取得了举世瞩目的成效。我们用50年时间完成发达国家数百年才能完成的工业化历程。从工业化进程来看，在工业化前期阶段，生态环境问题不明显，工业化中期阶段，生态环境问题无力解决，只有到了工业化后期阶段，人们才会开始产业生态化。由于中国实施产业生态化的时间较短，相关理论研究尚不充分，相关实践探索的经验尚不成熟，主要表现在以下几个方面。

一是认识上不够重视。在工业1.0到工业4.0的发展进程中，不论是从使用蒸汽机的机械化生产到使用电力的规模化生产，还是从使用信息技术的自动化生产到使用物联网的智慧化革命，发展模式变化了，但发展的目标追求始终是速度和效率。长期以来，在GDP考核的评价指挥棒下，从政府到企业再到个人，对产业生态化发展战略意义的认识严重不足，对经济发展与环境保护之间内在逻辑关系的认识严重不足。某些部门和市场主体对自然惩罚、资源环境严峻形势的判断不足，对转变经济增长方式实现可持续发展的重视程度不够，对采用新技术、发展新业态的积极性不高，对降低资源能源消耗、减少污染排放的主动性不够。某些行业仍然存在"先污染，后治理"的现象，某些领域的发展没有充分考虑环境承载能力，某些企业重视经济效益的实现而忽视环境效益与社会效益。

二是技术和理论支撑不足。首先，虽然中国在提高资源利用效率、环境污染治理、生态系统修复的技术上取得了一些突破，但已有理论体系和技术成果无法满足生态循环产业发展的需要。整体上看，生态产业化的理论研究尚未形成体系、生态科技水平尚未到达成熟阶段，与生态约束趋紧、环境治理紧迫的国情尚不匹配。其次，当前的相关理论研究较多参照国外成果，尚未形成符合中国特色的产业生态化理论体系，这导致了外部理论在中国土壤实践的诸多"水土不服"现象。毋庸置疑，要实现产业生态化发展，我们要重视如何选择产业生态化发展方式、如何提高产业生态化水平保障等方面的研究。因此，完善产学研合作平台，促进基于中国国情的产业生态化基础研究和技术研究，并推广应用到产业领域，是提高产业生态化水平的关键。

三是制度保障不力。产业生态化是一个渐进、漫长、复杂的过程，涉及多元主体的协同，涉及利益主体的博弈，涉及短期效益和长期发展的平衡，所以需要有效的制度保障才能实现。但目前的法律制度还有一些不足。其一，法律体系框架尚不健全，产业生态化行为的激励约束机制不健全。当前，中国已初步搭建形成了产业发展、生态治理和环境保护的法律框架，国家层面颁布实施了森林法、自然资源保护法、环境保护法、环境污染防治法（含大气、水、固体废物、海洋环境、环境噪声、放射性等方面）、环境与资源保护单行法（含清洁生产促进法、循环经济促进法等）系列法律及环境质量标准、污染物排放标准等系列标准。但是有关工业生态化发展、资源集约化利用、环境综合性治理所需的配套法规尚不完善，如我们至今没有生态补偿、污染付费相关的法律。由于相关法律体系的不健全，实践中我们难以对市场主体的不生态、不环保经济行为进行约束和惩戒，也无法对生态保护行为进行有效激励。其二，法律与政策没能同步更新。很多时候，法律法规对环境保护有十分明确的规定，但由于部门没有制定相关政策来落实、部门之间信息不畅通、工作不合作等原因，导致有法不依、执法不严的现象时有出现。这就损害了法律的威严，弱化了法律的执行力度。

四是企业主体责任落实不到位。企业是推进产业生态化的主体，企业是否采用生态行为直接关系到产业的资源消耗、碳排放和污染排放。由于资源环境的公共品或准公共品属性，市场主体对资源环境稀缺性的认识不足，企业缺乏主动采用生态生产行为的内生动力。又由于缺乏健全的法律规制和完善的社会监督，企业的非生态行为一时难以被发现或即使被发现其惩罚力度也不大，企业缺乏追求生态效益的外在推力。近年来，随着国务院制定各类行政法规、推行环保督察，各地政府纷纷划定生态保护红线、制定产业准入负面清单制度、落实节能减排目标，企业主体责任落实情况有所好转。

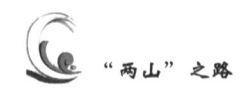

四　产业生态化的推进方向："四量"同步

产业生态化可以看作一个兼顾产业发展和生态环境的复杂人工生态系统。产业系统包括内部的产业个体、种群、群落主体要素和所处的外部环境要素；内部各要素之间存在相互关联、互促互利的关系，其状态表现为协调共生与竞争发展的动态变化平衡；产业系统与自然环境要素、社会环境要素之间存在相互影响、相互制约、协同发展、互融共存的生态关系。从产业系统的主体来看，产业个体在市场供需影响和资源环境制约下进行决策，通过能量消耗过程将物质资源转化为物质产品，并不断重复、不断更新地进行再生产；产业种群是按照生态空间、生态生产类型、生态组织关系等进行内部分工，以联合、互补、兼容等不同方式组合构建成具有自组织功能的生态个体集群；产业共生群落是指某一区域范围内发展形成具有优势地位的主导产业，以主导产业为核心，通过横向和纵向产业部门间的资源、技术、信息的合作与共享，形成动态平衡、运转有序的生态种群集合体。产业个体、产业种群、产业群落相互之间通过信息传递、能量流动和反复的物质循环形成产业系统，再通过与外部的自然环境和社会环境不断调适，形成动态平衡的产业生态系统。于是，产业生态化发展可以看作以产业个体、种群、群落为主体，利用生态系统自我调节和反馈调节机制提高产业系统整体功能，促进产业生态系统从矛盾和失衡不断向稳态与平衡演化，最终实现产业的高质量绿色发展。这一过程需要妥善处理系统内部、系统与环境的关系，具体可以通过资源调配、结构调整、组织共融实现产业系统内部主体之间的相对稳态，通过信息传递、能量流动和反复的物质循环实现产业系统与外界环境之间的动态平衡。

所以，产业生态化可从升级存量、培育增量、更新流量和创生变量四个方面着力推进。

一是存量升级。过去一段时间里，产业高速发展引致的生态旧账和生态新账叠加危机不容忽视。从整体来看，我们的产业结构在持续优化，三次产业已多年呈现"三、二、一"的发展格局。但是，万元 GDP 综合能耗、主要污染物化学需氧量和氨氮的排放量、降水 pH 值年均值、地下水

第五章 "两山"的价值转化

超采率等不生态的指标仍然较高，粗放式经济发展模式尚未根本转变，产业生态化水平依然不高。因此，经济高质量发展的重要任务在于构建现代生态产业体系，即运用"绿色+""低碳+""循环+"思维，对现有"三高"产业进行转型升级，加快推进传统产业转变为现代产业，切实优化投入产出比。在实践过程中，通过技术创新、管理创新、产业融合、产业集聚等模式，实现生产技术的绿色化、生产环节的低碳化、生产过程的清洁化和产业链接循环化改造，完成农业、工业和服务业的生态存量升级（如图5-2所示）。

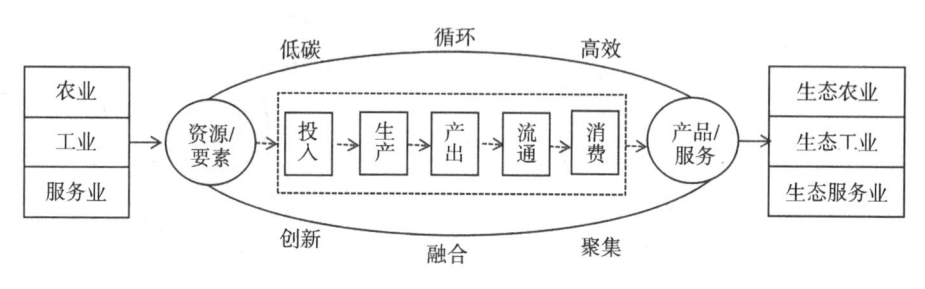

图5-2 产业生态化转型过程

二是培育增量。现代生态产业体系建设不仅需要对传统产业进行转型升级，还需要培育、引入战略性新兴产业，以便推动现代产业的多元化发展。自"十二五"开始国务院就已制定并发布了"十二五""十三五""十四五"的国家战略性新兴产业发展规划，将新一代信息技术产业、高端装备制造产业、新材料产业、生物产业、新能源汽车产业、新能源产业、节能环保产业、数字创意产业等纳入战略性新兴产业范畴。在"创新""政策"与"需求"的多轮驱动下，战略性新兴产业获得了快速发展。统计数据显示，中国的研究与试验发展（R&D）经费投入，从2012年的10298.4亿元增长为2021年的27864亿元，年均增速超过10%；2021年12月，中国战略性新兴产业采购经理指数（EPMI）环比回升至54.2%，其中汽车景气度连续多月位于55以上的较高景气度区间。但与发达国家相比，中国战略性新兴产业的发展仍面临诸多困境，如缺乏整体发展规划导致行业规模和行业效益不高；缺乏科技创意人才导致创新能力不

· 113 ·

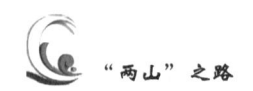

足和核心技术缺失；缺乏完善的资金支持体系导致融资难度和融资成本较高；当前的产业集中度较高，产业趋同现象较为突出、产业的多元性不足，导致战略性新兴产业的产值占比不高、盈利水平不高。从经济整体看，中国的战略性新兴产业对经济社会的绿色高质量发展贡献度不显著。因此，产业生态化发展需要充分发挥"看不见的手"和"看得见的手"的协同作用，大力培育、引导和构建多元化、多业态、多主体的战略性新兴产业（如图5-3所示）。

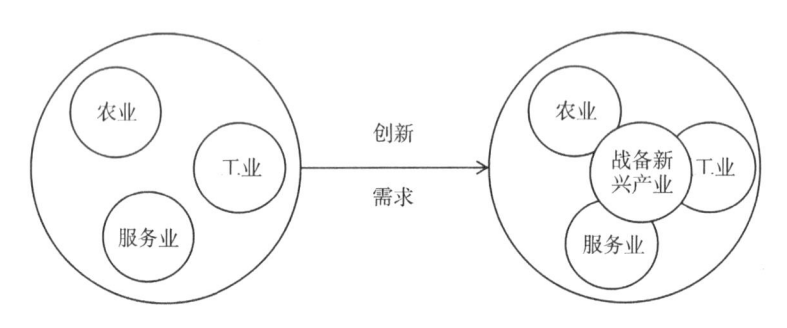

图5-3 战略性新兴产业培育过程

三是更新流量。传统产业向新兴产业的转型升级就是流量更新的过程。基于以传统制造业为核心的工业现状，高能耗、高投入、高消耗的粗放式发展仍然普遍存在，低增长、低效益、低效率产业仍大量存在，工业化进程道阻且长。因此，产业生态化发展既需要做好"加法"，也需要做好"减法"。"加法"就是加快一部分传统产业的改造提升，通过新技术、新理念、新方法改造传统产业，实现传统产业向新兴产业的流量更新。传统产业的更新改造，是通过技术创新、管理创新、制度创新，实现资源优化配置、资源高效合理开发、资源利用效率提升，促进传统产业升级为低能耗、低成本、高产出的新兴产业。"减法"就是淘汰落后产能，加快引导一部分传统、粗放、低效产业退出历史舞台。

四是创生变量。鼓励通过产业融合发展，实现产业链延伸、价值链提升、供应链融通，创造产业生态化的新变量。随着经济的现代化发展，三次产业不仅不断进行着自身的升级完善，同时也进行着产业的融合发展。

因此，不论是从市场供需视角，还是从供给侧结构性改革视角，产业都需要进行融合化发展。也就是以产业生态化为导向，在充分衡量地方特色、产业基础和资源优势基础上，加快推进农业、工业和服务业的融合发展、城市和乡村的融合发展。我们需要因地制宜地发展"农业+服务业""工业+旅游业""农业+旅游业""农业+工业+服务业"等融合型产业，也需要关注、保护和培育由三次产业协同发展所催生出的新产业、新业态。

第二节 生态产业化

生态是经济发展的基础和保障，生态兴衰决定文明兴衰。为推进生态产业化，近年来，党和政府出台了一系列的决策部署，如2016年，当时的环境保护部发布《全国生态保护"十三五"规划纲要》；2017年，党的十九大报告勾画了新时代中国生态文明建设的宏伟蓝图；2018年3月，生态文明建设写入宪法；2018年3月19日，国务院机构改革方案中组建生态环境部；2018年5月19日，习近平总书记在全国生态环境保护大会上关于生态文明建设的重要讲话中提出以产业生态化和生态产业化为主体构建生态经济体系；2019年，国家发改委开始推进生态产品价值实现机制试点工作；2020年，自然资源部开始开展生态产品价值实现试点工作；2021年4月，中共中央办公厅、国务院办公厅发布《关于建立健全生态产品价值实现机制的意见》……随着中国对生态文明建设的高度重视，生态产业成为新时代新的经济增长点、实施乡村振兴战略的重要引擎、实现共同富裕的重要举措。

一 生态产业化的内涵

为科学有序地推进生态产业化，我们需要明确生态产业化是什么、为什么、谁来干、谁获益、怎么干、在哪里干等6个关键问题。第一，生态产业化是一个包含生态产品或服务的价值实现和生态系统修复为主的新业态形成的过程。生态产品或服务具有多重价值，我们要实现的是其中的经

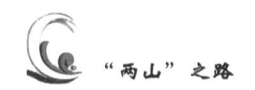

济价值。换言之，生态产业化可为生态产品或服务提供者获得相应的经济回报。第二，生态产业化的目的在于最大限度地发掘生态红利用于支撑经济持续发展，通过激发生态保护积极性和能动性以实现生态产品服务价值，最终实现生态保护与产业发展良性互动、相互融合。第三，实施生态产业化，需要由政府、企业、社会组成的混合主体共同推进。其中，政府的角色是为生态产业化提供必要的激励机制和制度环境，企业在市场化过程中成为生态产业化的实践者、贡献者和获益者，市场机制保障生态产品服务交易的有序高效进行。第四，生态产业化的受益者是其正外部性的受益者，既包括因提供者生态产品与服务获利的直接受益者，也包括因使用生态产品与服务的间接受益者；既会因获得经济和生态回报而使当代人受益，也会因生态资产保值增值而使后代人受益；既能够使本地居民受益，也通过生态产品销售和生态服务外溢而使他地居民受益。第五，实践生态产业化的路径就是促进生态产品价值实现，主要模式有生态农业、生态旅游、生态康养、生态修复等。第六，并非全国各地都适宜进行生态产业化，只有同时满足两个基本条件的地区才可以发展生态产业化，即生态资产存量较大且生态资产增量为正的地区才适合推进生态产业化。此外，我们还要充分考虑政府对区域的功能定位。如重点生态功能区、自然保护区、国家公园等地域，虽然满足两个基本条件，但是产业生态开发需要确保不能损害生态系统的服务功能。

二 生态产业化的逻辑框架

从生态学与经济学原理解释，生态产业化是对"山、水、林、田、湖、草、沙"等生态资源进行资产化运营和资本化运作实现价值，即依照社会化大生产、市场化经营管理的方式向市场提供生态产品，通过市场化交易实现生态资源的价值。生态产业化的本质是将生态资源推向市场，通过生态保护和产业经验的结合互融，实现生态资源的资本化和产业化，从而释放生态红利，使生态资源保护者和经营者共享经济效益、社会效益和生态效益。这一过程的前提是我们需要保证生态资源的完整本真和生态系统的良性循环。上述生态产业化的观点可以在图 5-6 中得以展示。

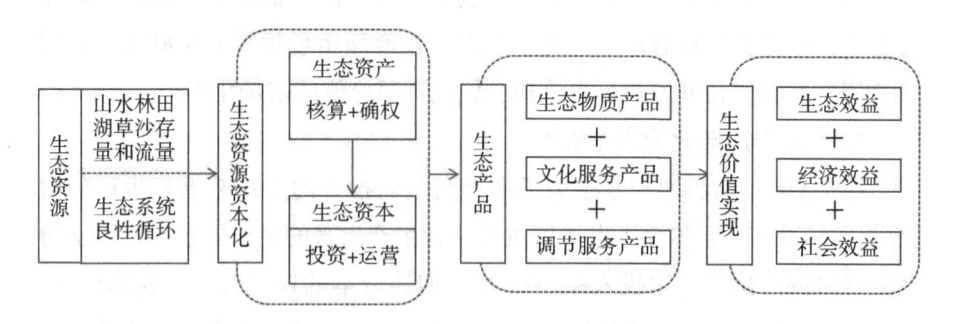

图 5-6　生态产业化的逻辑关系

三　生态产业化的现状与困境

（一）生态产业化的现状

按照转化形态，我们可以将生态产业化过程分为三个递进的阶段：第一阶段是生态资源转化为生态资产；第二阶段是生态资产转化为生态资本；第三阶段是生态资本转化为生态产品。三个阶段是紧密相关、层层递进的关系。

1. 生态资源转化为生态资产

生态资源是与物质资产相对应的概念。从生态意义上理解，生态资源既包含以自然属性为人类提供生态产品和生态服务的各类自然资源，还包括各种生态要素之间相互作用组成的生态系统。生态资产具有资产属性，强调产权明晰，具体是指所有者的权属清晰，在经济技术充分时能够带来经济收益的稀缺性自然资源。

显然，生态资源不能无条件成为生态资产。完成转化需要具备的条件有三点：一是具有稀缺性，二是权属已经界定清楚，三是能带来经济收益。其中，稀缺性是最重要的，也是生态资源转化为生态资产的首要条件和必要条件，因为不存在稀缺性的资源，我们会理所当然认为"取之不尽，用之不竭"而不予珍惜，也就不会考虑独占权益，所以不需要明晰产权。正是稀缺性会让人意识到我想要得到这个资源，所以有强烈意愿对权益进行分配。正因如此，从最初的公共品属性的生态资源，经具有公权力

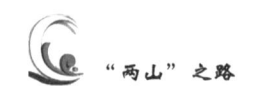

的政府进行权利划分后变成权属所有者独有资源，又通过所有者的经营开发，给所有者带来权属收益，从而促进生态资产的价值实现。在这一转化过程中，生态资源被看作一种资产形态，在遵循市场规律的基础上，按照实物资产实行经营开发与运营管理，促成资源价值的市场化实现。

2. 生态资产转化为生态资本

《国富论》指出"资本是为了取得利益而投入的并用来继续生产的财产"①，保罗·萨缪尔森指出"资本是一种生产出来的生产要素，一种本身就是经济的产出的耐用投入品"②。基于前述资本的权威定义，我们认为：生态资产是生态资源的价值形态，生态资本是能够产生未来现金流的生态资产；生态资本是存量而非流量，它具有资本的利得性。也就是说，生态资本通过不断循环运营，能够实现资本数量和质量的增长。生态资产具有普通资产的收益属性，即具有潜在市场价值，并为其所有者拥有或控制。所以说，生态资本和生产资产两者在收益性和增值性上相互联系，但在属性和形态上存在差异。因此，要实现生态资产到生态资本的转化，就需要不断完善生态市场机制，以市场交易和金融创新促使生态资产价值实现增值。

3. 生态资本转化为生态产品

这一过程中，交易市场是载体，可交易化是关键。生态资产转化为生态资本后，通过运营管理促进生态资产转化为生态产品，再通过生态市场将可交易的使用价值进行转让，从而实现生态产品的价值。由此可见，生态资本运营的目标是实现各要素存量不减少、流量更合理、结构更优化、经济收益更高，也就是将生态资产转化为生态产品以实现生态资本的保值与增值。

（二）生态产业化的困境

生态产业化的目的是促进生态资源和生态产品的价值实现，进而促进

---

① ［英］亚当·斯密：《国民财富的性质和原因的研究》（上卷），郭大力、王亚南译，商务印书馆1972年版，第82页。
② ［美］保罗·萨缪尔森、威廉·诺德豪斯：《经济学》（第16版），萧琛译，华夏出版社、麦格劳·希尔出版公司1999年版，第212页。

生态资源富裕、经济发展落后的地区实现乡村振兴。但是，由于资源碎片化、资本不足、人才不足、技术创新不足、产业基础薄弱等各种原因，当前我国生态产业化的发展还面临一系列急需突破的"瓶颈"。

1. 产业化转型阵痛不可避免

生态资源丰富地区往往与经济薄弱地区存在地理位置上的重叠，这些地方的群众对物质资源的追求高于一切。所以，这些地区生态产业转型意识已经比较强烈，但仍然面临一系列困境，如怎么转型？方向在哪里？基础支撑怎么夯实？现实约束怎么破解？所以，当前的转型仍然面临非常大的压力和挑战。从国家整体看，生态产业化发展尚处于试点探索阶段，并没有出现成熟的、规模化、链条完整的生态产业。当然，在一些生态产业化探索较早的地区，他们在主导产业发展、生态项目开发、生态环境保护等方面已经初步形成适宜的模式和路径。但由于各个地区的资源条件差异较大，某一地区的可行模式和成功经验往往难以被其他地区成功复制。

2. 生态产业化路径尚未通畅

最近几年，中国非常重视生态产业化，其中非常典型的例子是在全国各地推进生态产品价值实现机制试点。虽然发展的框架已经基本形成，但是相关部门对推进的具体路径还没有细化，部门与部门之间的认识差异、行为差异依然存在。比如，某一部门下发生态产业化发展的文件，但因为涉及资源环境保护、基础设施投资等方面问题，需要相关部门协同才能实现目标。但是相关部门协作不力、协同不够，导致生态产业化推进缓慢。

3. 生态产业化的体制机制仍不健全

生态产业化作为一种新型产业形态，其转型和发展需要健全机制、完善制度、配套政策。产业化的基础就是生态资源的确权、量化、市场交易。虽然自然资源部推出了生态资源资产负债表制度，但是这个负债表要求以行政区划为界定进行边界划分，对于行政边界之内的主体确权并没有明确的制度文件。虽然国家出台了生态产品价值核算机制指南，但资源信息收集和处理技术还存在制约因素，生态资源的量化和生态资产的赋值依然困难重重。同时，国土资源的流转、开发利用刚性约束非常强，政策的因地制宜、因时制宜严重不足。此外，激励政策和监管机制尚不完善，生

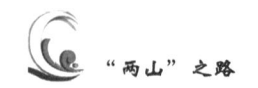

态产业化过程的资本逐利现象难以避免，生态资源利用的不合理不科学并不罕见，生态循环机制的运行监督和监管仍然缺位。

四 生态产业化的推进方向："三措"并举

生态产业化的实质是生态资源的产业化开发利用。这里生态资源的概念是广义的，其范围涵盖山水林田湖草沙、阳光、空气、云彩、生态文化、生态系统服务等。基于此，我们可从以下三个方面统筹推进。

一是在举措方面，需要保护、开发、治理多维协同。生态资源具有内在关联性、整体性，某一类生态资源的破坏极有可能影响整个区域的生态系统功能发挥。生态资源的利用需要统筹兼顾，注重保护性开发，已破坏的生态资源要及时进行治理与修复。实践中，我们应从几个方面进行生态产业化的整体施策。首先，注重顶层设计的科学性和合理性。制定符合实际的空间规划体系，形成合理的国土开发保护格局，以便守住生态保护红线。同时，强调区域统筹、综合治理的理念，谋划生态资源的整体保护、系统修复策略。其次，引导开发和培育特色生态产业，充分释放生态资源红利，促进经济高质量发展和生态环境高水平保护的协同。最后，积极倡导适度开发、合理利用、有效治理，坚持绿色低碳的生产和生活方式。

二是在主体方面，需要政府、企业、个体多方协同。生态产业化的基础是以生态物质资源、生态文化资源为基础，通过市场机制实现供需对接，实现将资源优势向经济优势的转化。规模经济理论同样适用于生态产业化，即生态资源的价值增值也存在规模报酬递增效应。要实现规模效益，生态产业发展离不开经济实力相对雄厚或抗风险能力相对较强的企业或个体。又因生态产业化涉及诸多公共品，市场主体没有动力单独提供，于是要充分发挥政府的引导和激励作用。所以，政府、企业、个体三类不同主体的协同协作发力、协调利益分配是推进生态产业化的必要条件。

三是在发展方面，需要生态、人文、产业多元融合。生态产业化并非只是现有生态资源的简单开发利用，而是需要依托当前的生态优势，发展适宜高效的生态产业；需要探寻优良传统、特色风俗、地域文化与山水林田湖草沙等生态资源的结合点，打造"人＋自然＋文化"的特色产业；需要依托现有产业基础，推动"生态＋农业""生态＋旅游""生态＋养生""生态＋教育"等多元业态融合发展。

第三节 生态产业化与产业生态化协同发展

如何平衡经济发展与生态环境保护是一个世界性难题。长期以来，中国也没有找到良法妙方。因资源利用低效率、产业结构不合理、产业链不完善、价值链位于低端，近几十年的经济快速发展支付了沉重的生态环境成本，探索生态保护与经济发展和谐共生的道路迫在眉睫。因中国城乡之间二元对立、区域之间发展差异明显，生态资源富集地区的经济发展长期落后，百姓身处优美环境却生活窘迫，完善生态有价、保护有偿的机制刻不容缓。生态产业化与产业生态化（简称"两化"）关系的实质是平衡经济发展和环境保护的关系。产业的发展离不开生态环境的原材料支持和自然环境保障，生态保护也需要产业发展效益的反哺。经济相对落后地区经济高质量发展、生态文明建设、乡村振兴发展的关键在于生态产业开发，因此，我们要走"两化"协同发展的道路。

一 "两化"协同发展的逻辑关系

"两化"协同就是产业经济发展和生态环境保护的协同，其根本要义是充分利用生态环境优势和资源禀赋特色，兼顾生态环境与产业发展的融合共生。一方面，以"两山"理念为引领、以"绿水青山"生态资本为投入要素、以科学技术创新为手段、以体制机制创新为保障，形成生态农业、生态工业和生态服务业等新业态，发挥创新链对产业链的推动作用，实现经济相对落后区域产业绿色高质量发展。另一方面，以科技创新为引领，推进产业结构调整、促进传统产业转型升级、发展新型环保产业，发挥创新链对产业集聚和产业链延伸的引导作用，形成高效益低消耗、绿色循环、创新环保的产业发展模式。再则，通过融合产业生态化和生态产业化，以龙头企业引领、产业集聚发展、技术共享、优势互补来延长产业链，以技术赋能、电商赋能、数字赋能、政策赋能促进产品价值增值来提

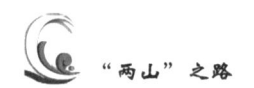

升价值链，以主体联合、组织创新、资产入股、分配优化来完善利益链。

因此，"两化"协同发展的逻辑是：通过产业化发展，生态资源转化为生态资产进而转化为生态产品，然后以市场交易和生态补偿等促使价值得以实现；通过生态化开发，产业系统内部、产业与产业之间实现了绿色、循环、低碳发展；产业生态化与生态产业化是前后相继、互为循环的过程，终极目标是经济社会繁荣与生态环境保护协同发展。当然，产业持续健康发展离不开生态资源的保障，任何不遵循自然生态规律的发展模式终将面临"无源之水，无本之木"的困境；同样，生态资源保护和生态环境治理需要产业内部集约利用、节能减排的支撑，也需要产业拿出部分收益支持生态事业投入，没有产业支持的生态发展终将难以为继。要实现产业发展和生态保护的统筹兼顾，就需要准确把握"两化"协同发展的逻辑内涵，落实"两化"协同的战略举措。"两化"协同发展逻辑关系可见图5-7。

由图5-7可知，"两化"协同的逻辑体现为两个方面。

一是产业生态化与生态产业化存在相依互补的关系。以生态学原理和产业理论组织产业发展，通过生物技术、绿色技术、低碳技术、新能源技术、数字信息技术、高端设备制造技术等的推广应用，产业结构不断调整，产业生态化加速推进，生态经济链得以形成。随着产业的发展，企业生产的高新技术设备、生态肥料农药、交通基础设施、清洁能源等被推广应用到生态农业和生态服务业中，加快了生态产业化进程。所以，产业生态化是生态产业化的前提，产业生态化发展是生态产业化发展的保障。依托生态环境，遵循人与自然和谐原则，对自然资源实行生态化利用和产业化开发，推进绿水青山向金山银山的转化，实现了生态产品的价值。生态农业为生态工业提供了绿色生态的原材料，为生态服务业提供物料供给和生态景观。绿色商业服务、生态旅游、现代物流、绿色公共管理服务、咨询研发、文化创意等生态服务业态为生态农业和生态工业所生产的产品提供了物理位移、品牌宣传、市场交易、业务拓展等服务。所以，生态产业化是产业生态化发展的必要条件。由此可见，"两化"相互依存、相互补充、相互制约。只有实现"两化"协同，才能推进经济社会高质量绿色发展。

第五章 "两山"的价值转化

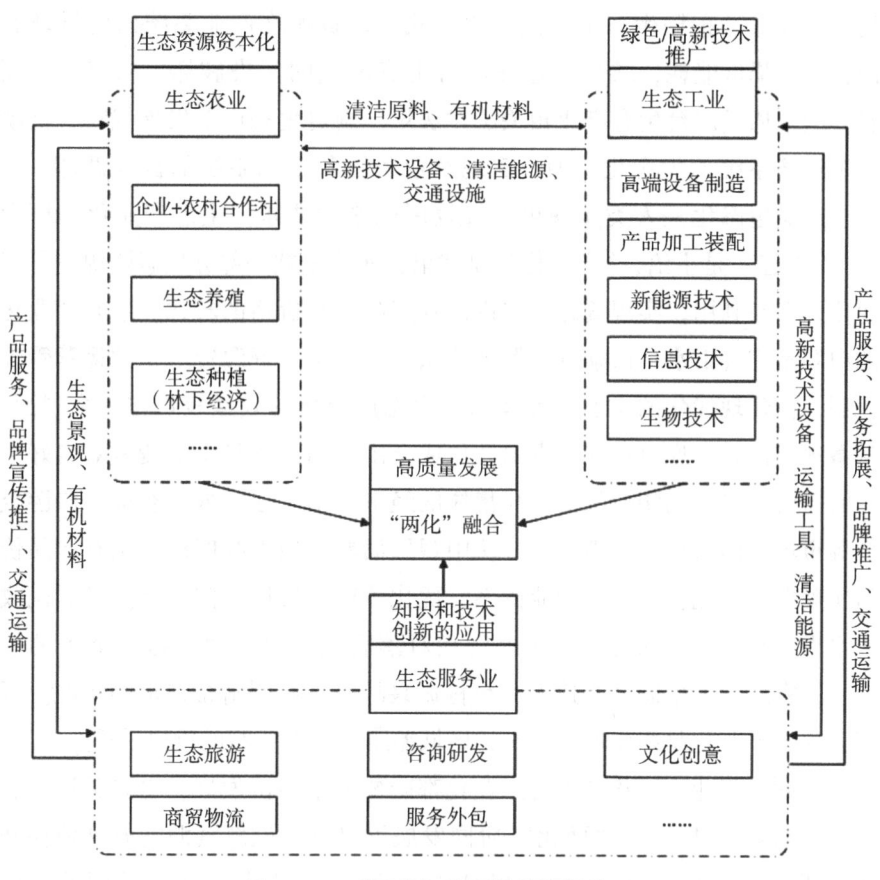

图5-7 "两化"协同发展逻辑关系

二是产业生态化与生态产业化各有侧重。产业生态化的概念中，"产业"是主语，"生态化"是状语，表明产业发展要遵循"产业—生态"的有机循环，在自然系统承载阈值内进行产业系统、自然系统与社会系统之间的耦合优化，实现经济效益实现、资源充分利用、生态环境数量和质量不会变少或变差。产业生态化的内容是构建与国家生态文明建设相适应的产业生态空间布局，形成低消耗、低能耗、低污染的产业发展模式，践行绿色、低碳的社会生活方式和消费方式。产业生态化的效益表现在三个层面，从微观层面看，企业通过清洁生产、循环利用和技术改造可以提高自身的资源利用率，有效化解经济发展和资源保护的矛盾；从中观层面看，

· 123 ·

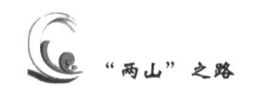

地方政府通过布局生态工业园区等模式实现资源在产业系统内的循环利用，从而降低能耗，减轻产业发展对生态环境的污染破坏；从宏观层面看，国家通过出台生态产业相关法律法规、制定生态产业发展战略，推动整个经济系统的生态化转型，实现产业系统和生态系统的良性循环。所以，产业生态化是人类实现可持续发展的必然要求。生态产业化的概念中，"生态"是主语，"产业化"是状语，实质是把一部分生态资源进行产业化开发与利用，实现资源使用价值到产品交易价格的转化。生态产业化的内容是完善山水林田湖草沙保护体系，建立生态资源资本化的运营管理机制，构建现代化的生态产业体系。生态产业化的效益表现在三个层面：从微观层面看，通过将绿水青山转化成金山银山，满足了消费者对美好生活的需要，群众的腰包鼓了，村集体的经济"活"了，农业企业、旅游企业等市场主体获得了合理利润；从中观层面看，地方政府通过生态产品价值实现探索，完善了生态产业体系，优化了产业发展空间，提高了居民收入水平；从宏观层面看，通过经济相对落后地区自我"造血"能力的蜕变，国家加快了生态文明建设、乡村振兴战略、共同富裕追求的实施。所以，生态产业化是缩小城乡差距、区域差距、个人差距的重要手段。

因此，产业生态化和生态产业化都既要追求经济发展，也要关注生态环境，两者不可偏废。"两化"协同发展可以有效破解资源能源高消耗和生态环境高污染难题，满足人民日益增长的美好生活需要。我国的"两山"之路离不开"两化"协同发展。

二 "两化"协同发展的类别

"两化"协同发展正在成为中国经济增长的新引擎。在"两山"理念指导下，全国各地因地制宜地进行"两化"探索实践，涌现了一些典型发展案例，形成了多元化的协调发展模式。基于产业分工视角，当前的"两化"协同发展实践可以大致分为四类模式：第一产业主导、第二产业主导、第三产业主导和三产融合发展的"两化"协同模式。

（一）第一产业主导类"两化"协同模式

这是指充分利用农林牧副渔业特色资源进行产业化开发，建设生态产业基地、开展精深加工并有序发展生态旅游的模式。各地结合自身产业资源特色，通过优化种植结构和养殖结构，推广清洁化、绿色化、集约化农业生产，对农、林、渔、牧业的产出品及其附属产品实行综合运用和开发。一方面，是建设生态农业园区、农业高新技术开发区，发展精深加工和农旅融合产业；另一方面，是利用废弃资源发展清洁能源、生态饲料和生物质肥料等，形成生态循环发展模式。根据资源特色不同，形式主要有农业主导型、林业主导型、渔业主导型和牧业主导型。

（二）第二产业主导类"两化"协同模式

按照各地工业发展水平和资源环境利用情况，我们可以将第二产业主导的"两化"模式分为两种情况：一种是工业较为发达，经历过或正在经历生态破坏和环境污染的"两化"协同模式，这种情况通常发生在东南沿海、黄河流域和长江流域；另一种是工业发展起步较晚，生态环境状况维持良好地区的"两化"协同模式。对于前一种情形的地区，平衡经济发展和生态环境保护的紧迫性更高，应通过技术升级来淘汰落后的设备和技术，限制或叫停高污染高能耗产业，发展生态化、信息化、高精尖产业，并加强生态修复和环境治理创新。对于后一种情形的地区，应加强统筹谋划，合理布局一、二、三产业，坚守生态环境红线和底线发展生态产业，加快生态产品价值实现。

（三）旅游业主导类"两化"模式

根据生态优势、资源条件和产业特色，坚持农旅融合、文旅融合、康养融合的发展思路，各地可开发休闲旅游、康养旅游、体验旅游等模式，发展自然教育、农事体验、文化体验、民俗体验、餐饮美食、文化创意等旅游业态。借助现代信息技术和管理技术，建立较为完善的服务业生态产业链，促进产业之间、企业之间的相互惠益，实现原材料、能源、产品的绿色循环。

（四）一、二、三产业融合类"两化"模式

基于前面三类协同发展模式，各地可因地制宜地聚焦自身的资源特色和产业特色，形成一、二、三产业融合的"两化"模式。具体要求：一是需要坚持"生态优先、有序发展"原则进行生态开发、产业布局和集群发

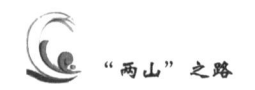

展,实现一、二、三产业融合的可持续发展;二是突出主业、兼顾全面,也就是要有所侧重地推进生态产业化和产业生态化协同,建立符合自身实际的高质量绿色发展方式;三是强化人才赋能和高新技术赋能,推动生态资源要素向生产资产资本的转化,推进产业转型升级、产业链延伸与价值链攀升,建设适宜生存生活需求的生态环境。

第四节 "两化"协同发展的实践模式

在"两山理论"指导下,全国各地因地制宜地推进"两化"协同发展,涌现了一批生态环境与经济社会协调、有序、可持续发展的典型案例。

一 黑龙江省五常市农业主导的"两化"协同实践

中温带大陆性季风气候、千年积淀的肥沃寒地黑土、交错密布的水网赋予五常市独特的水稻发展资源条件。凭着优良的品质,五常水稻声名鹊起,清代时期成为皇室独享贡米,新中国成立以来被国人推崇备至,但时至今日市场到处是五常"冒名米"。五常市共有223.6万亩稻田,其中国家现代农业产业园的面积为40万亩。一直以来,五常坚持"以品质造就品牌,以品牌塑造产业"的思想,坚持高要求品种选育、严管控生态环境、高标准产业种植、强举措品牌打造,形成全产业链高效益发展的格局。

在一产水稻种植方面:一是严格执行各项标准,保障水稻品质。与中国科学院大学等科研院所合作建设种源基地、良种繁育基地1.6万亩,优化种源品质。制定水稻种子、水稻种植、谷子仓储、稻米加工、大米产品、种植环境和投入品等方面的8个地方标准。推行"一控两减三基本"管理,推广统防统治、测土配方、秸秆还田等生态种植技术。截至2021年,共有绿色和有机食品基地50万亩,绿色和有机食品认证117个,"三品一标"认证比例达到100%,秸秆还田率96.86%。二是严格执行各项管控,保障环境安全。制订大气和水体污染防治行动计划,实施土壤质量提升行动,加强域内企业生产排污管控、农村畜禽粪便污染治理、农业面源污染防控、河流污染防治,打造最优环境。推行鸭稻共生循环模式。截至2021年,土壤有机质含量连续多年保持在4%以上,实施测土配方种植面积100%,水稻绿色有机种植面积100%。三是加强市场营销,保障稻米收益。建设稻米质量安全追溯体系,实现从田头到餐桌的全程可视可控。建设五常大米专用网站,宣传"五常"品牌,对加工企业和农民合作社的安全生产抽查结果进行公示。引导成立行业协会,注册区域公用品牌,加强对盗用、冒用品牌的打假起诉。实行线上线下融合营销,在淘宝、京东等知名网站开设网上旗舰店,在南方重要城市开设直营体验店,在五常建设大米交易中心,实现小农户与大市场的高效对接。开展立体化营销,制定春种、秋收、田间、餐桌、大米节等文案,借助线上线下媒体宣传推广、积极参加各类展销活动、在北上广开展主题推介活动。截至2021年,五常大米销售网点有1700余家,媒体宣传活动2000余场次,主题推介活动240余场次。据中国品牌建设促进会评估,2020年五常大米的市场品牌价值达到702亿元。

在二产方面,鼓励企业采用高精尖设备开展无尘化、自动化加工,推动秸秆燃料发电,副产品制作纤维纸膜、育秧基质板、有机肥,发展生物质天然气,实现生态循环种植。与京东合作开展五常大米云服务,挖掘产业的新增长极。区域内企业与3.14万农户分别形成"企业+基地""企业+农户""企业+合作社"等不同类型的联农带农利益机制,既保障了企业的原料品质,也提高了水稻种植户的收益。

在三产方面,依托稻田资源和品牌资源,举办高峰论坛、产销对接活动,大力发展观光农业、体验农业。2021年,国家现代农业产业园内建成农业示范基地50多个,年接待休闲体验游客4.6万人次,实现休闲旅游收入5000余万元,形成集有机水稻种植加工体验、观光娱乐、餐饮美食、农作科普等于一体的休闲观光农业模式。

二 浙江省松阳县林业主导的"两化"协同实践

松阳县拥有杉木、马尾松、短叶松、毛竹等林地面积170万亩,森林

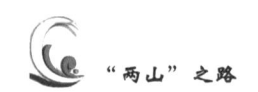

覆盖率为80.13%。近年来，根据林业资源状况、自然条件和市场需求，松阳县充分挖掘林间空地、林下资源，因地制宜发展香榧、油茶等林业经济，开展香榧、油茶高效栽培，推广林下套种中药材、林下套种食用菌、林下套种旱稻、林下养殖等模式，发展林产品精深加工、林旅融合等产业，实现"一亩山万元钱"。

在一产林业经济方面：一是发展香榧、油茶等特色经济作物。按照"一亩山万元钱"的发展思路，松阳香榧、产业从品种选育、幼苗抚育到栽培种植、施肥用药都采用生态种植模式，在山地实施香榧油茶与茶叶套种、香榧油茶与旱稻套种、香榧茶园套养鹊山鸡模式，实现"以短养长、长短结合"的绿色发展，实现"以虫吃虫、以菌灭菌"的生态发展。这一模式的优势在于：喜阳的香榧和喜阴的茶树高低错落布置，可以实现共生互惠，得益于山地昼夜温差大、漫射光充足、温度湿度适宜，生产的茶叶品质优良；立体种植能够改变山地种植的单一化结构，促使昆虫群落生态达到平衡，保护和繁衍病虫害的天敌，从而实现"以虫吃虫"的绿色防控；茶园每年修剪的枝条还地能增加土壤有机质，改善土壤肥力；香榧、油茶的树干较高、树冠较宽、根系较深，可以实现茶园的固土遮雨，防止水土流失，提高绿色面积光能利用率。

二是林下套种中药材。松阳县建成浙江省首个公益型的数字化中药材种苗繁育中心和种质资源库，每年可提供10多个品种20余万株优质中药材种苗；积极推广林下套种多花黄精、三叶青、金银花、覆盆子、七叶一枝花、白术、白及、铁皮石斛等中药材，2020年，全县共种植中药材2.57万亩，实现产值5480余万元。通过生态化、规范化、标准化种植，实现元素循环（中药材所需养分采用有机肥料、生态肥料予以弥补）、生态平衡（病虫草害治理采用预防为主、生态治理），消除农业面源污染，保障中药材的质量安全和药效。

三是推广林菌套种。松阳在阔叶林、毛竹林、杉木林等不同林地进行食用菌套种实验基础上，选择竹林套种姬松茸、竹荪、杏鲍菇、大球盖菇等食用菌的林菌模式。这一模式能够实现竹木、菌在光、温、水、气、营养物质等方面互补，既能增加林木根部有机质，改善土壤结构，加速林木增长，又能利用林下阴凉湿润、生态无污染的环境和森林小气候特点促进食用菌生长，实现食用菌个头大、肉厚脆、品质好。众所周知，食用菌生产需要消耗大量的木材作为培养基，由于木材生产周期较长，所以食用菌生产面临木材价格上涨甚至短缺的困境。通过与高等科研院所合作，松阳研发出"竹屑＋木屑"的培养基，既能摆脱原材料短缺困境，又能够提高食用菌的高温适应能力，提早出菇时间，缩短出菇周期，降低经营成本。所以，林菌模式实现了林菌的互利互补、资源的循环利用。

在二产方面，松阳积极与食品行业龙头企业、制药行业龙头企业、浙江农林大学等企业、机构开展合作，推进生产加工向清洁化、智能化、精深化转变，研制了黄精露酒、黄精精酿酒、香榧精酿酒、复方黄精配方颗粒、九制黄精等多款养生保健食品，提取了香榧油茶的健康营养油、提炼出抗癌药的紫杉醇、白卡丁、竹荪多糖，开发了香榧和茶树精油及相关化妆品。

在三产方面，松阳依托丰富的森林（林业）资源和传统村落、山居民宿资源优势，探索林旅融合、药养融合、文教融合的模式，发展农耕体验、自然教育、森林康养、森林休闲旅游等新业态，培育乡村中医药康养综合体，打造县城中医药康养文化街区，成为长三角"精致"中医药文化窗口、田园康养旅游胜地。

截至2021年，松阳制定和发布了茶园套种香榧、香榧套种旱稻、香榧套种多花黄精、竹林套种竹荪等9个地方标准；建成中药材、茶叶全产业链质量追溯体系，获得"三品"认证企业17家，完成质量追溯体系企业22家，加盟"丽水山耕"品牌企业20家；获得市级生态精品农产品数量51个，荣获中国义乌森博会、中国经济林产品博览会、浙江省农博会等博览会金奖9个、优质奖24个；开展林下经济和技术培训50余场次，参训人员3000余人；林下经济产业化经营主体156家，涉及村庄100余个、农户1200多户，每年提供就业岗位1500多个，2020年全县林下经济产值1.4亿元，实现人均增收4500元；香榧套种茶叶、香榧套种脐橙、香榧套种多花黄精、香榧套种旱稻、薄壳山核桃套种茶叶、生态茶园养殖鹊山鸡等循环经济发展模式入选国家林业和草原局推荐的林下经济典型案例、浙

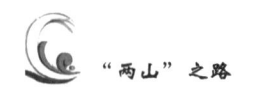

江省"一亩山万元钱"典型示范案例。

三　浙江省宁波市北仑区工业主导的"两化"协同实践

宁波市北仑区坐拥得天独厚的区位条件——世界级的天然深水良港。在建设之初，北仑的定位就是绿色港口，即以发展数字化制造业及生物医药等环保型工业为主体、以发展循环经济产业为特色的现代化滨海生态型工业新城。伴随着工业经济的快速发展，北仑生态环境与经济社会发展之间的矛盾日益凸显。近年来，北仑区遵循"两山"理念，通过社会治理能力提升以及生态环境治理体系升级，"逆行"探寻经济高速发展和生态持续升级的双赢道路。

在一产方面，北仑区围绕"治水倒逼促转型、生态兴农美田园"的目标，强化污水治理，实施肥药双控，治理农业面源污染，推行生态消纳的养殖模式，发展生态苗木、绿色蔬菜、鲜食水果、休闲旅游等业态，实现生态兴农。

在二产方面，北仑区坚守生态安全底线，把牢环境保护"闸门"，稳步推进产业发展进程。作为华东地区重要的能源原材料和先进制造业基地，作为石化、电力、印染、造船、造纸、钢铁等能耗高、污染重企业集聚，北仑区的生态环境压力非常大。

一是促进环境治理能力提升。一方面，夯实污染源头治理，加大柴油车尾气污染监管力度，构建形成"天、地、车、人"一体化、自动化、全覆盖、全天候的机动车排放监控体系，构建完善空气环境质量和水质24小时监测的"天网治理"体系，构建完成一般工业固废源头分类、分拣回收、集中收储运的处置体系。另一方面，争当县域产业生态化的创新探路者。2017年，在全国率先实行绿色发展报告制度，分析评估资源能源使用效率、污染物排放强度，为政策制定提供依据。2018年，在全省率先编制完成自然资源资产负债表，在全国区域率先开展基层干部自然资源资产离任审计。另外，不断完善共建共享机制。实施绿色供应链管理改革，出台政策激励绿色产业链构建，制定政府绿色采购目录清单，引导下游绿色采购（消费），倒逼上游供应商、采购商采取节能环保措施，实现从产品设计、原料选择到生产制造、物流仓储、回收处置等全部环节绿色化、生态化，促进绿色生产和绿色消费。截至2021年，北仑已先后投入150多亿元开展环境治理，成功创建国家生态工业示范园区，北仑全域成为国家生态区，获得全国循环经济工作先进单位，获批第三批国家生态文明建设示范区、全国首批"河湖管护体制机制创新试点区"，先后4次捧获浙江省治水"大禹鼎"。

二是加快生态治理体系升级。一方面，北仑通过打造现代化临港智创之城、建设国际化滨海秀美之城，形成产业发展和环境保护的协同共进。聚焦绿色石化、汽车制造、高端装备等产业集群，实现从北仑制造到北仑智创的转型。推进以"青年北仑、数字北仑、美丽北仑"为载体促进区域范围内的人口结构、空间结构和产业结构等三大结构的调整。通过完成北航宁波创新研究院、中科院上海有机所新材料创制中心、中科院海西研究院产业创新中心。2021年，全区实现地区生产总值（GDP）2382.50亿元，在全球疫情严重影响的情况下，仍然实现了8.0%的增长率；单位GDP能耗下降7.62%，区域经济活力跑出"V形反转"；区域环境空气质量优良率达88.8%，PM2.5为33微克/立方米；区控断面水质优良率保持90%，535条河道全面消除劣五类水。

三是促进经济循环发展。自2004年开始，北仑一直在探索循环经济的路子，通过上百个项目的实践，逐渐形成"企业小循环""产业中循环""区域大循环"的格局，实现了企业与企业之间的废物交换利用、能量梯级利用、废水循环利用。什么是"企业小循环"？推进企业清洁化生产、资源生态化利用、能源绿色化消耗，形成"企业小循环"，典型的例子有亚洲浆纸集团的"造纸—污泥—发电"废弃物利用链。什么是"产业中循环"？通过生态工业园区建设，形成关联度强、产品互补、链条交错的循环工业网状结构。如典型的钢铁循环产业链，其运行模式是宁波钢铁集团将自身难以消纳的热能通过热力管道直接输送至宁波宝新不锈钢集团，形成"钢铁能源走廊"，宁波宝新不锈钢集团净化宁波钢铁的焦炉煤气作为天然气的替代品使用，实现变废为宝。此外，北仑还构建了类似的石化循环产业链、电力建材循环产业链、生态农业产业链等。什么是"区域大循环"？整合全区范围内的资源，构建形成水、热力、垃圾、公用辅助共享四大循环网。以热力循环网为例，2009 年关停"宁波热电"和"明耀热电"，由北仑电厂大机组集中供应工业用电实现年节约标煤 5 万余吨，2020 年建成的全省首个高压岸电项目，每年预计节约 1 万吨标准煤，约合可减少二氧化碳排放 2.6 万吨。

四 江西省婺源县旅游主导的"两化"协同实践

近年来，被誉为"八分半山一分田，半分水路和庄园"的婺源县，深入践行"两山"之路，打造山水林田湖草沙生命共同体，打赢污染防治攻坚战，打响"中国最美的乡村"称号，实现产业生态化和生态产业化融合发展。

在一产方面，婺源县坚持发展生态循环农业。自"十三五"以来，婺源县聚焦茶叶、茶油、贡菊、绿色蔬菜、有机水稻等相对优势产业，积极推进绿色生态农业"十大行动"（即绿色生态农业产业标准化建设、"三品一标"农产品推进、绿色生态农业品牌建设、化肥零增长、农药零增长、养殖污染防治、农田残膜农药废瓶污染治理、耕地重金属污染修复、秸秆综合利用、农业资源保护等十项行动），按照动植物地域生态共生圈和区域循环经济原理，实行"天上点灯（黑光灯）、山上果鸡、山下稻鱼，树上挂虫（捕食螨）、树下生态肥"的立体生态循环模式，提升空间利用率，形成产业集聚发展，实现生态环境保护与生态资源开发齐头并进、生态环境优美与乡村文化繁荣珠联璧合。2021 年，婺源全县绿色有机农产品种植面积达到 14 万亩，已注册农民合作社有 200 余家，省级和市级农业龙头企业有 20 家，带动近 3 万家农户发展特色立体种养业，实现户均增收 1 万元以上。婺源鄣公山茶业实业有限公司跻身"2018 年中国茶叶综合实力百强企业 100 强"之列。

在二产方面，婺源县坚持绿色低碳的工业发展道路。婺源县按照"公园式环境、园林化厂区"思路建成生态工业园区和生态工业园新区，已招引入驻园区企业 150 余家，形成机械电子、信息技术、旅游商品和绿色食品等主导产业。其中，正博实业智能鞋业、程记五金庭院运动用品、柏恩科技高值医用耗材等14个重大项目的总投资达到48亿元。发展"徽州三雕"（木雕、砖雕、石雕）、歙砚（龙尾砚）、甲路纸伞、茶叶、白酒、傩面等具有地方特色旅游商品加工产业，注册的加工企业和商铺有600余家，年销售收入超过4亿元。

在三产方面，婺源县筑牢绿色堡垒深度推进农文旅融合发展，展现绿色魅力提质升级乡村旅游。通过实施文化立县战略，设立文化生态保护小区，活化传承民俗文化和传统技艺，拥有徽剧、赣地傩舞（中国舞蹈"活化石"）、"三雕"（木雕、砖雕、石雕）、歙砚制作技艺、绿茶制作技艺、甲路纸伞制作技艺等国家级非物质文化遗产6项，省级非物质文化遗产43项。2019年婺源被批准建设成为国家徽州文化生态保护区。通过实施保护与开发并重战略，创新推出古宅"就地认养"的九思堂模式、古建筑"他处寄养"的怡心楼模式、古村落"异地搬迁"的篁岭村模式，推广实现7个中国历史文化名村、12个全国民俗文化村、28个中国传统村落中4000余幢明清徽派古建筑的有效保护和合理开发。建设县乡级自然保护区193处，对1.3万株古树名木实施挂牌保护。每年吸引了前来研学旅游的客人不下200万人，前来采风、摄影、创作的爱好者不下50万人，前来写生的美术师生不下10万人，前来制作拍摄的影视作品不下20部。通过实施全域旅游战略，推进"生态+景区"建设，打造江湾、篁岭、江岭、李坑、晓起等一批精品景区，形成投资不下10亿元的篁岭鲜花晒秋小镇、水墨上河鲜花小镇、梦里老家演艺小镇、江湾梨园产城融合小镇、婺女洲徽艺文旅小镇等一批度假产品，成为"处处皆美景、四季各不同"的旅游目的地。通过实施全民体育战略，推进"生态+文体"融合发展，打造天然运动场，先后举办4届全国金秋红叶古驿道徒步大赛、7届全国气排球邀请赛、4届婺源国际马拉松赛、3届全国柔力球大赛、2届环秀水湖国际越野赛、3届全国摩旅机车体育嘉年华，实现体育旅游年收益15亿元以上。通过实施乡村振兴战略，推进"生态+产业"融合发展，突出"一花一叶"主题，做大"油菜花"经济，做强茶叶经济。发展900多家乡居民宿，推行建设标准化和服务标准化，形成2个百栋规模的精品特色民宿集群；打造生态农业品牌，其中婺源绿茶品牌价值突破50亿元。

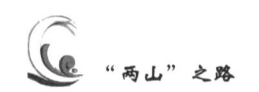

截至目前，拥有国家 5A 级景区 1 个、4A 级景区 13 个、全县全域 3A 景区（全国唯一），上年接待游客数量为 2480 万人次，旅游综合收入超过 245 亿元，旅游业从业人员超过 8 万人，旅游业辐射受益人数超过 25 万人。2020 年，婺源县获得首批国家森林康养基地、首批全国农作物病虫害"绿色防控示范县"、2020 中国茶业百强县、2020 中国有机区域公共品牌培育示范单位、2020 中国县域旅游综合竞争力百强县、2020 中国体育旅游十佳目的地、全国健康促进县、中国天然氧吧、全国计划生育优质服务先进县等 15 项国字号荣誉。2021 年，婺源县获得全国县域旅游综合实力百强县的国字号荣誉。

五　山东省荣成市三产融合的"两化"协同实践

近年来，被誉为中国第一渔业大县的山东省荣成市（县级市）聚焦海洋产业，走出一条一产生态化、二产高端化科技化和三产文旅融合发展的全链条"两化"协同道路。

在一产方面，通过产学研紧密型合作，荣成实行立体化生态养殖（海区上层养殖藻类、6—8 米深度的海域中层养殖扇贝、鲍鱼等滤食性贝类，海域底层则修建人工鱼礁、进行海藻床修复和底播增殖工作），实现海域自我净化、自我良性循环和水体修复；提高单位水体利用率；亩均经济效益比创通模式提高 20% 以上。截至 2021 年，荣成共有生态养殖面积 58 万多亩，建成 5 处国家级海洋牧场。

在二产方面，荣成引导和扶持渔业企业建造远洋渔船、发展海外渔业基地、建立精深加工基地，实行产加销一体化发展。依托优越的海洋资源优势，荣成积极发展海产品相关精深加工业，生产海藻膳食纤维、海洋胶原蛋白肽、功能性寡糖等医药保健产品。其中，企业研发的海藻高质化利用关键技术——海藻功能寡糖的酶促制备技术一举打破国际垄断。

在三产方面，荣成充分挖掘宗教信仰、民间传说、历史遗迹、民俗特色等文化资源，以"保护为主、抢救第一、合理利用、传承发展"的原则进行活化传承，共申报国家级、省级、市级、县级非物质文化遗产 111 项，形成群众热情关注非遗、积极参与非遗的社会氛围。通过讲好"荣成故事""海的故事",开发"海上荣成""云上风景",满足外地游客"对海的向往",打造市民家门口的"诗和远方",发展线上线下深度融合的海洋文旅文化产品,形成全国首创的"信用+旅游"产品(创新推出"信易"系列社会信用政策,为信用积分达到3A级的市民提供免费游景区、免费乘公交、免费品美食、免费看电影、优先融资、优惠利率等170项"礼遇")。截至2021年,共建成国家级休闲渔业示范基地6个,国家级海洋牧场10个,发展海上采摘、海上垂钓、海上餐饮等旅游项目,其中"夏游牧场"景点旺季每月接待游客达30余万人次;开展"三渔文化"人才振兴培训900余场次,共20万人次参与;开展大鱼岛渔村村晚、乡村好时节·谷雨祭海、三渔文化(渔家锣鼓、渔家秧歌和渔民号子)展演、VR视频云上非遗解说(秦始皇东巡传说、成山祭日、成山头吃会)等活动100余次,观演人数200余万人。彩虹公路、海草房民宿等景点成为"网红"打卡点,最高的视频周播放量达到480余万次,最高的单条视频增粉量10余万人。

第六章

"两山"之路的成效评价

近年来,中国经济的高质量跨越式发展步伐不断加快,生态环境的保护与修复工作取得实质性成果,中国人民群众物质与精神生活质量得到切实提升。截至2021年底,全国已涌现出"两山"实践创新基地136个、国家生态文明建设示范市县364个;浙江、江西、四川等省份开展了生态产品价值实现机制试点示范建设。为客观、科学评价"两山"发展实践取得的成效,我们需要深入剖析具体的评价指标,构建评价指标体系,并对"两山"实践成效进行评价,从而明晰制约"两山"转化的"瓶颈"因素,以期对政府精准施策、企业精准发力提供一些借鉴和指导。

第一节 "两山"之路指数的意义

党的十九大首次将"必须树立和践行绿水青山就是金山银山的理念"写入大会报告,大会新修订的《中国共产党章程》总纲中明确指出:树立尊重自然、顺应自然、保护自然的生态文明理念,增强绿水青山就是金山银山的意识。"绿水青山就是金山银山"的理念已成为我们党的重要执政理念之一。为此,推进"两山"理念与各地实际情况相结合及其具体落地实践,需要"两山"之路指数的引领和支撑。

一 落实"两山"理念的行动诠释

"两山"之路指数是针对新阶段"两山"之路实践探索建立的指标体

系，也是可持续发展具体实践的衡量标准，对"两山"之路建设具有指导意义。该指标体系以节约自然资源、合理空间格局、优化生产和生活方式为原则，以环境质量底线、生态环境红线、资源利用上线作为基本指标要素，明确提出生态环境、特色经济、民生发展和保障体系四个方面的考察内容，选取具有代表性的关键指标，构建形成"两山"之路指标体系，用以评价和考核各地"两山"之路建设成效。

"两山"价值观是指在生态环境承载阈值范围内发展生产，实现经济、环境、社会发展的齐头并进。全社会对"绿水青山"与"金山银山"的认识经历了一个不断深化的过程。现阶段，全社会普遍意识到"绿水青山"与"金山银山"对社会可持续发展具有同等重要的地位。当"绿水青山"与"金山银山"发生对立时，我们需要坚持"既要绿水青山，又要金山银山"的相融之道。我们要有"暂时舍弃金山银山，坚决守住绿水青山"的壮士断腕决心，也不能为了保护绿水青山而舍弃地方经济社会的发展。当然，落实"绿水青山就是金山银山"理念还要求我们保有"绿水青山"的前提条件下，优化三次产业结构，延展产业链条，促进传统产业转型升级，实现生态优势向经济优势的转化。

当前，政府部门急需破解的难题是"绿水青山"和"金山银山"的边界和平衡点在哪里？"绿水青山"如何成就"金山银山"？"金山银山"如何反哺"绿水青山"？对此，很多地方进行了探索实践，有些地方取得了较为典型的转化经验。例如，浙江省丽水市充分挖掘菌菇产业、茶产业、高山蔬菜产业、青瓷产业的经济和文化价值，充分释放农耕文明、畲族文化、浙西南革命精神的内涵力量，实现环境优良、经济增长、农民收入增加；居民能够明显感受到生态环境越来越美、钱袋子越来越鼓、民生福利纷至沓来；居民享受到生态红利后，进一步增强了环境保护行为；进而自发形成以"两山"理念为核心的区域文化，实现人与自然和谐共生。

二 促进"两山"理念的转化落地

"两山"理念的特征是绿色、生态、高质量、可循环，核心是 GEP 和 GDP 相互转化、相得益彰。"两山"之路指数是统筹生态资源、环境承载

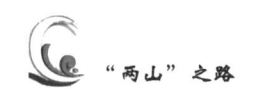

与经济发展的数值表征,是促进生产、生活、生态三者相融的高质量发展的数字表达。为此,我们需要设计一套符合理论与实践的评价体系,以此量化"两山"之路建设的实践效果,从而为未来的"两山"之路建设指明行动方向。

一方面,区域性的自然资源和生态环境评价应充分考虑区域环境承载能力,"两山"之路指数促进了该观念的落地实施。例如,浙江省衢州市通过合理规划空间布局、明确不同主体的生态保护职责、倒逼"三高"企业转型升级、创新部门联动监管,促使生态产业逐步走向多元化、高端化、精细化、品质化的道路,推进产业生态化和生态产业化协调的高质量发展,实现了环境保护与经济发展的双赢。

另一方面,"两山"转化需要以优质生态产品为基础,其直接的生态产品就是洁净的空气、清洁的水源和良好的环境。我们的环境并不是取之不尽、用之不竭的资源,而是有限的、有价的产品。在习近平总书记点赞的丽水市,以"生态+"带动"旅游+""文化+""农耕+",成为生态精品现代农业强市,形成了以小有名气的"丽水山耕"等精品生态农产品品牌。同时,"两山"之路也是体现"望得见山、看得见水、记得住乡愁"的发展方式,表现为生产、生活、生态的相融性。"绿水青山"不仅是指生态环境,还包括优良的文化,"两山"之路建设过程中要保护乡愁、发扬传统文化。因此,一个地方的生态环境与特色文化优势都能够转化为经济优势,一个地方的经济发展也能够促进生态保护与文化繁荣。

"两山"之路指数作为一个衡量"两山"转化成效的指标,既可以评价各地绿水青山"养护"之路、生态价值"转化"之路、生态利益"共享"之路的成效,也可以指导各地发挥资源优势探索一条具有特色的"两山"转化路径,还能够为实现"两山"互促共进、"三生"(生产、生活、生态)共赢互利、当前与长远平衡共赢提出决策方向。

三 提供"两山"转化的动态量化评价体系

一是量化评价地区"两山"之路建设成效。一方面,地区在进行"两山"之路建设过程中,可以通过量化评价来明确自身的优势和短板。进一步地，地区可以通过补齐短板来增强综合发展水平，可以通过发挥资源优势来扩大"两山"发展特色。另一方面，通过量化评价可以衡量"绿水青山"和"金山银山"之间的转化程度，判断两者之间是否达到了平衡转化。如果没有实现平衡转化，可以找出其欠缺之处在哪里、应当如何改进。同时，通过对地区"两山"之路建设的动态评估，考核劣势是否弥补、优势是否保持，以便于制定契合地方实际的"两山"发展规划，确保"两山"建设向着更好、更快、更优的方向发展。

二是为地区"两山"发展指明方向。一个地区的生态产业发展受到地理、历史、生态、文化等多方面影响。由于拥有的资源禀赋各不相同，每个地区"两山"之路也是因地制宜、独一无二的。"两山"之路建设不存在统一或固定的模式，各地的实践不能简单地照搬他地经验。

因此，在"两山"之路指数中需要有效体现相容性，即既可以评价出不同自然禀赋下的区域发展方式，又可以通过评价发现区域内可挖掘的潜在"两山"发展因子，拓宽其发展路径，加深"绿水青山"的转化程度。除此之外，通过"两山"发展指数在全国的应用，可以梳理不同类型的区域的发展经验，包括共性经验和个性创新，对于"两山"发展的全国推广起到更充分的示范作用。同时，"两山"发展指数也为区域之间的对比评价、建设经验交流提供了一个评价准绳，一方面有利于区域之间的经验交流和沟通，另一方面有利于国家级单位对比评价区域生态发展建设，从宏观层面进一步加强调控。

第二节 "两山"之路成效评价指标体系

在"两山"理念影响下，"两山"之路正在不断深入推进。为进一步评价"绿水青山"高效率、可持续地转化为"金山银山"的程度，以及生态产业化和产业生态化为主体的生态经济体系建设程度，我们需要构建科学、合理、适宜的指标体系。

一 "两山"之路指数的提出及其内涵

(一)"两山"之路指数的提出

在分析经济社会现象的数量变化时,我们常常用统计指数予以生动形象的表达。经济学中的"指数"(Index)定义有广义和狭义之分。广义上,指数可指任何两个数值对比形成的相对数形式;狭义上,指数是指对不同情景下的不同项目综合变动情况进行测度的一种特殊相对数。实践中,指数被广泛用于判断和评估经济社会发展成效,如生产物价指数、消费物价指数、道·琼斯指数、纳斯达克指数等。

本章尝试以"两山"之路指数来测度"两山"之路建设成效。首先,"两山"之路指数是以环境承载力、价值转化为理论基础,以习近平总书记提出的"绿水青山就是金山银山""保护生态环境就是保护生产力""改善生态环境就是发展生产力"等科学论述为思想引领。其次,"两山"之路指数通过构建包含"绿水青山"(生态环境)和"金山银山"(经济民生)两个维度的评估指标体系,对各地"两山"之路建设成效进行综合评价,进而探究具象数值背后的行动差异并梳理分析未来发展的行为指向。

(二)"两山"之路指数的内涵

"两山"之路指数具有较为丰富的内涵,主要表现在以下几个方面。

一是能够较为客观地反映各地践行习近平总书记"两山"理念的"成绩单"。通过排名可以对同一时间不同地区的"两山"之路建设成绩和效果进行比较,体现每个地区的相对位置。

二是能够明确各地推进生态环境保护与经济社会互动协调发展的"方向盘"。在"两山"之路指数排序表中,各地的践行结果一目了然,这既可以对地方政府起到鼓励或警示作用,也能够成为地方加快发展改革的动力。

三是可以有效呈现各地在具体指标表现方面的"雷达图"。"两山"之路指数排序表列明了二级指标和三级指标,各地可以从中分析得知与其他地方的差异,从而采取针对性的举措促进改革提升。

四是可以生动呈现各地生态文明建设和经济增长同频共振的"指南针"。"两山"之路指数排名有利于各级政府校准政策方针，确定重点发展领域和方向，把准高质量绿色发展的路径策略。

五是能够向世界展示中国生态环境和经济发展协调互促的"金名片"。源于浙江的"两山"理念和"两山"实践，在中华大地上广泛推广，其影响效果惠及全国各地甚至全世界，如中国塞罕坝林场、中国浙江"千村示范、万村整治"工程、中国蚂蚁森林分别获得"地球卫士奖"就是最好的证明。这一模式有助于提升"两山"理念在全球的影响力，提高"两山"道路实践的话语权。

二 "两山"之路成效评价的依据

（一）"两山"之路建设评价体系的文献综述

1. "两山"之路的内涵阐释研究

"两山"理念的理论基础跨经济学、管理学、生态学等多个学科领域，实践内容跨越单一学科实践范围，需多个学科、多个领域、多个主体密切互动以提出综合性的解决方案。从多学科视角研究来看，"两山"之路是关于要素空间均衡、资源配置优化和资源价值转化的实践创新，[①] "两山"之路也是以供给侧结构性改革推进市场供需匹配、以人与自然和谐促进生态文明建设的理论创新。从人与自然对立统一的辩证关系视角看，"两山"之路深刻演绎了经济发展与环境保护的内在关系，形象彰显了保护生态环境就是保护生产力、改善生态环境就是发展生产力的科学理念。[②] 从生态文明建设的哲学视角来看，"两山"之路的实质是"构筑生态富民梦、美丽中国梦"的一种具象化表达，是"社会主义生态文明观"的一种形象化表达。[③] 郁庆治研究强调，当前阶段，为有效解决所面临的严峻生态环境

[①] 柯水发、朱烈夫、袁航、纪谱华：《"两山"理论的经济学阐释及政策启示——以全面停止天然林商业性采伐为例》，《中国农村经济》2018年第12期。

[②] 王金南、苏洁琼、万军：《"绿水青山就是金山银山"的理论内涵及其实现机制创新》，《环境保护》2017年第11期。

[③] 雷明：《两山理论与绿色减贫》，《经济研究参考》2015年第64期。

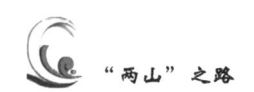

难题，我们应通过大力推进"社会主义生态文明"建设，努力探索走出一条通向人与自然、社会与自然和谐共生的"两山"道路。①

2. "两山"转化路径研究

"绿水青山"到"金山银山"是一个"人化自然"的过程，其本质就是马克思主义生态自然观应用于生态文明建设实践的过程。"两山"之路的重要意义在于探索生态价值的高质量转化，实践途径有创新生态富民方式、创新领导干部生态绩效考核办法、创新生态信用制度、完善生态补偿机制、建立水权行业排污权交易制度、实施"河长制""林长制""湖长制"等责任制度。② 黄祖辉认为，鉴于生态环境资源的公共品和私人品（市场品）双重属性，"两山"转化的关键在于实现"四位一体"，即健全"绿水青山"保护机制、创新"两山"价值转化机制、完善"两山"保护与开发的产业政策、探索"两山"相得益彰的实现路径。③ 张车伟和邓仲良提出，"两山"转化是"两山"理念的伟大实践，其通道在于建立生态资源确权机制、生态价值核算机制、生态资本反哺机制，落实领导干部的任期责任、企业环境治理主体责任、个人的环境保护责任，健全生态配额交易、资源有偿使用和生态补偿等机制。④ 张智光提出，"绿水青山"向"金山银山"转化的关键在于破解"资源诅咒"，途径是通过资源链奠基、生态链支撑和价值链驱动的协同构建形成超循环经济体，目标在于实现"绿水青山"与"金山银山"的相互促进和互利共生。⑤ 浙江丽水在美丽乡村和"最美大花园"建设过程中，不仅强调乡村自然资源和生态环境等生态要素的重要性，而且探索通过确权、赋权、活权实现"绿水青山"向

---

① 郁庆治：《社会主义生态文明观与"绿水青山就是金山银山"》，《学习论坛》2016年第5期。
② 卢宁：《从"两山理论"到绿色发展：马克思主义生产力理论的创新成果》，《浙江社会科学》2016年第1期。
③ 黄祖辉：《"绿水青山"转换为"金山银山"的机制和路径》，《浙江经济》2017年第8期。
④ 张车伟、邓仲良：《探索"两山理念"推动经济转型升级的产业路径——关于发展我国"生态十大健康"产业的思考》，《东岳论丛》2019年第6期。
⑤ 张智光：《超循环经济：破解"资源诅咒"，实现"两山"共生》，《世界林业研究》2022年第2期。

"金山银山"的转换，形成了"两山"之路实践探索的典型路径。

3."两山"之路建设成效评估研究

近年来，国内外学者从经济发展、能源消耗、生态保护等多元角度建立指标体系，研究评估"两山"发展的进展与成效。

一是侧重宏观经济指标的绿色GDP研究。从20世纪六七十年代开始，学者们认识到传统GDP测算的一些问题，转向对绿色GDP的核算和测度。Hwang等提出在衡量一个地区经济发展状况时，要减去环境污染带来的自然资源损耗。[1] 而随着净经济福利指标NEW的提出，日本、美国和联合国也陆续提出真实发展指标（GPI）、环境与经济综合核算体系（SEEA）和欧洲环境经济信息收集体系（SERIEE）等，而我国也在2005年前后开展了部分省市的绿色国民经济核算调查工作。[2] 北京师范大学等单位提出的2015年中国省际绿色发展指数由经济增长绿化度、资源环境承载潜力和政府支持度3个一级指标、9个二级指标、60个三级指标构成，全面分析和测度了我国31个省份（不包括港澳台）绿色发展水平，研究得出，中国省际绿色发展水平呈现较明显的地区差异。[3]

二是侧重资源能耗的绿色增长评价研究。彭念一等基于可持续发展理论的产生过程，建立了农业可持续发展与生态环境评估的指标体系，以经济、生态、社会三个领域可持续发展程度为视角，建立包括生态水平、农民收入与消费水平等12个指标，评估全国31个省份（不包括港澳台）农业可持续发展水平。[4] 杨多贵、高飞鹏等人从环境效益、能源消耗、国家环境代谢量和环境污染损失四个维度构建指标，构建全球绿色增长评价体

---

[1] Hwang C. L., Yoon K. P., *Multiple Attribute Decision Making Methods and Applications*, Berlin: Spring-verlag, 1981, p.39.

[2] 郑红霞、王毅、黄宝荣：《绿色发展评价指标体系研究综述》，《工业技术经济》2013年第2期。

[3] 北京师范大学经济与资源管理研究院、国家统计局中国经济景气监测中心、环境保护部环境与经济政策研究中心、西南财经大学：《2015中国绿色发展指数报告》，北京师范大学出版社2015年版。

[4] 彭念一、吕忠伟：《农业可持续发展与生态环境评估指标体系及测算研究》，《数量经济技术经济研究》2003年第12期。

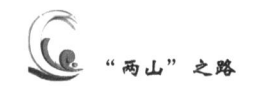

系。① 2009年OECD建立了包含环境、经济、人类福祉等方面的绿色增长指标体系；欧阳志云等建立了绿色增长指标体系，对中国286个地级以上城市绿色发展水平进行研究，发现沿海城市和发达大城市在绿色发展方面具有自然和经济上的优越性。② 李琳等采用主成分分析法对我国31个省份的产业绿色增长进行评估。③ 连玉明在"中国生态文明指数"评价指标体系中，分析了生态经济、生态环境、生态文化、生态社会、生态制度等五个维度，涉及人均GDP等22个指标，全面评估了中国各省份生态文明建设与发展的质量。④ 王晓君等基于"压力—状态—响应"模型框架，构建了涉及森林覆盖率、农户人均收入、环境污染治理投资额等多个指标的分析框架，并预测了"十三五"时期中国农村生态环境质量的发展趋势⑤。

三是侧重生态环境的绿色发展指数的测度研究。2006年，美国耶鲁大学等联合发布"全球环境绩效指数"（Environmental Performance Index，EPI）涵盖"环境健康"和"生态系统活力"两个维度，包括空气质量、森林环境、农业环境等10个一级指标，涉及PM2.5、森林覆盖率、物种保护等24个二级指标，每年对全球180个国家进行评估和排名，以衡量各国与既定的环境政策目标之间的距离，为世界各国可持续发展提供了参考和指导⑥。在绿色评价指标研究基础上，中科院于2006年构建了"资源环境绩效指数"，选取单位GDP固定资产投资等4个资源消耗强度指标和工业固体废物排放强度等3个污染物排放强度指标，对中国各省区资源环境发展指数进行测算。李晓西和潘建成正式提出"绿色发展指数"，李晓西等

---

① 杨多贵、高飞鹏：《"绿色"发展道路的理论解析》，《科学管理研究》2006年第5期。
② 欧阳志云、赵娟娟、桂振华等：《中国城市的绿色发展评价》，《中国人口·资源与环境》2009年第5期。
③ 李琳、楚紫穗：《我国区域产业绿色发展指数评价及动态比较》，《经济问题探索》2015年第1期。
④ 连玉明：《中国生态文明发展报告》，当代中国出版社2014年版，第39页。
⑤ 王晓君、吴敬学、蒋和平：《中国农村生态环境质量动态评价及未来发展趋势预测》，《自然资源学报》2017年第5期。
⑥ Yale University, Columbia University, World Economic Forum. 2018 Environmental Performance Index: Global Metrics for the Environment: Ranking Country Performance on High-priority Environmental Issues, 2018 - 10 - 28, https://epi.envirocenter.yale.edu/downloads/epi2018policymakerssummaryv01.pdf.

在中国绿色发展指数概念的基础上，以人均二氧化碳排放量、森林面积占土地面积百分比等12个元素指标为计算基础，测算了全球123个国家绿色发展指数值及其排序，提出"人类绿色发展指数"的概念。[1] 马国霞等构建了生态系统生产总值（GEP）的评估及测算模型，并对2015年中国陆地生态系统提供的产品和服务价值进行核算，揭示了绿水青山的属性使其成为具有多种功能的战略资源和生态要素。[2]

四是评估生态环境和经济发展的耦合协调度。李丽媛等采用主成分变异系数法和耦合协调度模型评价民族地区46个地级市的"两山"发展情况后认为，民族地区的经济与生态协调度整体呈现"U"形时序特征，西北和西南的空间分异明显。[3] 倪琳等对2006年至2019年长江流域11个省市的"两山"发展指数和协同程度进行测度，指出各地"两山"发展指数都在上升且呈现空间正相关，"两山"协同程度总体呈现阶段式上升，但各地之间差异较为显著。[4] 潘祖鉴等对2011—2018年黄河流域"两山"发展进行耦合测度，提出东部地区经济、生态环境与民生三个系统两两耦合高于西部地区。[5] 此外，学者们对浙江、湖南等不同省份的"两山"发展耦合情况进行了测度。

前面学者们的分析研究为本章"两山"发展指数测评体系构建和测度评估提供了重要的支持和参考。但是，学者们在经济绿色发展的评价指标和分析方法的运用上存在较大差异，资源能耗的数据统计口径不一致影响了结果的科学性和合理性。从国际研究来看，工业化阶段国家的学者们多关注经济发展，较少涉及社会包容和公众主观感受的指标，后工业化国家的学者们则更多关注经济发展与资源环境和人类福祉的关系。因此，本章

---

[1] 李晓西、刘一萌、宋涛：《人类绿色发展指数的测算》，《中国社会科学》2014年第6期。

[2] 马国霞、於方、王金南等：《中国2015年陆地生态系统生产总值核算研究》，《中国环境科学》2017年第4期。

[3] 李丽媛、胡玉杰、李明昕：《民族地区"两山"耦合协调度评价与时空分异研究》，《生态经济》2022年第12期。

[4] 倪琳、梁雨：《长江经济带"两山"实践成效测度及其时空演替》，《资源开发与市场》2022年第12期。

[5] 潘祖鉴、赵慧芳、江曼瑶等：《黄河流域"两山"建设耦合协调测度及其时空差异》，《武夷学院学报》2022年第9期。

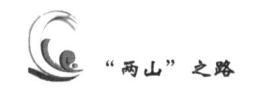

充分借鉴已有研究的观点和方法，重点在于构建一个包含"绿水青山""金山银山"两个方面6个维度18个指标的评价体系，以此综合评价"两山"转化的实践成效。

（二）"两山"之路建设评价体系的依据

"两山"发展评价体系不仅要能够评价浙江以及同类地区"两山"发展的建设水平，还要能够进行横向与纵向的比较，找到差距、发现问题，促进"两山"理论发展。这需要构建统一的指标体系，已有研究对于编制生态文明指数的依据往往一笔带过，或者干脆忽略。但编制生态文明指数的依据要具有合理性、科学性，其研究结果才具有可靠性。生态文明指数的相关理论、政策与实践经验为"两山"发展评价提供了依据。

1. 政策依据

党的十七大正式提出生态文明建设，党的十八大、十九大及历届全会提出大力加强生态文明建设的国家战略，推进经济建设、政治建设、文化建设、社会建设、生态文明建设"五位一体"的中国特色社会主义，创新、绿色、开放、协调、共享"新发展理念"，习近平有关生态文明建设的系列重要讲话，《中共中央　国务院关于加快推进生态文明建设的意见》《中共中央　国务院关于建立健全生态产品价值实现机制的意见》、国民经济与社会发展"十四五"规划纲要，以及浙江省丽水市和江西省抚州市的生态产品价值实现机制试点方案，中国生态文明建设的相关政策、措施、办法，都为"两山"之路发展指数的编制提供了重要政策依据。

2. 实践经验依据

现有的研究成果对生态文明指标、绿色发展指标及其他指标体系的构建从3个一级指标（生态环境部生态文明指数）到6个一级指标（贵阳指数）不等，但大多研究都使用5个一级指标。同时，在各级政府的生态文明建设的文件和实践中，可以发现生态文明建设被归纳为生态经济、生态社会、生态环境、生态文化和生态制度5个方面。这五个方面成为政府发文、规划总结、监督检查、汇报验收中常包含的内容。因此，为了能够顺利地获取准确的发展数据，"两山"发展指标体系的构建将与部门统计与实践保持一致。

3. 学术理论依据

库兹涅茨曲线揭示了经济发展与生态环境之间存在一个倒"U"形关系，发展经济的同时可以做到保护生态环境，可持续的生态经济增长方式是现代经济发展的核心要求，生态环境的改善将促进经济的增长，"绿水青山"可以为"金山银山"提供源泉动力。景观生态学理论（Tinsley，1935）提出绿色社会是人类社会和自然环境相互作用的生活状态，体现在民众使用环境资源等基础上，体现在民生改善与社会发展的协调上。[1] 绿色文化（Huber，2000；Warwick，1990）是一个地区的民族在长期生活与生产过程中沉淀的文化特征，[2] 反映了对资源环境利用、开发与保护的理念，是"绿水青山"发展的灵魂与核心。绿色制度是既保护"绿水青山"又促进"金山银山"可持续发展的保障，要构建符合"两山"理论发展的制度体系，包括政府"绿水青山"治理绩效评估制度与奖惩机制，生态建设保护与补偿制度等。

三 "两山"之路评估指标体系

在参考借鉴国内外已有研究的基础上，基于科学性、全面性、可操作性的原则，本章构建了包含"绿水青山"与"金山银山"两个维度的指标体系（见表6-1）。"绿水青山"维度从生态资源、环境质量和治理力度三个层面进行考察，其中生态状况选取建成区绿化覆盖率、森林覆盖率和生态用地占比3个指标，环境质量选取省会城市细颗粒物（PM2.5）年平均浓度（ug/m^3）、日空气质量（AQI）优良天数比例和GB 3838—2002 Ⅰ—Ⅲ类水质占比3个指标，治理力度选取环境污染治理投资总额、生活垃圾无害化处理率和生活污水集中处理率3个指标；"金山银山"维度从经济水平、经济结构和增长质量3个层面构建指标体系，经济水平选取人均GDP、人均可支配收入2个指标，增长质量选取第三产业占比、资本利

---

[1] Tinsley H., "New Instruments and Tools: Radio Frequency Multi-range Milliammeter", *Journal of Scientific Instruments*, No. 12, 1935.

[2] Huber J., "Towards Industrial Ecology: Sustainable Development as a Concept of Ecological Modernization", *Journal of Environmental Policy and Planning*, No. 2, 2002.

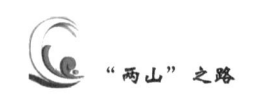

用率（用固定资产投资与 GDP 的比值衡量）、恩格尔系数、城乡居民收入差距（用城镇人居可支配收入与农村人均可支配收入的比值衡量）4 个指标。

表 6-1　　　　　　　　"两山"发展指数评估指标体系

一级指标（维度）	二级指标	三级指标	单位	指标属性
绿水青山	生态状况	建成区绿化覆盖率	%	正向指标
		森林覆盖率	%	正向指标
		生态用地比例	%	正向指标
	环境质量	省会城市细颗粒物（PM2.5）年平均浓度	ug/m³	反向指标
		日空气质量（AQI）优良天数比例	%	正向指标
		GB 3838—2002 Ⅰ—Ⅲ类水质占比	%	正向指标
	治理力度	环境污染治理投资总额	亿元	正向指标
		生活垃圾无害化处理率	%	正向指标
		生活污水集中处理率	%	正向指标
金山银山	经济水平	人均 GDP	万元	正向指标
		人均可支配收入	万元	正向指标
		基尼系数	—	反向指标
	经济结构	第三产业增加值占 GDP 的比重	%	正向指标
		城乡居民收入比	%	正向指标
		环境保护投资占 GDP 的比重	%	正向指标
	发展质量	单位 GDP 主要污染物排放强度	kg/万元	反向指标
		文盲人口占 15 岁及以上人口的比例	%	反向指标
		工业全员劳动生产率	万元/人	正向指标

第三节　"两山"之路发展成效测度

一　评估方法及计算过程

（一）评估方法

本章主要通过量化指标测算，综合评分予以表征 2005 年（"两山"理念提出年份)、2017 年("两山"理念上升为国家战略年份)、2021 年("两山"数据可获得的最近年份)全国 31 个省(自治区、直辖市)(不包括港澳台)"两山"理念践行成效的变化情况,并以"指数"的形式进行排名。

在"两山"成效指数评估计算方法的基础上采用了客观赋值的熵权法,该方法的基本思路是根据指标变异性的大小来确定客观权重。一般而言,若某个指标的信息熵越小,表明指标值变异程度越大,提供的信息量越多,在综合评价中所能起到的作用也越大,其权重也就越大;相反,某个指标的信息熵越大,表明指标值变异程度越小,提供的信息量也越少,在综合评价中所起到的作用也越小,其权重也就越小。与主观赋值法相比,熵权法完全依赖于样本数据,反映了数据间的差异性,并且由于权重不是人为设定,评价结果客观且唯一。熵权法在各领域的评估中得到广泛运用,且其科学性、客观性和可靠性也得到了事实验证。

(二)熵权法的计算步骤

第一步,数据无量纲处理。由于各指标数据之间的数理单位存在差异,需要对数据进行无量纲化处理。由于"两山"成效指数为综合指标,我们采取常用的"零—均值规范化"(Z-SCORE 标准化)方法。其公式为:

$$x_{ij} = \frac{x_{ij} - \bar{x}_j}{s_j} \qquad (6-1)$$

在公式 (6-1) 中,$\bar{x}_j$ 为第 j 项指标值的标准差。一般地,x_{ij} 的取值数据范围介于 -5 与 5 之间。在此,为消除数据负值,我们将坐标向右侧平移,令:

$$z_{ij} = 5 + x_{ij} \qquad (6-2)$$

第二步,计算第 j 项指标下第 i 对象指标值的比重,计算公式为:

$$p_{ij} = \frac{x_{ij}}{\sum_{i=1}^{N} x_{ij}} \qquad (6-3)$$

第三步,计算第 j 项指标的熵值 E_j,计算公式为:

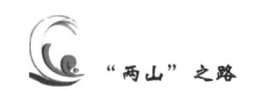

$$E_j = k \sum_{i=1}^{N} p_{ij} \ln p_{ij} \qquad (6-4)$$

在公式（6-4）中，$k > 0$，ln 为自然对数，N 为评价对象数目，$E_j \geq 0$，如果 x_{ij} 对于给定的 j 全部相等，那么

$$p_{ij} = \frac{x_{ij}}{\sum_{i=1}^{N} x_{ij}} = \frac{1}{N} \qquad (6-5)$$

此时 E_j 取极大值，即

$$E_j = -k \sum_{i=1}^{N} \frac{1}{m} \ln \frac{1}{m} = k \ln N \qquad (6-6)$$

若设 $k = \frac{1}{\ln N}$，于是有 $0 \leq E_j \leq 1$。

第四步，计算第 j 项指标的差异系数 G_j。

对于给定的 j，x_{ij} 的差异越小，则 E_j 越大，当 x_{ij} 全部相等时，$E_j = E_{\max} = 1$，此时对于对象的比较，指标 x_j 毫无作用；当各对象的指标值相差越大时，E_j 越小，该指标对于对象比较所引起的作用越大。我们可以定义差异系数为：

$$G_j = 1 - E_j \qquad (6-7)$$

在公式（6-7）中，当 G_j 越大时，指标的重要性越高。

第五步，计算权数，计算公式为：

$$W_j = \frac{G_j}{\sum_{i=1}^{N}} G_j \qquad (6-8)$$

第六步，计算指数综合得分值，计算公式为：

$$Z = W_j p_{ij} \qquad (6-9)$$

二 指数得分与时空特征

（一）指数得分

通过查阅 2006 年、2018 年和 2022 年的《中国环境统计年鉴》《中国统计年鉴》《中国农村统计年鉴》和各省份《国民经济和社会发展统计公报》获取"两山"发展指数测度指标体系中涉及的原始数据信息，并通过网站 http：//fizzphysdalca/~atmos/martin/获得 2005 年 PM2.5 数据信息；然后将原始数值按照公式（6-1）至公式（6-9）的步骤顺序进行代入计算，获得"绿水青山"指数、"金山银山"指数、"两山"发展综合得分。2005 年、2017 年和 2021 年全国各省份的"两山"发展指数得分见表 6-2。

表 6-2　2005 年、2017 年和 2021 年各省份的"两山"发展指数得分

2005 年		2017 年		2021 年	
省份	"两山"发展指数	省份	"两山"发展指数	省份	"两山"发展指数
上海	6.16	浙江	5.83	浙江	6.29
浙江	6.09	北京	5.82	北京	6.25
广东	6.07	福建	5.75	福建	6.19
江苏	5.98	江苏	5.69	江苏	6.14
北京	5.72	上海	5.61	广东	6.08
福建	5.58	广东	5.59	上海	5.97
山东	5.54	海南	5.42	江西	5.73
天津	5.43	江西	5.38	海南	5.71
内蒙古	5.30	山东	5.21	山东	5.56
海南	5.21	云南	5.13	云南	5.48
辽宁	5.16	湖北	5.12	湖北	5.47
西藏	5.14	安徽	5.11	安徽	5.46
江西	5.02	重庆	5.10	重庆	5.45
广西	5.00	贵州	5.09	贵州	5.44
吉林	4.92	广西	5.06	广西	5.41
河北	4.90	湖南	5.04	湖南	5.39
黑龙江	4.90	西藏	4.97	西藏	5.31
云南	4.83	内蒙古	4.91	内蒙古	5.24
河南	4.80	四川	4.89	四川	5.21
四川	4.79	河南	4.86	河南	5.18
安徽	4.70	黑龙江	4.83	黑龙江	5.13

续表

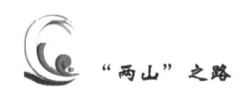

2005 年		2017 年		2021 年	
省份	"两山"发展指数	省份	"两山"发展指数	省份	"两山"发展指数
湖北	4.61	天津	4.78	天津	5.07
陕西	4.58	吉林	4.75	吉林	4.99
湖南	4.58	陕西	4.73	陕西	4.96
重庆	4.57	辽宁	4.54	辽宁	4.75
贵州	4.56	河北	4.52	河北	4.74
山西	4.55	新疆	4.44	山西	4.64
宁夏	4.52	宁夏	4.40	新疆	4.60
青海	4.49	青海	4.27	宁夏	4.52
新疆	4.31	山西	4.11	青海	4.37
甘肃	4.12	甘肃	4.04	甘肃	4.11

(二) 时空特征

时空特征分析的目的是归纳总结各省份在"两山"之路建设方面拥有的基本特征，评价衡量各省份的相对优势和不足之处，并为各省份深入推进"两山"之路建设提供有效参考，也可为各省份制定可持续发展策略提供经验借鉴。接下来，我们分别从纵向历史视角和区域地理视角进行时空分析。

1. 时间特征解析

根据表6-3中31个省份的指数分值，本章参照辛越优等的做法，[1]将每一年的平均值设定为坐标原点，以横坐标轴表示"绿水青山"指数数值，以纵坐标轴表示"金山银山"指数数值，建立二维四象限图，在此基础上进一步分析各省份"绿水青山"和"金山银山"指数的空间特征。其中，第一象限代表"绿水青山"和"金山银山"指数均高于平均值，第二象限代表"金山银山"指数高于平均值和"绿水青山"指数低于平均值，

---

[1] 辛越优、张颂：《"绿水青山就是金山银山"理念地方践行成效指数排名与时空特征分析》，《贵州社会科学》2021年第4期。

第三象限代表"绿水青山"和"金山银山"指数均低于平均值,第四象限代表"绿水青山"指数高于平均值和"金山银山"指数低于平均值。

表6-3 2005年、2017年和2021年"绿水青山"和"金山银山"指数省份得分

2005年			2017年			2021年		
省份	绿水青山指数	金山银山指数	省份	绿水青山指数	金山银山指数	省份	绿水青山指数	金山银山指数
上海	2.49	3.71	浙江	3.07	2.80	上海	2.44	3.65
浙江	2.71	3.35	北京	2.87	2.89	北京	2.89	3.31
广东	2.87	3.21	福建	3.26	2.52	浙江	3.26	2.52
江苏	2.90	3.11	江苏	2.91	2.81	福建	3.11	2.89
北京	2.21	3.49	上海	2.69	2.97	江苏	2.78	3.11
福建	2.95	2.62	广东	2.93	2.65	广东	3.04	2.75
山东	2.58	2.88	海南	3.04	2.01	山东	3.17	2.42
天津	2.33	3.12	江西	3.16	2.15	海南	3.16	2.41
内蒙古	2.61	2.70	山东	2.71	2.48	江西	2.85	2.59
海南	3.08	2.17	云南	3.05	2.10	云南	3.16	2.29
辽宁	2.57	2.68	湖北	2.80	2.31	湖北	2.91	2.45
西藏	2.91	2.24	安徽	2.88	2.15	安徽	2.98	2.30
江西	2.72	2.33	重庆	2.82	2.29	重庆	2.93	2.44
广西	2.78	2.22	贵州	2.94	2.13	贵州	2.97	2.33
吉林	2.63	2.31	广西	3.02	2.02	广西	3.02	2.02
河北	2.44	2.49	湖南	2.80	2.25	湖南	2.95	2.35
黑龙江	2.60	2.31	西藏	2.85	2.11	西藏	2.99	2.21
云南	2.78	2.04	内蒙古	2.81	2.09	内蒙古	2.92	2.11
河南	2.41	2.39	四川	2.25	2.70	四川	2.37	2.83
四川	2.53	2.26	河南	2.63	2.25	河南	2.73	2.45
安徽	2.51	2.20	黑龙江	2.86	1.92	黑龙江	2.86	2.36
湖北	2.35	2.30	天津	2.25	2.53	天津	2.34	2.66
陕西	2.39	2.20	吉林	2.80	1.93	吉林	2.91	2.08

续表

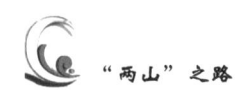

2005 年			2017 年			2021 年		
省份	绿水青山指数	金山银山指数	省份	绿水青山指数	金山银山指数	省份	绿水青山指数	金山银山指数
湖南	2.29	2.33	陕西	2.50	2.05	陕西	2.75	2.25
重庆	2.28	2.31	辽宁	2.65	1.90	辽宁	2.55	2.27
贵州	2.56	2.00	河北	2.41	2.12	河北	2.51	2.26
山西	2.13	2.50	新疆	2.42	2.02	山西	2.52	2.12
宁夏	2.38	2.17	宁夏	2.39	2.02	新疆	2.49	2.11
青海	2.32	2.19	青海	2.32	1.98	宁夏	2.49	2.05
新疆	2.17	2.18	山西	2.21	1.90	青海	2.29	2.02
甘肃	2.02	2.09	甘肃	2.22	1.83	甘肃	2.23	2.03
平均值	2.53	2.52	平均值	2.73	2.25	平均值	2.73	2.44

根据2005年、2017年和2021年的指数排名情况以及四个象限分类图6-1、图6-2和图6-3中的变化，将时间维度特征归纳总结如下。

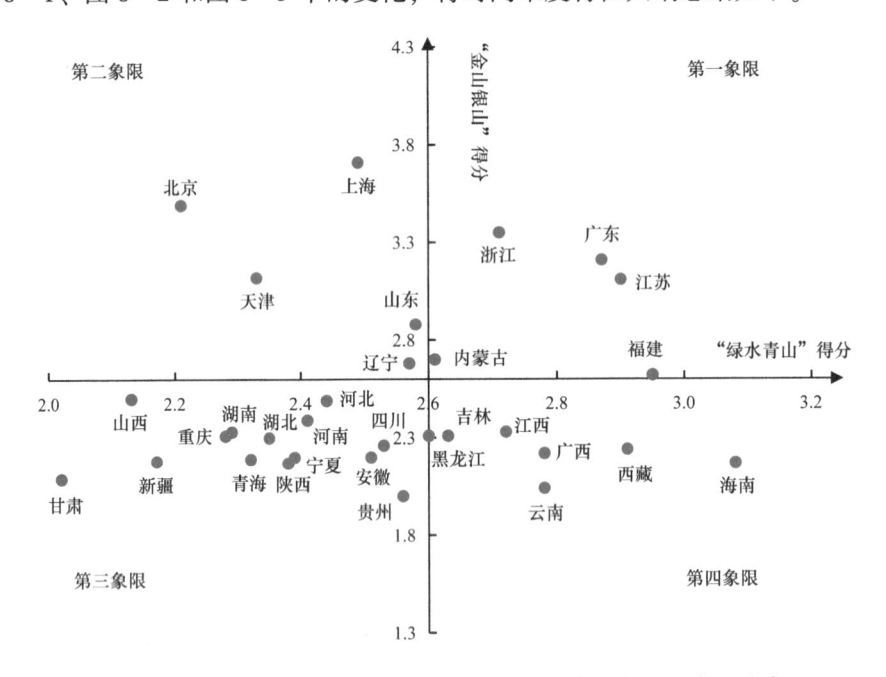

图6-1 2005年"绿水青山"和"金山银山"指数得分四象限分类图

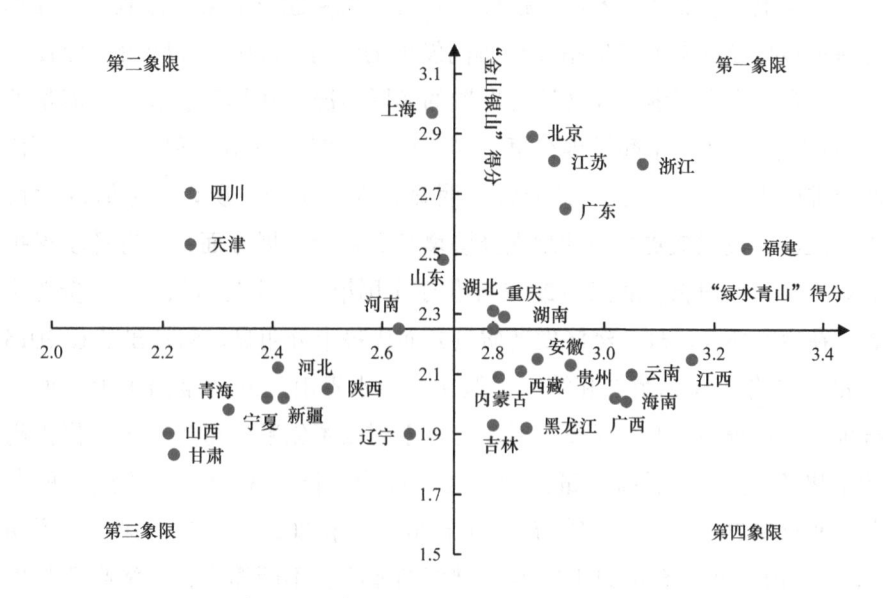

图 6-2　2017 年"绿水青山"和"金山银山"指数得分四象限分类图

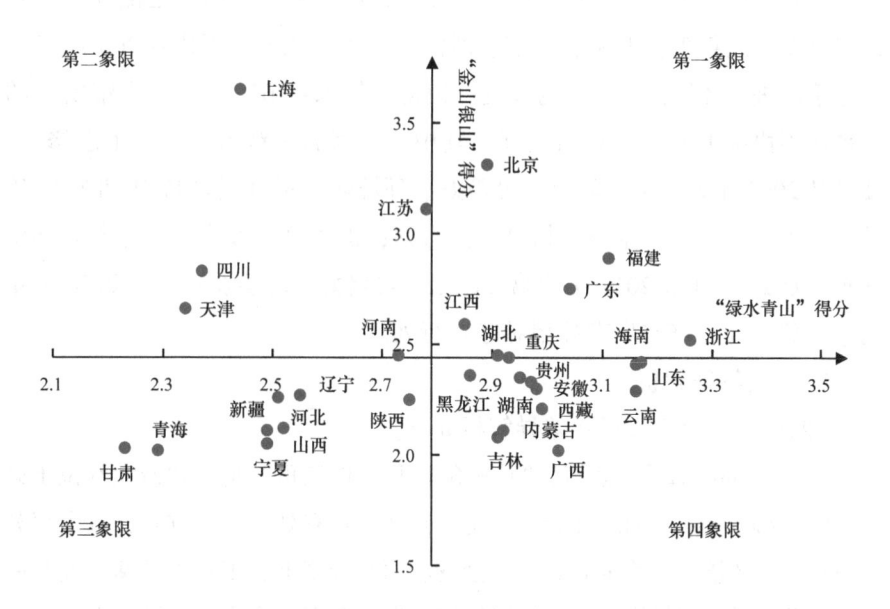

图 6-3　2021 年"绿水青山"和"金山银山"指数得分四象限分类图

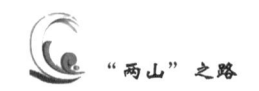

一是上海、北京、浙江是践行"两山"之路建设的第一梯队。浙江作为最早践行经济发展和生态保护协同发展的省份，2005年提出的"两山"理念非常契合当时浙江经济社会发展的实际情况。从排序表看，上海虽然在2005年和2021年都是排在第一名，但在"绿水青山"和"金山银山"两个维度表现上具有较大差异性，明显存在不平衡。所以，上海的"两山"之路建设成效更多地体现在经济增长和社会发展方面，生态环境保护成效方面不太理想。浙江在2017年位于全国第一，作为面积小省、资源小省，在生态环境治理、经济发展质量方面优势十分明显。浙江虽然在2015年和2021年仅位列第二和第三，但在"绿水青山"和"金山银山"两个维度的表现较为平衡。所以，浙江省以系列改革创新谋得生态环境保护高效率和经济社会发展高质量，毫无疑问成为全国"两山"之路建设的典范。北京在2005年仅排名第五，但在2017年和2021年上升为第二，说明"绿水青山"和"金山银山"两个维度的差距在不断缩小，经济高质量发展取得较为明显成效。

二是上海、北京、浙江、广东、江苏、福建的"两山"之路建设成效未来可期。近年来，上海、北京、浙江、广东、江苏、福建六省份纷纷以雷霆手段进行环境污染整治与修复，使得"绿水青山"和"金山银山"的关系从不协调走向协调和谐发展。其中，北京通过铁腕治污、生态修复，使其从2005年处于第二象限（经济好、环境弱）提升到2017年和2021年的第一象限（经济与生态都相对好）行列；福建通过海陆一体化资源环境保护，从2005年和2017年的第二象限（经济好、环境弱）提升到2021年的第一象限（经济与生态都相对好）行列。

2. 空间特征解析

"两山"之路建设成效差异解析如下。

（1）东部沿海的环渤海、"长三角"和"珠三角"地区省份大都位于第一方阵。2005年，浙江、上海、江苏、广东、山东处于第一方阵，且大部分省份在生态环境保护修复和经济社会发展两个维度上表现较为平衡。究其原因，这些省份位于沿海，生态环境较好、生态资源较为丰裕，经济发展水平较高，在践行"两山"之路方面意识更为超前、行动更为有力。

(2) 中部地区"两山"之路建设步伐越来越快,成效提升较为明显。湖北和湖南从第四方阵跃升到第二方阵,安徽和江西也从第三方阵上升到第二方阵,河南和山西保持稳定。究其原因,在"两山"理念指引下,中部地区对生态环境保护力度加大、区域聚集发展和一体化发展步伐加快,经济发展水平和生态保护成效均有较大提升。

(3) 西部地区出现区域分化,西南的"两山"之路建设持续发力、西北"两山"之路建设成效增长乏力。西南方向的贵州、重庆、广西、云南等省份发展较快,从第四方阵持续跃升到第三方阵和第二方阵。然而,西北方向的甘肃、青海、新疆、宁夏四个省份维持四平八稳状态,始终保持位于第四方阵。另外,四川保持稳定,内蒙古、西藏降了一级,从第二方阵下降到第三方阵,陕西则从第四方阵上升到第三方阵。究其原因,在推进西部大开发战略过程中,西部省份的生态保护力度加强、经济发展步伐加快,水土保持防风固沙项目、特色种养殖业、生态旅游业的加速发展促进"两山"之路建设成效稳中向好。

(4) 东北地区"两山"之路建设持续保持平稳。从 2005 年到 2017 年,再到 2021 年,东北三省的"绿水青山"和"金山银山"关系变化在全国的相对位置非常稳定,黑龙江和吉林仍始终处于第三方阵,而辽宁始终位于第四方阵。究其原因,东北地区前期的重工业发展加速了资源枯竭、生态环境恶化,现阶段工业发展低迷导致经济社会发展动力不足。

三 结论与建议

"两山"理念指引下的"两山"之路建设经过实践检验,证明其理论的科学性和实践的可靠性。通过"两山成效指数"的分析,也印证了"两山"理念的基本规律,笔者归纳出四点结论。一是习近平总书记"两山"理念从整体观、互动观、生态与经济协调发展观、政绩观等方面全面阐释了新时代高质量绿色发展的内涵。二是生态环境好与经济发展好的"两好"模式可以互动融合、互相支撑,实现"$1+1>2$"的效应。三是仅抓"经济大开发",不搞"生态环境大保护",终将舍本逐末、徒劳无功。四是实践证明欠发达地区(如贵州等省份)可以通过"做好生态环境大文

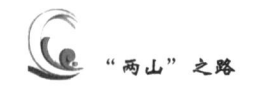

章",实现经济社会跨越式大发展。

基于以上四点结论,并根据当前"两山"理念在各省份践行过程中存在的不足以及未来发展的要求与方向,笔者就进一步深化和践行"两山"理念提出四点政策建议。

第一,建议将"两山"理念与实践模式推广到共建"一带一路"国家甚至全球,凝聚更为普遍的社会共识,更加积极参与全球生态环境治理,更好地促进"两山"理念惠及世界。一方面,依托更多对外合作和交流机制与平台,促进"两山"理念与实践模式的全球推广;另一方面,打造全球性的"两山"指数和国际性的典型案例集,供世界各国参考。

第二,建议全国各省份针对"两山成效指数"中没有绝对优势的指标领域以及指标以外的节能减排等领域增加投入和加强监管,确保和持续巩固"两山"理念的践行成效和优势。一方面,地方各省份要根据自身优势和特色,建立符合当地发展实际的以生态系统生产总值(GEP)为核心的"两山"转化评估体系,并将其纳入党政领导考核的重要指标中;另一方面,各省份根据自己"两山成效指数"的表现,有针对性地做好相关指标领域的"补短板"和"强弱项"。

第三,建议国家在推进"一带一路"、长三角一体化、西部大开发、黄河流域生态保护和高质量发展等重大战略时,始终坚守生态环境底线,将"两山"理念贯穿于推进的全过程,并着力设计和支持"两山"重大项目建设。一方面,加快生态资源使用权交易、机制建设,促进生态资源向生态资产资本的快速转化;另一方面,在长三角和西部地区试点将生态资源的权属用于贷款,促进绿色资源转化为绿色金融资产。

第四,建议构建"区域生态与经济合作互动圈",以东西部对口协作为依托,选择合适的城市做试点,重点推广和共享"两山"理念及模式,共同发展生态经济和特色产业,实现跨区域联动、融通发展。一方面,中西部地区和东北地区积极借鉴和复制浙江等省份"两山"转化的经验,促进东部的绿色发展要素向其他区域转移;另一方面,将"两山"理念贯穿于乡村振兴全过程,大力发展农村生态经济产业和乡村旅游业,提升"三农"获得"两山"实惠的满足感和经济收益。

第七章

"两山"之路的创新实践案例

第一节 绿水青山就是金山银山：以丽水市为例

丽水市位于浙江西南部，地貌以中山、丘陵为主，境内水系交错，森林覆盖率达87.1%，自然形态呈"九山半水半分田"。生态环境质量多年保持浙江省第一、中国前列，生态环境质量公众满意度多年位居浙江省首位，相继被命名为"中国优秀旅游城市""第三批国家级生态示范区""中国优秀生态旅游城市""首批国家级生态保护与建设示范区"，被誉为"全国生态环境第一市"。

2019年1月12日，国家长江办正式发文支持丽水成为全国首个生态产品价值实现机制试点市。自试点工作开展以来，丽水不断破解体制机制障碍，生态产品价值核算走在前列、市场化交易有序推进、企业和社会各界积极参与"两山"转化，建立了一套科学合理的生态产品价值核算评估和应用体系、行之有效的生态产品价值实现制度体系，开辟了多条可示范、可复制、可推广的生态产品价值实现路径。

一 丽水市的基本情况

丽水是"绿水青山就是金山银山理念"的重要萌发地和先行实践地。习近平总书记在浙江工作期间，曾8次深入丽水调研，每次都特别强调生态文明建设，特别是在2006年7月29日，总书记特别嘱托丽水："绿水青山就是金山银山，对丽水来说尤为如此。"2018年4月26日，习近平总书记

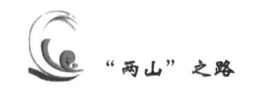

在深入推动长江经济带发展座谈会上做出102字"丽水之赞":浙江丽水市多年来坚持走绿色发展道路,坚定不移保护绿水青山这个"金饭碗",努力把绿水青山蕴含的生态产品价值转化为金山银山,生态环境质量、发展进程指数、农民收入增幅多年位居全省第一,实现了生态文明建设、脱贫攻坚、乡村振兴协同推进。2019年1月12日,国家长江办发文批复支持丽水成为全国首个生态产品价值实现机制试点市,3月15日,浙江省政府办公厅印发了《浙江(丽水)生态产品价值实现机制试点方案》,丽水试点建设工作就正式步入全面实施阶段。这是丽水实现高质量绿色发展的重大历史使命和机遇,既是一项极富开创性的工作,也是一项极具挑战性的工作。

生态产品价值实现是指坚持保护优先理念不动摇,持续将生态环境蕴含的生态价值转化为经济价值,持续促进生态优势转化为经济优势。建立健全生态产品价值实现机制,就是要通过完善制度建设,从体制机制层面打破"两山"转化的深层次"瓶颈"制约,解决生态产品价值实现过程中的堵点难点问题。其核心是要破解生态保护、环境保持和经济发展协同的难题,其关键是要建立生态环境保护者得利、使用者付费、损害者赔偿的利益导向机制,其重点是要建立政府、企业、社会组织和个人多主体协作的市场化运作模式,其路径就是生态产业化和产业生态化,其难点就是如何将"两山"理念落实到制度安排和实践操作层面。

二 丽水的创新实践

(一)坚持政府主导,建立生态产品价值核算与应用机制

一是科学建立生态价值核算标准体系。生态系统生产总值(简称GEP)是指特定地域空间的生态系统为人类福祉和经济社会发展提供的所有最终生态产品价值的总和,包括生态系统提供的生态物质产品价值、调节服务产品价值和文化服务产品价值。通过GEP核算,可以评估一个地区生态保护成效、生态系统对人类福祉的贡献和经济社会发展支撑作用,为完善发展成果考核评价体系与政绩考核制度提供具体指标。

试点以来,丽水市联合中科院生态环境中心等科研院所大力开展生态

产品价值核算的理论研究和实践实验。理论研究方面，形成了与国际接轨且具有地方特色的核算指标体系，具体包括生态物质产品、生态调节服务、生态文化服务3个一级指标，农业产品、水源涵养、旅游休憩等15个二级指标、46个三级指标的核算体系；发布全国首份《生态产品价值核算指南》地方标准；出版发表了一系列聚焦试点工作的专著与论文。实践层面，开展市、县、乡（镇）、村四级GEP核算，破解了生态系统功能类型多、属性差异大、量化评估难等问题，为生态产品从"无价"到"有价"提供了科学依据。据中国科学院生态环境研究中心测算，丽水市2017年、2018年、2019年度GEP分别为4672.89亿元、5024.47亿元、5314.43亿元。按可比价计算，2018年GEP增幅为5.12%，2019年的GEP增幅为3.72%。在GEP构成中，生态调节服务价值占比最高，比如，丽水市2019年度GEP中生态物质产品、生态调节服务、生态文化服务价值占比分别约为3.52%、70.03%、26.45%。但调节服务价值难以通过直接交易的方式实现，比如固碳释氧的价值，国家通过公益林补偿的形式购买实现该功能价值；气候调节的价值，可以通过因地制宜建设康养小镇实现价值；水质净化的价值，可以通过对水的精细化检测分析与分类，根据水的不同特性精准开发产品实现价值。

二是深入探索核算成果应用。丽水印发《关于促进GEP核算成果应用的实施意见》，推进GEP"六进制度"（即进规划、进决策、进项目、进交易、进监测、进考核），将GEP与GDP一并作为"融合发展共同体"的核心发展指标，纳入国民经济和社会发展第十四个五年规划纲要。建立GDP和GEP双考核机制，并将考核结果纳入自然资源资产离任审计内容和评价依据。同时，我们结合数字化改革，构建"天眼＋地眼＋人眼"的数字化生态监管服务平台，实现了对市域生态底数及变量的实时获取和分析管控，集成"空、天、地"一体化数据库和GEP核算标准模型，实现市、县、乡三级行政区域和任一区域GEP一键核算、一键报告。

三是探索建立生态产品政府购买机制。建立瓯江流域上下游生态补偿，每年设立横向生态补偿资金3500万元，按照瓯江干流的8县（市、区）7个断面监测数据的水质、水量、水效综合测算指数分配补偿资金。

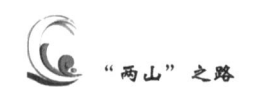

省、市、县三级均建立了基于GEP核算的生态产品政府购买机制,省级层面在丽水试行与生态产品质量和价值相关挂钩的绿色发展财政奖补机制;市级层面研究制定丽水市(森林)生态产品政府购买制度,统筹省财政奖补资金和市、县配套资金推进生态产品政府购买;县级层面出台生态产品政府采购试点暂行办法,并依据办法向乡镇"生态强村公司"支付购买资金。

(二)激发市场活力,健全生态产品市场交易机制

一是培育资产管理经营主体——"生态强村公司",着力破解生态产品供给主体缺失问题。由于生态产品大都具有公共品属性,对于社会的存在和发展必不可少,但任何单一社会主体无能力提供,所以必须由具有权威性的组织提供。广大乡村地区生态环境优越,自然资源丰富,成为生态产品的主要来源地,但非竞争性和反排他性供给者和保障者。丽水推动在每个乡镇成立"生态强村公司",一是作为公共生态产品的供给主体,二是作为公共生态产品的市场交易主体。主要通过生态环境的保护与修复、自然资源的管理与开发,加快绿水青山"管起来";主要负责政府购买生态产品、市场交易生态产品的业务,加快绿水青山"转出来"。

二是建立生态产品价值交易制度体系,着力破解生态产品市场需求主体缺乏问题。以"生态有价、有偿使用""生态占补平衡"为原则,研究制定市、县两级森林生态产品市场化交易制度,建立一级、二级交易市场,引导和鼓励生态产品利用型企业参与生态产品市场化交易。

三是建立生态产品市场化定价机制,着力破解生态产品价值"市场认可"问题。从市场供需平衡角度看,转化绿水青山的关键在于引导和挖掘需求。丽水依托特色优质民宿资源,推行民宿"生态溢价",具体是将山水林田湖等优美环境的生态价值附加在民宿基准价格之上,实现生态产品的"明码标价"。丽水创新推出出让土地"生态溢价",具体是通过对土地资源进行生态溢价价值评估,在出让时体现该地块的生态价值,促进"美丽生态"向"美丽经济"转化。截至目前,云和共有6宗"生态地"成功出让,共计提生态环境增值143.16万元。

四是构建"两山金融"服务体系,着力破解生态产品融资的"信用背

书"问题。全面推进农村金融改革,通过对农村土地承包经营权、宅基地使用权、农房所有权、林权、水权、村集体经济股权等六权的确权和赋权,开展各类产权及未来收益权交易、抵押和贷款。创新推行基于个人生态信用评价的"两山贷"金融惠民产品,将生态信用评定结果作为贷款准入、额度、利率的参考依据,以生态信用评级兑现金融信贷支持。截至2020年底,包含林权、GEP未来收益权等各类"生态抵(质)押贷"的余额为187.5亿元。其中占比最高的林权抵押贷款余额共有3.7万笔、金额有66.9亿元,林权抵押贷款余额数量占比为浙江省50%以上,位居全国地级市第一名;累计发放"两山贷"3439笔3.73亿元,贷款余额3.32亿元。

(三)坚持因地制宜,创新生态产品价值实现路径

一是以品牌赋能提高生态溢价。以"丽水山耕""丽水山泉""丽水山景""丽水山居""丽水山味"等"山"字系品牌培育和生态产品标准化建设,提升生态产品附加值,实现生态产品由"初级产品"向"生态精品"的转变,实现生态产品由"低价竞争"向"品牌战略竞争"的转变。实施"对标欧盟·肥药双控""丽水山居"民宿服务质量标准等体系建设,创新开展土壤数字化平台建设,以品牌化打造、标准体系构建、智慧监管网格化,实现肥药减量、品质提升,提高生态产品溢价率。

二是以生态优势提升产业竞争优势。依托"绿水青山"资源价值、生态环境的比较优势带来的生态溢价能力和产业发展竞争力的优势,大力引进和培育肖特集团、国镜药业、紧水滩水冷式绿色数据中心等健康医药、绿色能源等生态利用型企业和项目,以产业化助推生态价值高效实现。创新"飞地互飞"机制,与上海、杭州、宁波等地建立"生态飞地""科技飞地""产业飞地"等21个,宁波等地在丽水九龙湿地公园建立"生态飞地",发展康旅产业,通过政策互惠、以地易地模式,合作探索生态产品价值异地转化。

三是以修旧如旧实现古村复兴。推广松阳的古村复兴模式和"拯救老屋"行动经验,目前已在全市启动257个国家级传统村落(占浙江省总数的40.5%)、484个历史文化村落(占浙江省的23.64%)的保护利用工

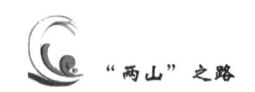

作。在不破坏村落整体形态的前提下，对于富含历史的建筑、民居进行保护和二次开发，复活传统村落整村风貌、文化基因。依托古村发展乡间客栈、文化驿站等乡村旅游新业态，有效激活了农村闲置资源，复活传统民居的生命力和经济活力。

（四）凝聚价值共识，系统推动企业和社会各界参与

一是构建完备的生态管控体系。按照国家公园的理念和标准，系统推进百山祖国家公园创建。发布"三线一单"，将全市75.67%的国土面积规划为生态优先保护空间，其中生态红线区达31.8%。在浙江省率先开展土壤污染防治工作，全面建立政府主导、企业施治、市场驱动、公众参与的土壤污染防治机制。推进"花园云""天眼守望"数字化服务平台建设，构建"空、天、地"一体化的生态产品空间信息数据资源库，实现涉水、涉气、污染源排放等生态治理数字化协同监管。成立全国首个生态环境健康监测平台——浙西南生态环境健康体检中心，对全市的重要生态功能区、重点流域、高污染行业、高能耗企业开展生态环境监测和评估，为生态文明建设和环境管理提供技术支撑。

二是构建全民参与的生态保护体系。丽水创新推出全国首个生态信用制度，构建了五个维度三个层面的丽水生态信用体系，实行"绿谷分"（信用积分）动态量化评分管理。五个维度是指生态环境保护、生态资产经营、绿色低碳生活、生态文化传承、社会责任履行等五个维度，三个层面是指村（社）、企业、个人等三个层面。通过推出"信易生活"（游、娱、购）"信易贷"等产品、构建10大类53余项守信激励创新应用场景、建设"一码通城"平台，实现"人手一码、集成应用""守信激励、失信惩戒"，让无形的信用成为群众看得见、摸得着、感受得到的有形价值，以生态信用推动全社会不断增强生态保护意识，使生态保护成为行动自觉。基于生态信用体系的创新与引用，在国家城市信用状况监测持续提高，2020年丽水在全国261个地级市中位列第13名，排名较2018年初提升165位。

三是建立人才科技集聚平台。与斯坦福大学、昆士兰大学、中科院、国务院发展研究中心等国内外科研院所合作，聘请美国国家科学院院士、

总统科技顾问委员会委员、斯坦福大学教授格蕾琴·戴利等6位专家担任绿色发展顾问，培育壮大两山学院，聚焦生态产品价值实现前沿领域开展理论研究。与国务院发展研究中心资环所合作在丽水建立习近平生态文明思想实践固定调研点，长期跟踪、分析生态产品价值实现机制改革方面的新进展、新问题，总结、提炼和推介丽水市相关成功做法、典型经验。与中国信息化百人会、航天五院、清华长三角研究院等机构合作，有效提升信息化、数字化支撑生态产品价值实现的能力。连续两年成功举办生态产品价值实现机制国际大会，交流研讨国际经验、实现路径，在社会各界引起了热烈反响。

四是全面建立试点推进机制。成立以市委书记为组长、市长为副组长的领导小组和由各分管市领导牵头的财政支撑、项目推进、生态农业、生态工业、生态旅游康养、生态经济数字化、理论研究、生态文化、市场交易、自然资源管理等10个专项小组。印发《浙江（丽水）生态产品价值实现机制试点实施方案》，明确了各地、各部门责任分工。建立试点领导小组及办公室例会、点评、督查、通报等制度，全方位、多领域、多层次推进试点建设。在总结试点建设经验基础上，研究出台《关于全面推进生态产品价值实现机制示范区建设的决定》，研究制定《丽水市生态产品价值实现机制"十四五"规划》，探索构建1+N体系的生态产品价值实现创新平台，龙泉市平台已通过省发改委、省自然资源局批复。

五是开展生态产品价值实现示范创建。市人大做出《关于推进生态产品价值实现机制改革的决定》，将试点转化为全市人民的共同意志和行动。推进19个乡镇开展生态产品价值实现机制示范创建，建立示范乡（镇）创建工作联系指导制度，形成了首笔生态产品政府购买、GEP贷、"两山贷"，首家生态强村公司、首例调节服务类生态产品市场交易等创新系列创新成果。试点以来，丽水已先后培育生态产品价值实现示范企业33家、示范村（社区）27家、示范学校9家、示范医院1家，努力推动企业和社会各界参与试点，形成正向影响。

三 经验与启示

为加快建成全国生态产品价值实现机制示范区，丽水应以系统思维进

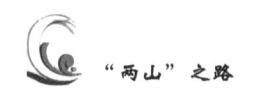

一步全面谋划和持续深入推进生态产品价值实现机制改革，持续拓展和丰富"绿水青山就是金山银山"转化通道，努力创造更多有成效、可复制、可推广的改革成果。

一是抓好顶层设计规划落实。深入贯彻落实党中央的政策意见，抓好《丽水市生态产品价值实现机制"十四五"规划》的贯彻落实，持续推进丽水市生态产品价值实现省级平台建设，按照"1+N"体系，抓好已批复的龙泉平台建设，持续推进市本级"1"以及各县市区"N"的方案报批。

二是探索构建生态资产价值评估体系。强化与中科院生态环境研究中心合作，探索构建特定地域单元生态资产价值评估体系。比如，针对生态旅游项目，探索以特定生态旅游资源、历史文化资源等为本底，建立生态旅游项目策划、潜在价值评估、经营开发权交易机制。对具备潜在开发价值的生态资源进行项目包装和价值评估，并可在华东林交所挂牌交易，吸引各类投资主体参与交易和经营开发。

三是建设区域性生态产品交易中心。中办、国办的《意见》明确要求推动生态产品交易中心建设。试点以来，丽水市在生态产品市场交易体系建设方面进行了许多创新性探索，取得了积极成效。以新华东林交所重组落地丽水为契机，开展以林权为引领的生态资产产权交易、以"丽水山耕"农林产品为主的物质供给类生态产品交易和以碳汇交易为主的生态资源权益交易。推进生态产品供给方与需求方、资源方与投资方高效对接，推进更多优质生态产品以便捷的渠道和方式开展交易。

四是探索推进调节服务类产品变现。一方面，完善公益林补偿标准。当前公益林补偿仅以公益林面积为标准，未充分体现不同林分构成的森林生态产品的服务功能价值。积极争取提高补偿标准，在现状与公益林面积相挂钩补偿标准不变的基础上，结合生态产品价值、碳汇、森林蓄积量、林相等要素科学合理分配新增部分补偿资金，实现生态产品优质优价。另一方面，创新水资源费分配方式。当前，各地对本行政区域内利用取水工程或者设施直接从江河、湖泊、地下取用水资源的，由取水口所在地征收水资源费，未全面考虑水资源的流域性质，上游地区通过限制产业发展、开展生态保护修复，为下游提供了优质水资源未在水资源费分成上得到体现。丽水应积极探索水资源费收费标准提升以及分成比例改革，要按取水口以上流域面积确定水资源费的分成，并综合流域面积、水质、水量等要素，合理确定分成比例，并适时争取中央、省级支持推广。

五是深化生态产品市场化定价机制。进一步提升完善民宿"生态价"定价机制，结合"花园云""天眼守望"数字化服务平台的生态环境监测体系，建立与生态环境质量瞬时联动的生态产品价格上下浮动机制，使受空气的清新度、环境的优美度、风景指数等影响的"生态价"实现动态变化，并运用区块链技术使"生态价"逐步得到市场认可，真正实现绿水青山的经济价值的定量化。

六是深化 GEP 核算转化及应用数字化平台。围绕 GEP 核算辅助决策这个主题，按照全省数字政府首批"一地创新、全省共享"建设应用主体要求，深入研究调查评价"一图了然"、开发经营"一链通达"、保护补偿"一策奖补"等业务应用，深化丽水市 GEP 核算转化及应用平台的价值核算、经营开发、保护补偿、金融支持、考核引导等核心业务，加快形成"天、空、地"一体化的生态产品空间信息数据资源库。

第二节 冰天雪地也是金山银山：以呼伦贝尔市为例

呼伦贝尔市位于中国北部边疆的内蒙古自治区，属于中、俄、蒙三国的交界地带。境内自然资源富集，生态系统完备，拥有呼伦湖、贝尔湖和世界四大草原之一的呼伦贝尔草原，地跨森林草原、草甸草原和干旱草原三个地带。全年气候呈现冬季寒冷漫长、夏季温凉短促、春季干燥风大、秋季气温骤降霜冻早的特点。民族文化瑰丽多元，为蒙古、鄂伦春、鄂温克、达斡尔、俄罗斯等民族的聚居地，被誉为"北方游牧民族的摇篮"，是"活态天然民族博物馆"。

一 呼伦贝尔市的基本情况

呼伦贝尔的冰雪资源非常丰富。这里冬季平均气温在零下25℃左右，历史最低气温达到零下58℃，年降雪期长达7—8个月，每年10月初就开

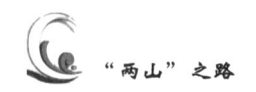

始飘雪,一直要到次年的5月才会消融。由于寒冷而漫长的冬季,这里雪量丰沛,每年积雪厚度达30厘米以上,其地面冰雪是中国留存时间最长的自然冰雪。

呼伦贝尔的冰雪运动历史悠久。独特的地理人文特征,使得呼伦贝尔冰雪运动具有深厚的群众基础;独特的自然资源条件,使得呼伦贝尔具有开展冰雪运动的得天独厚基础。因冰雪训练开展较早,竞技水平较高,呼伦贝尔被誉为"冰上运动的摇篮"。从20世纪50年代开始,呼伦贝尔就成为国家冬季体育运动项目的训练基地,涌现出了苏和、王桂芳等150多名优秀运动员,其中有4名运动员参加了冬季奥运会。在全国冬季项目比赛中,呼伦贝尔运动员累计获得金牌90余枚、银牌100余枚、铜牌80余枚。

呼伦贝尔的民族文化丰富多彩。呼伦贝尔是汉、蒙古、达斡尔、鄂温克、鄂伦春、回、满、俄罗斯、朝鲜等42个民族的聚居地,其中少数民族人口有50.61万人,占人口总数的18.62%。长期以来,各民族文化不断发展、碰撞、交融,同时又保留着自己独特的魅力。近年来,呼伦贝尔非常重视少数民族非物质文化遗产的保护与传承,形成了各具特色、百花齐放的局面。当前,已挖掘整理出以巴尔虎长调、马头琴演奏、达斡尔"扎恩达勒"民歌、"鲁日格勒"民间舞蹈、鄂温克和鄂伦春"扎恩达仁"民歌、蒙古族"好来宝"说唱、乌兰牧骑等为代表的民族音乐、舞蹈、曲艺等表演艺术遗产。

习近平总书记参加十二届全国人大会议黑龙江代表团审议时指出"绿山青山就是金山银山,黑龙江的冰天雪地也是金山银山"。遵循这一指引,呼伦贝尔市制订了《关于加快冰雪运动发展的实施计划》,印发了《呼伦贝尔市加快发展冰雪运动的实施意见》,以延伸"冷资源"产业链为核心,积极践行"两山"之路,源源不断地将"绿水青山"转化为"金山银山",有效拉动了冰雪关联产业融合发展,全力激发了冰雪产业新动能,以蓬勃发展之势推动"冷资源"变为"热产业",实现"白雪换白银"。

二 呼伦贝尔市的创新实践

近年来,呼伦贝尔市认真学习贯彻习近平"冰天雪地也是金山银山"

第七章 "两山"之路的创新实践案例

"加快寒地冰雪经济发展"等重要指示精神，创新实践"两山"之路，积极推动新时代寒地冰雪经济高质量发展的具体实践，全力打造"中国冰雪之都"。以科学研究为支撑，大力发展工业产品检测检验产业、大数据产业、高新技术产业，建设汽车试验试驾产业园、寒冷地区飞行训练，取得了显著成效。其主要经验、做法有以下四个方面。

（一）发展智慧气象，服务经济发展

作为一种能够影响社会生产总成本和经济效益实现的自然经济力，气象具有巨大的经济效益和社会效益。呼伦贝尔市找准气象资源与经济社会发展的结合点和切入点，紧紧围绕生态保护、生产发展、生活富裕目标，不断提升气象的服务与保障能力。2019年，呼伦贝尔市政府与省市气象部门、地方科研院所联合成立了内蒙古寒地冰雪气候研究中心。在理论研究方面，该中心以应用为导向，以服务经济社会发展为宗旨，开展冰雪气候成因、气象变化规律、气候资源开发等的研究，开展"冰雪+"产业的科技创新、技术服务、发展成效研究。在社会服务方面，该中心依托亚洲太平洋地区冬季汽车测试高新技术产业开发区，发展极冷环境下汽车等工业品耐冷性检测检验服务。在大数据产业发展方面，该中心通过不断构建标准基础数据集，建立健全气候应用大数据，发挥智慧气象对经济发展的促进作用。

（二）发展试车经济，增添发展新动能

呼伦贝尔市政府积极转变思路，实践冰雪经济，打造"汽车测试天堂"。呼伦贝尔大部分地区属于温带大陆性气候，冬季漫长而严寒，夏季短促而凉爽，热量不足，这严重制约了农业生产和经济发展。现如今，呼伦贝尔充分利用冬季漫长、空域广阔、寒冷的气候环境和富集的独特冰雪资源优势，发展机动车、航空器、特种设备等工业品耐冷性检验测试。以牙克石市的凤凰山景区为例，这里共有5个大型人工湖，总面积超过363万平方米，冰面平整厚实，环境封闭私密，独特的条件使这里成为开展汽车性能测试的天堂。2009年以来，随着国内汽车产业的飞速发展，加上独特的自然资源条件优势，亚洲太平洋地区冬季汽车测试高新技术产业开发区在此落地。2020年，开发区升级为国家级现代服务业汽车测试产业基

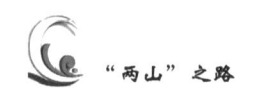

地。截至 2021 年，该开发区已建成 4 个大型测试场，入驻企业 20 余家，其中包括德国的博世集团、瑞典的埃特姆公司以及上海飞机制造有限公司、中国汽车技术研究中心、冰峰营地等国内外知名企业。测试业务主要涉及高端车辆、乘用车、载重汽车、军用车、无人机的整装测试和汽车轮胎、汽车电瓶及其他主要零部件的测试，累计测试车企 502 家，接待的测试车辆超过 1.4 万辆，测试工程师等专家超过 9 万人，累计实现第三产业增加值 4.5 亿元。2021 年，国之重器 C919 大型客机在呼伦贝尔市经过 22 天的高寒专项试验试飞，圆满完成任务。

（三）延伸产业链条，释放冰雪动能

呼伦贝尔市积极谋划"产业集聚、布局集中集约、资源集约"的顶层设计，坚持"补链、强链、延链"的发展思路，释放冰雪动能，推进区域高质量发展。一方面，聚焦冰雪冷资源优势，开拓新兴冰雪产业，打造特色优质资源品牌，实现多元化发展。另一方面，构建"一区一镇二园二学院"的冰雪产业空间布局，在牙克石建设亚洲太平洋地区冬季汽车测试高新技术产业开发区，在陈旗、新左旗建设汽车运动小镇，在陈巴尔虎旗建设临空产业园和汽车冬季试验试驾产业园，在扎兰屯市建设中国民航大学内蒙古飞行学院、天津杰普逊国际飞行学院，实现产业集聚集群发展。通过冰雪关联产业的融合发展，构建汽车测试、临空产业、现代医药、绿色食品等多元发展态势，形成"三二一"的产业发展格局，实现"冷资源"到"热产业"的转变。

（四）"体育+艺术+旅游"，再造文化软实力

呼伦贝尔市以冰雪资源禀赋为依托，以丰富多彩的民族文化为亮点，全力打造"体育+艺术+旅游"的金名片，提升文化软实力。呼伦贝尔市一直位居《中国冰雪旅游发展报告》的"冰雪旅游十佳城市"前列。

"冰雪+体育"促使冰雪运动化身新风尚。呼伦贝尔市积极承办各类冰雪赛事活动，全力打造冬季体育训练基地，实现冰雪和体育的融合。平均每年举办的各界各类比赛达 120 余项（次），如国际汽联 F4 冰雪方程式集结赛、冷极国际冰雪马拉松等国际赛事，中国汽车越野巡回赛年度总决赛、全国单板滑雪 U 形场地比赛、全国雪地摩托车和大众越野滑雪挑战

赛、滑雪加射击冬季两项、自由式滑雪空中技巧、雪上技巧等全国赛事、冬季那达慕大会、冬季英雄会、"十四冬"冰雪嘉年华等地方赛事。

"冰雪+旅游"促进品质游玩带动新生活。截至目前，呼伦贝尔在牙克石凤凰山、海拉尔东山、满洲里至扎区共建有3个滑雪场，开通"呼伦贝尔号"草原森林旅游列车，建有白音哈达天天那达慕冰雪乐园，推出冰雕雪雕、冰灯雪屋等体验游玩项目，"冰雪+旅游"的内涵和形式不断丰富。通过冰雪赛事的宣传、冰雪设施的完善、冰雪活动的创新，吸引越来越多的群众参与冰雪运动、越来越多的游客前来体验冰雪运动，提高了旅游目的地的吸引力。

2021年7月，呼伦贝尔市推出一张文化旅游亮丽新名片——《呼伦贝尔之恋》大型冰舞秀。冰舞秀斥资3000万元打造，由国家一级导演执导，与多名著名编剧、编导、音乐家共同创编，蕴含了呼伦贝尔深厚的地域民族文化内涵，以呼伦贝尔古老传说——呼伦与贝尔的爱情故事讲述了呼伦贝尔的由来。冰舞秀采用"多媒体特效+软景+硬景"形式，将古老传说与多媒体特效结合，以全息裸眼3D的舞台效果呈现，通过声、光、电等高科技手段和特技表演，带给观众身临其境的观感和心灵震撼。《呼伦贝尔之恋》将成为"南有情（千古情），北有恋（呼伦贝尔之恋）"的文化旅游城市新名片。

三 经验与启示

绿水青山就是金山银山，冰天雪地也是金山银山。在生态文明建设全域推进和高质量绿色发展盛行的大背景下，呼伦贝尔持续推进以冰雪为特色的产业发展。未来，要实现"冰天雪地也是金山银山"的目标，呼伦贝尔市尚需关注草地保护和沙地治理，持续促进冰雪产业优势集聚，不断促进冰雪关联产业融合发展。

一是统筹谋划美丽经济的顶层设计。"两山"之路是一项涉及思维理念、空间布局、生活方式和生产方式的社会工程，需要从顶层设计开始谋划。从规划编制、政策引导、舆论宣传等方面着手，形成良好社会氛围、良性产业发展方式。科学划分生产、生活、生态的"三生"空间，形成部

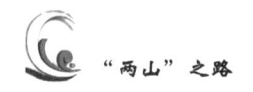

门协同、条块共抓、全社会参与的组织合力。

二是全面加强生态保护与修复。一方面，加强生态修复体系建设，即继续加强煤炭、金属和非金属矿山的绿色化开发和生态修复、"两河两湖"（"两河"为大黑河和环城水系，"两湖"为哈素海和海流水库）等水生态综合治理、退牧还草和沙化退化草原生态修复、沙化土地农业面源"四控"（控肥、控药、控水、控膜）和农田防护林建设、呼和诺尔湖和查干诺尔湖生态治理。另一方面，加强生态保护和支撑体系建设，即运用智慧技术和生物技术，定期开展环境监测评估，加强矿山、"两高"企业的生态修复和环境治理，加快退化森林和土地的生态修复。

三是推进生态产业化发展。生态是呼伦贝尔的最大优势。统计数据显示，呼伦贝尔的草原、湿地与森林分别有8万平方公里、3万平方公里和12万平方公里，耕地3000万亩，牲畜1000万头，具有优势的特色产业包括乳、肉、粮、油、草、薯等产业。下一步，呼伦贝尔应积极推广和运用新技术，做好黑土地、草原、森林可持续利用文章，打好绿色原生态品质牌，放大品牌效应，实现点绿成金。

四是推进新兴产业集约集聚发展。一方面，需要不断补齐冬季旅游短板，推进冰雪+发展战略，做好产业融合文章，延长"冰雪+旅游""冰雪+文化""生态+特色产业"的产业链条。以冰雪经济高质量发展试验区为抓手，完善技术创新平台，打造科技产业园，建设航空器试验试飞基地，构建"6+X"冰雪产业全链条发展体系。另一方面，需要加快试车产业转型。加大科技支撑力度，积极推进与上海汽车检测中心、重庆车检院、国家汽车监督检测中心（襄阳）等科研院所合作，加强技术研发能力，推动专家、院士工作站建设，推动试车产业由传统资源型向技术服务型转变。

第三节　戈壁沙漠也是金山银山：以新疆沙漠产业为例

由于干旱少雨、植被破坏、过度放牧、大风吹蚀、流水侵蚀、土壤盐渍化等因素，导致大片土壤生产力下降或丧失的现象，我们称之为荒漠化。沙质土地的荒漠化就是我们所说的沙漠化。联合国 2020 年发布的《全球环境展望报告（第六期）》指出，全球有三分之二的国家和地区、70% 的人口正在遭受荒漠化之害；未来 30 年全球化的经济损失将超过 23 万亿美元。中国每年因沙漠化蒙受的直接经济损失不少于 800 亿元，间接的损失更是难以计数。荒漠化正如一柄达摩克利斯之剑，高悬在我们的头顶。因此，沙漠治理关乎地球人的生存与发展，关乎中华民族的兴盛与富强。

一 新疆沙漠基本情况

作为中国沙漠面积最大的省份，新疆的沙漠面积占比约为全国总数的 60%。新疆拥有塔克拉玛干沙漠、古尔班通古特沙漠、罗布泊南库姆塔格沙漠、乌苏沙漠、库木库里沙漠、鄯善库姆塔格沙漠、布尔津—哈巴河—吉木乃沙漠、阿克别勒沙漠、福海及乌伦古河沙漠、霍城沙漠等大大小小十数个沙漠。面对如此丰富的沉睡的沙漠资源，如何将其唤醒？如何找到人与沙的最佳平衡点？如何平衡沙漠地区的经济高质量发展和生态环境保护？如何让戈壁沙漠的颜值和价值持续增加？如何因地施策发展沙漠经济？这一系列问题，不仅是困扰新疆沙漠产业发展的核心问题，也是世界沙漠化治理需要破解的根本性问题。

新疆沙漠化的主要原因在于它位于内陆深处，远离各大洋，且周边被众多大山脉重重阻隔，水汽来源少，从而降水很少，但蒸发量却很大，属于典型的大陆性沙漠型气候。近几十年来，由于人类大量垦殖，特别是大量从现有河流如塔里木河、若尔羌河等取水，这些人为因素也使得沙漠化，尤其这些河流下游的沙漠化有所加剧。

饱受沙漠之困、沙化之苦、沙尘之扰的新疆人，长期以来生活的梦想和奋斗的目标就是要遏制沙漠、改变环境、发展经济。但由于缺乏顶层设计、系统思维、科技支撑、制度创新，新疆在沙漠治理的探索实践中走过弯路，局部地区甚至长期陷入过"治理—恶化—再治理—再恶化"的恶性循环。

在新疆，人类与沙漠的斗争，始终在持续。经过几代人几十年的努

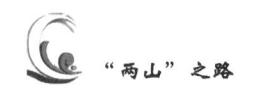

力，新疆探索形成一条"政府政策性主导、企业产业化投资、农牧民市场化参与、科技持续化创新"的四轮驱动沙漠治理模式。

第一个轮子是政府政策引导。多年来，新疆各级政府非常重视沙漠治理工作，制定政策积极引导沙漠产业绿色发展，促进资金、技术、人才等要素大量流向沙漠化防治领域，以点带面实现重点治沙工程带动面上治理，已基本形成具有中国特色的多元化投入、多主体协作、全社会参与的防沙治沙新格局。

第二个轮子是企业产业化投资。众所周知，沙漠产业高质量发展是一项周期长、难度高、投资大、见效慢的社会性大工程，仅仅依靠有限的财政投入难以维持。政府积极发挥"四两拨千斤"的功力，以财政资金引导企业参与投资，实现沙漠治理的规模化和产业化。这解决了"钱从哪里来"、破解了"利从哪里得"、回答了"如何可持续"的问题，创造了沙漠产业高质量绿色发展的典范。

第三个轮子是农牧民市场化参与。沙漠治理旨在解决生产力发展问题，终极目标是让沙区人民的钱袋子鼓起来。企业通过建立多元化的利益联结，农牧民可以土地入股、资金入股、劳动力入股，企业采用租地到户、包种到户、用工到户等紧密型利益联结模式调动广大农牧民的积极性。在沙漠产业发展中，农牧民获得了工资性收入和财产性收益，于是逐渐从治沙事业的旁观者成为最坚定的支持者、最积极的参与者。

第四个轮子是技术持续化创新。沙漠化治理是一个世界难题。新疆坚持尊重自然、科学治沙、持续创新，大刀阔斧进行适宜树种选种的不断尝试、科学技术的研发运用、体制机制的持续创新，探索形成一套科技赋能、行之有效的治沙方案，实现"沙漠戈壁"到"金山银山"的转变，使得人类掌握了从"生命禁区"到"沙漠绿洲"的密钥。

总之，通过"四轮驱动"的协同发展，促进沙漠产业实现生态效益、经济效益和社会效益的有机统一，新疆走出了一条生态与经济协同互融的中国沙漠地区"两山"转化特色道路，为人类社会可持续发展贡献了中国智慧。

二 新疆沙漠产业的创新实践

沙漠化与贫困化往往如影随行。多年以来，为改变贫困现状、改善沙漠生态、发展沙漠产业，新疆人民进行了艰苦卓绝的奋斗。坚持在"戈壁沙漠也是金山银山"理念引领下，新疆通过持续植树造林，形成绿色屏障，维护荒漠生态；通过种植沙生经济作物，不断壮大沙生产业、促使沙漠生出"金子"；通过大漠荒烟美景开发、多元文化特色挖掘，促进沙漠旅游不断兴起。

（一）持续植树造林筑起绿色屏障

近50年来，新疆统筹推进生态保护修复工作，逐步在沙漠边缘建设起一道道生态屏障，有效抵御风沙侵袭，有效保护生态环境和人居环境。通过持续推进"三北"防护林工程、河流湿地生态修复工程、退耕还林工程、退牧还草工程、沙化土地封禁保护工程、塔里木盆地周边防沙治沙工程、山水林田湖草沙一体化保护和修复工程的建设，新疆全域累计建成人工生态林735万亩，累计完成沙化土地治理2837.56万亩，2022年就完成沙化土地治理698.98万亩[①]；实现了森林面积和森林蓄积量的"双增长"，促进了荒漠化面积和沙化土地面积的"双缩减"，实现荒漠化程度和沙化土地程度的"双减轻"。

新疆从1978年开始建设的"三北"防护林工程，采取持续种植新树并积极进行退化林分修复的举措，有效抑制了沙化进程。在种植新树方面，一是坚持"适地适树"原则，实行乔灌草混交、生态林和经济林混种，选种的耐旱、耐高温、耐盐碱、耐风蚀绿色植物有榆树、胡杨树、枫树、橡树、樟子松、云杉、白蜡、苹果树、枣树、无花果、海棠、核桃树等乔木类，沙棘、梭梭、忍冬、欧洲荚蒾、接骨木、水蜡、红叶小檗、红王子锦带、金叶绣线菊、紫叶矮樱、沙地柏、金叶莸、红瑞木等灌木类，芨芨草、蒿草、狼尾草、苜蓿等草本类，共计200余种；二是坚持"以水

[①]《新疆生态环境持续向好》，2023年6月5日，新华网，http://xjnews.com/20230605/062df26c40084130baaa8e7d6b48d828/c.html。

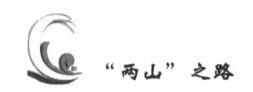

定林、以树养林"原则，除了在水土条件适宜的较大面积区域都种上树木，还采用无灌溉造林技术扩大绿洲面积。在退化林分修复方面，新疆不断优化树种结构、提高人工林质量，对生长不良、有害生物入侵、防护功能退化、无法自然恢复的林木采取更新改造、森林抚育、疏密、灌木平茬等各种措施进行修复。截至目前，新疆已初步建成了以大型防风固沙基干林带、天然荒漠林区和农田集镇防护林区为主体，多林种、多带式、乔灌草、点网片带相结合的综合防护林体系。

新疆从2000年开始实施退耕还林还草工程，采取科学设置封禁区和还林还草建设，林草资源得到有效保护，林草生态效益不断彰显。新疆连续出台《新疆维吾尔自治区退耕还林工程管理办法（暂行）》《新疆维吾尔自治区新一轮退耕还林还草管理办法》，在全国首推禁止天然林商业性采伐，停止沙化贫瘠土地的开垦和耕作，落实退耕还林还草的生态补偿。其结果，一是生态环境不断改善。森林草原资源总量增加显著，累计退耕还林面积共1700余万亩、退耕退牧还草面积共1190余万亩，森林覆盖率从工程伊始的1.92%提高到了2021年的5.02%，其中，仅退耕还林就使得森林覆盖率增加了0.9个百分点。二是生态效益不断彰显。退耕还林还草项目共发放生态补偿财政资金100多亿元，受益人群超过170万，人均增收超过5000元。通过将退耕还林和林果业发展结合，特色林果种植面积为1850万亩，沙产业年产值超过40亿元。通过还林还草工程，涵养水源、净化大气、固碳释氧、生物多样性保护、水土保持、森林防护和林木养分固持等生态价值也十分突出。

截至2021年，新疆已形成并推广桎柳固沙、工程治沙、无灌溉造林、低覆盖度造林等一批先进实用的治沙模式，形成"野生防护林""人工生态防护林""生态经济林""基本农田防护林""居住区美化林"五道屏障。在政策机制、技术模式、产业发展和管理体制等方面取得了突出成效，为中国乃至世界提供荒漠化治理的"新疆样本"。

(二) 发展特色产业，实现沙地掘金

近年来，新疆在完成"三北"防护林、退耕还林还草等生态建设重点项目的同时，沙区特色种养植、沙漠旅游、沙产品精深加工、沙漠能源等产业形态纷纷涌现，探索形成了生态—经济复合型沙产业发展模式，实现了生态效益、经济效益和社会效益的多赢。

1. 积极探索管理机制创新

为推动"沙漠经济"快速发展，新疆陆续出台了《新疆沙产业规划纲要（2011—2020年）》《新疆旅游经济发展蓝皮书（2010—2018年）》《新疆特色林果业转型升级发展规划（2015—2020）》《加快推进沙漠经济创新发展的工作方案》《兵团加快推进沙漠经济创新发展工作方案》等政策文件，落实国家产业发展政策，升级补贴补偿引导资金。

2. 统筹完成沙漠经济作物布局

凭借昼夜温差大、光照充足、无霜期长的自然条件，土壤、水、气候等资源条件，新疆因地制宜发展生态经济型产业。当前，新疆已布局形成和田地区种植玫瑰、精河县种植蛋白桑、阿合奇县种植沙棘、且末县种植肉苁蓉、焉耆县种植辣椒、吐鲁番种植葡萄、阿克苏种植苹果、若羌种植灰枣、和田种植玉枣、哈密种植大枣、噶尔盆地南缘和塔里木盆地北缘种植番茄，阿克苏、和田和喀什种植核桃的农林经济发展模式。截至目前，新疆林果种植面积稳定在2150万亩（含兵团300万亩），其中红枣750万亩、核桃584万亩、葡萄215万亩、梨111万亩、甜瓜87万亩、苹果83万亩。肉苁蓉、酿酒葡萄、沙棘、枸杞、玫瑰等沙区适宜的特色经济作物种植面积已超过150万亩，其中于田县有沙漠玫瑰5万多亩、乌兰旦达盖有蛋白桑2万亩、且末县有肉苁蓉8万余亩、阿合奇县有沙棘4万余亩。

3. 持续壮大沙生产业，不断延伸产业链条

在产业发展进程中，新疆也曾面临产量高、销路少、产业链延伸程度低的困境。多年来，新疆坚持农业农村优先发展，深入推进乡村振兴战略，以种植特色经济作物为手段，带动加工、贮藏、运输、销售、旅游、康养等相关产业的发展，走出了一条以特色产业添绿增收的治沙致富道路。经过多年探索实践，形成以灌草饲料、中药材、林果、沙漠康养、文化体验等为重点的一、二、三产融合发展模式，开发出饲料、药品、保健品、日化品、食品、酒类、饮料、果品等精深加工农产品。据国家林草局

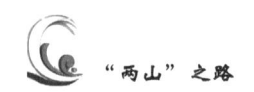

统计，全疆 2020 年的沙产业产值近 42 亿元，涉沙加工企业 150 多家，龙头企业 30 多家，年加工能力 118 万吨，产值达 35 亿元。①

（三）发展沙漠旅游，实现点沙成金

接续发展沙漠旅游，不断推动产业融合发展。长期以来，新疆的壮美景观、多彩文化一直"养在深闺人未识"。随着"旅游兴疆""文化润疆"等一系列战略的实施，资源开发、基础设施建设、品牌打造、文化深度融合的不断推进，以及旅游目的地可及性、旅游项目特色化、旅行过程舒适性的不断提升，新疆的美丽经济正在迅速崛起。

一是旅游基础设施不断完善。随着新疆高速铁路的开通，进疆时间大幅压缩，旅途舒适感大大提升。随着喀什至墨玉高速公路、克拉玛依至塔城铁路建成投用，新疆所有地州市迈入高速公路时代，全域实现互联互通。继地窝堡国际机场、喀什国际机场、库尔勒机场、阿克苏温宿机场、和田机场、伊宁机场、阿勒泰机场、克拉玛依机场、塔城机场、库车机场、且末机场、阿克苏机场、那拉提机场、喀纳斯机场、吐鲁番机场、哈密机场、博乐机场、富蕴机场后，新疆在 2019 年一年内开建 9 个机场，整个航空运输迎来重大进展。

二是旅游景点线路不断丰富。新疆的旅游资源极为丰富，全区共有旅游资源 56 种、景点 1100 余处。在新疆，游客可以选择到天山、阿尔泰山、昆仑山等世界名山之中深度游玩，欣赏雪域冰川、叠嶂雄峰、飞泉瀑布、珍奇异兽等高原山水景观，也可以选择一泻千里的河流、一望无际的草原、光怪陆离的戈壁幻境、神秘莫测的沙漠奇观。近年来，新疆依托沙漠特色，开发沙山公园，打造"武侠驿站"，发展房车旅游新业态。截至目前，新疆共有 30 余个国家沙漠公园遍布天山南北，滑沙、沙浴、全地形车驾驶、沙漠露营、沙滩排球等项目星罗棋布。以毗邻库木塔格沙漠的鄯善县为例，通过引进自驾营地、沙漠越野、沙漠三角翼等旅游项目，打造了独具特色的"一站式"旅游基地。2016 年至 2019 年，全县累计接待游客

---

① 《新疆荒漠化治理渐入佳境》，2020 年 8 月 17 日，国家林业和草原局网站，https：//www.forestry.gov.cn/zsb/988/20200817/162049891910987.html。

超1865万人次，实现旅游收入逾145亿元。以毗邻古尔班通古特沙漠的乌苏市古尔图镇为例，通过"武侠"核心元素的挖掘，开发武侠风涂鸦、仿古风建筑、古风表演等特色项目，促使游客深度体验大漠孤烟、长河落日、原始丛林、行侠仗义、笑傲江湖的英雄梦。古尔图镇被誉为"中国最美村镇"，成为影视作品《七剑下天山》的主要拍摄地，成为武侠小说《玉娇龙》的人物原型取材地。①

三是旅游人数规模不断增长。2018年全区接待国内外游客超过1.5亿人次、增长40.1%，实现旅游总收入2579.71亿元，同比增长41.59%；2019年全区接待游客历史性突破2亿人次，旅游总收入超3400亿元，两项数据增幅均超40%；受到疫情影响，2020年全区接待游客1.58亿人次，旅游总收入992.12亿元；2023年，旅游经济强势复苏，仅"五一"小长假期间就接待游客805.20万人次，旅游收入60.34亿元。②

三　经验与启示

凭借独特的沙漠资源优势，新疆的防沙治沙和产业发展融合发展取得突出成效，实现了沙漠增绿、资源增值、企业增效、群众增收。但是，新疆也依然存在发展基础薄弱、产业规模较小，资金投入不足、生态溢价不显，城乡之间、区域之间、个体之间发展不平衡，沙漠经济的竞争力不强等问题。为了做好沙漠特色文章，实现沙漠变金山银山，实现可持续发展，我们应该树立戈壁沙漠也是金山银山的新资源观，以创新思维谋发展、以科学技术助提升、以保护性开发促转化，走出沙漠颜值提升、沙漠价值转化的可持续道路。

一是提升林分质量，增值绿洲生态价值。时至今日，立地条件适宜地块已基本上完成植树造林，人工绿洲面积已经比新中国成立之初扩大近6倍。接下来，我们应统筹谋划，要尊重自然规律、集约利用资源，不要过

---

① 耿丹丹：《唤醒沉睡的沙漠资源》，《经济日报》2021年5月19日第8版。
② 《805.20万人次！60.34亿元！"五一"假期新疆接待游客、旅游收入均创历史新高》，2023年5月4日，新疆维吾尔自治区人民政府网，http://www.xinjiang.gov.cn/xinjiang/bmdt/202305/d079449232014561 b4fb35563994dff5.shtml。

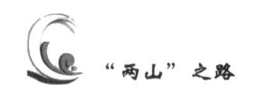

分追求人工造林面积扩大，而是要提高绿洲内的林分质量。通过实施防护林退化林分修复工程，采用补植补造、更新造林、重新规划造林等人工干预方式，实现应修复尽修复。同时，采用"互联网＋技术"实现高效护林。我们需要完善"互联网＋森林草原防火督查"系统建设，推广启用"防火码"，做好已有森林抚育工作，维护生物多样性，严防死守外来物种和外来虫源。

二是推进沙生资源产业化开发。加快落实国家林业和草原局发布的《全国沙产业发展指南》，在古尔班通古特沙漠周边种植甘草、麻黄、藏红花等沙生药材，栽种葡萄、蜜瓜等绿色食品，推进文冠果、苦豆子等沙生植物精深加工，拓展产业链条，形成农业产业集群；在额尔齐斯河流域、伊犁河流域适度集中建设观光休闲型生态旅游区，发展沙漠生态康养旅游；在保护自然景观和生物多样性基础上，加强木垒鸣沙山、奇台硅化木、吉木萨尔、阜康梧桐沟、沙雅等国家公园的旅游设施建设，发展国家公园科考和教育产业；坚持保护型开放原则，完善赛里木湖、可可托海、博斯腾湖、新疆拉里昆、乌伦古湖、博尔塔拉河、那拉提国家、玛纳斯、伊犁河国家公园基础设施，发展湖泊康养旅游。

三是坚持特色发展，避免同质竞争。各地沙漠资源特色差异不大，当某一个行业利润较高时，大家一哄而上，造成供过于求，形成同行压价、同质竞争。由于缺乏产业发展的长远规划，沙生经济作物的种植业出现同质化问题。如梭梭林套种大芸，亩均收益最高时可达6000多元，但由于种植面积扩大较快、精深加工尚未量产，销路不畅和价格下降已露头角。沙漠旅游也是如此，如各地的沙漠公园设计理念相似、游玩项目雷同，同质化竞争态势明显。下一步，通过提升产品品质，打响特色品牌，实施精深加工，才能持续获得生态溢价收益；通过融入文化元素、打造特色旅游项目、完善配套设施、提升游客体验感，才能真正打响旅游牌，拓宽致富路。

第四节 大江大河也是金山银山：以黄河流域为例

五千年以来，黄河无私地孕育着古老而伟大的中华文明；五千年后的今天，黄河仍然在无私地滋养着黄河沿岸的9个省份。可以说，沿黄省份皆受黄河滋养，皆因黄河而兴，皆因黄河而美，皆因黄河而强。贯彻落实"大江大河也是金山银山"理念，推进黄河流域"两山"之路建设，既是筑好生态屏障、协调水沙关系、保障黄河安澜的需要，也是促进区域协同、缩小区域差距、实现共同富裕的需要，更是活化传承黄河文化、激发市场参与活力、激活内生创造力的需要。近年来，沿黄省份积极践行"两山"理念，主动对接国家战略，加强区域协同协调，推进经济发展与生态保护互融互促，在保护黄河生态环境和促进高质量发展方面取得骄人业绩。

一 黄河流域的基本情况

由于土壤肥沃、开发较早、农耕发达、人口集聚，黄河流域在唐朝以前的三千多年时间里一直是中国的政治、经济和文化中心。九曲黄河自西向东蜿蜒流经青藏高原、黄土高原、黄淮海大平原。由于土质疏松、植被稀疏，黄土高原雨水冲刷导致水土流失严重。在穿越黄土高原时，河水携带大量泥沙向东奔流。河面宽阔地段水流变缓，大量泥沙沉积河底，黄河水位不断抬高，最终变成了一条悬河。

因为河流较长、途经地形地貌复杂多样、河水中泥沙含量较大，造成黄河水害严重，形成"善淤、善决、善徙"的特征。历史上，黄河决堤、改道也有发生，曾因洪涝给黄河沿岸人民带来了深重灾害。中华民族在感恩黄河滋养之情的同时，也与黄河水旱灾害进行着长期的斗争，如大禹治水、瓠子堵口、康熙治水、束水攻沙等。

黄河横跨高原、冰川、草原、平原等不同地貌，途经高、中、低三种地势台阶，坐拥三江源国家公园、祁连山国家公园、若尔盖国家湿地公园、黄河三角洲等多个重要生态功能区，生态类型丰富多样。由于水土光

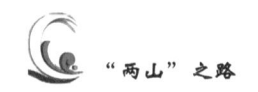

日资源条件优良，黄淮海平原、汾渭平原、河套灌区成为华北地区重要的农产品产区，黄河流域的整体农牧业基础较好。九曲黄河流经之地人口集聚，农牧业、工商业发达，形成了各有特色的河湟文化、关中文化、河洛文化、齐鲁文化，文化根基十分深厚，文化遗产丰富多样。

但黄河是"体弱多病"的，它的生态脆弱、水害威胁、水土流失、环境污染等问题都不容忽视。多年来，黄河上游的雪线在上移、冰川在消融、草原在退化、草甸在缩小、林木在减少，中游黄土高原的水土严重流失，下游三角洲土壤发生盐碱化次生盐渍化，生物多样性不断降低，黄河生态脆弱问题连发，生态危机治理已经刻不容缓。多年来，黄河水少沙多，水沙关系不协调，"地上悬河"长期悬而未决，在极端天气时容易引发超标洪水。随着气候变迁，黄河流域降水逐年减少，多年平均降水量在450毫米左右，但水资源开发利用强度高达80%，远超40%的生态警戒线。同时，随着城市化和工业化的发展，生态破坏和环境污染进一步加剧，资源消耗和能源浪费进一步扩大，资源环境承载能力受到严重挑战，水体质量低于全国平均水平。

同时，黄河流域产业布局和产业结构有待优化，当前以能源化工、原材料、农牧业等为主导的产业结构，资源能源消耗大，效能效益逐年降低。沿黄地区教育、医疗、卫生、养老等公共服务供给不足，交通物流、物资储备等基础设施建设滞后。沿黄各省之间统筹谋划不足、区域协调不够、分工协作不强，在产业发展、流域治理、文化保护、民生项目建设等方面尚未形成合力。

二 黄河流域的创新实践

通过生态环境保护与高质量发展的顶层设计和谋篇布局，黄河流域实现了生态环境持续明显向好，创造了黄河岁岁安澜的历史奇迹；经济高质量发展成效初显，中心城市和城市群加快建设，新的经济增长点不断涌现，人民群众生活得到显著改善。经过一代代的艰辛探索和久久为功的不懈努力，黄河人民谱写了新时代的黄河奋进曲。

(一) 共抓大保护，生态治理效果显著

沿黄省份牢固树立"生态兴则文明兴"思想，紧紧遵循"两山"理念，坚持将生态环境作为重要生产力要素，统筹推进山水林田湖草沙系统保护，协同布局"碳达峰""碳中和"目标任务，共抓大保护格局基本形成。

一是统筹划定生态保育空间，接续推进生态保护与修复。作为一个整体的流域生态单元，沿黄省份不同地区的水、土、风、资源等生态介质之间相互依存、相互影响。近年来，沿黄省份深入实施黄河国家战略，协调优化生态空间，实行一体化保护，联手实施重点修复工程，促进了生态功能的稳步提升。如黄河中上游的青藏高原生态屏障的作用地位十分显赫，可以左右我国甚至世界的气候。其隆升的地势对我国西北干旱、东部湿润的气候格局产生重要影响，其巨大的冷热源对东亚的季风环流、中国的东部旱涝起到重要作用。如作为长江、黄河和澜沧江源头的三江源国家公园有效破解"九龙治水"的分区域、碎片化、松散型治理模式，创新建立共治共建共享的管理体系；横跨青海、甘肃两省的祁连山国家公园形成常态化保护、监管与治理机制，划定生态保护红线，实施产业准入负面清单，完成144个探采矿项目区域生态修复、44个水电项目分类整治、24个旅游项目生态修复，实现"大治"到"长治"的转变；横跨甘肃、四川两省的若尔盖国家公园积极开展林草植被恢复、退化草原改良、沙化土地治理，新建和提升干支流生态防护带，持续开展减畜禁牧、增草还湿等工作，改善生态环境，强化生物多样性保护。

二是统筹上下游干支流左右岸，持续提升黄河生态廊道。生态空间决定生产空间和生活空间。沿黄省份发挥自身生态资源特色优势，联手打造健康河流生态系统，携手建设沿黄生态廊道，促进流域生态廊道建设与区域高质量发展有机融合。甘肃在玛曲县推进湿地保护与修复，在洮河、庄浪河、宛川河等生态脆弱河流进行生态修复与环境治理，在兰州打造百里黄河风情带。宁夏以黄河干流为主轴，坚持水里问题岸上治理、岸上问题流域统筹，采取控源截污、清淤疏浚、河库共治、生态修复等措施，分层分类推动生态治理、推进生态廊道建设。内蒙古坚持宜林则林、宜草则

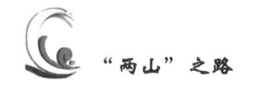

草、宜湿则湿、宜荒则荒，采取人工造林种草、封山育林育草、退耕还林还草还湿等科学措施，促进自然生态修复恢复，打造800公里长的沿黄生态廊道。山西实施"固沟保塬"综合治理，推进以汾河、沁河、涑水河为重点的河流生态保护与修复，建成七条河流生态廊道，优化了生物群落系统，拓宽了生态空间。河南通过实施水沙调控、提速国土绿化、开展退耕还林还草还湿、开展矿山综合整治和生态修复等措施，在黄河两岸打造形成生态景观类、生态防护类、生态经济类、园林景观类、湿地景观类生态廊道共计1186公里。山东实施黄河三角洲自然保护区、泰沂山区、大汶河—东平湖生态区、小清河生态区、南四湖、大运河、黄河滩区的生态保护与修复工程，实施环境污染综合防治，推进资源集约节约利用，增强黄河下游地区生态屏障功能。

三是完善流域横向生态补偿机制，推进绿水青山价值转化。沿黄省份积极落实《支持引导黄河全流域建立横向生态补偿机制试点实施方案》，认真探索按照水体质量建立省域之间的横向补偿实践，形成"保护者受益、污染者付费"的激励机制。2021年4月至2022年5月，根据两省签署的省际黄河流域横向生态补偿协议，山东向河南共兑现生态补偿资金1.26亿元。2021年9月至2022年5月，根据全省黄河干支流流经的县、市、区间签署的301个跨县断面横向生态补偿协议，133个县、市、区共兑付完成横向生态补偿资金3.24亿元。同时，沿黄省份积极实施"碳达峰""碳中和"3060行动，节能降碳取得实效。自2020年国际碳汇市场试点工作开展以来，青海已经按照VCS+CCB国际标准（核证减排标准与气候、社区和生物多样性标准），积极进行高寒地区应对气候变化的双碳之路探索。自2021年启动碳达峰碳中和林草碳汇试验区建设以来，包头市积极开展森林草原湿地碳汇监测核算，与高校建立碳汇提升与价值开发联合研究，与企业共建碳汇林，探索碳排放抵消合作，实施"零碳"会议、"零碳"产品、"零碳"机关等"零碳"行动，全面探索林草生态系统增汇机制。

四是积极推进联合立法执法，保障黄河生态资产保值增值。俗话说，"不谋全局者不足谋一域"，对黄河流域来说尤其如此。在以良法善治促进高质量发展的目标指引下，沿黄省份正在积极推进黄河立法，探索省际联合执法的长效机制。2020年，甘肃、陕西、宁夏、青海、内蒙古5省份签订《跨省界河流联防联控联治合作协议》，携手在水资源保护、水污染防治、水环境治理、水生态修复等方面实行联防联控联治。2021年，沿黄9省份签署《黄河流域生态保护和渔业高质量发展宣言》，联合响应禁渔期制度，并携手在流域系统治理、渔业资源养护、渔产业融合发展方面实行共管共建共享。

（二）协同大治理，环境保护成效显著

沿黄省份协同实施"治沙、治污、治洪"，合力解决黄河中上游水源涵养、减少水害灾害、执行环境保护督察制度、完善生态补偿机制、建立环境污染付费机制、完善多元治洪体系等实际问题，促进黄河流域河流水质明显好转、特大暴雨洪涝灾害预防稳步推进、水生态文明建设持续向好。

一是携手推进多措治沙，大幅减少黄河泥沙量。中上游地区综合开展植树造林、退耕还林还草促进水土保持；中游地区"拦"与"调"并举，利用小浪底水利枢纽等水库进行拦截泥沙和调水调沙；下游地区"排"与"挖"并重，采用洪水排沙入海、人机结合挖沙来减少泥沙堆积堵塞。通过植树造林、植被复苏等增强水源涵养手段和推广淤泥坝、圩堤坝等技术性设施，黄土高原生态治理成效卓著，黄土高原林草植被覆盖度超过59%，年入黄河泥沙减少4亿吨。沿黄省份不断平衡水沙关系，在防沙治沙方面也取得显著成效，如甘肃草原植被覆盖度达到52%，入黄泥沙含量由20年前的年均4880万吨减少至2019年的2254万吨，减幅达50%以上；内蒙古在过去5年间治理沙化土地7197.5万亩，年入黄泥沙量由1亿吨减少到5000万吨；山西每年输入黄河的泥沙量已由80年代初的3.67亿吨减少到现在的2.7亿吨，减少近亿吨；陕西年均入黄泥沙量由8.3亿吨减少到2.68亿吨。

二是协同推进精准治污，黄河水体水质持续好转。黄河污染表象在水里，问题在流域，根子在岸上。为破解"人人喊治污、人人在排污"的困境，沿黄省份以黄河干支流为重点，点线面结合全力打好污染治理攻坚

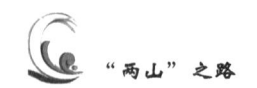

战，实施黄河流域入河排污口排查行动，持续推进监测、溯源、整治工作。2020年，山西、甘肃、青海3省12地市（州）开展入河排污口"查、测、溯、治"国家试点，在全面排查发现各类入河排污口12656个的基础上，持续提升水源涵养能力，持续推进水土流失综合治理，强化生态环境风险隐患排查整治，因地制宜发展生态产业。2021年，陕西省排查黄河流域入河排污口4663个；全面整治完成黄河干流入河排污口105个；111个国控断面中，Ⅰ类至Ⅲ类优良水质断面101个，约占91%，优于国考目标任务1.8个百分点。

三是联合实施智慧治洪，科技赋能洪涝灾害治理。在黄河水利委员会统筹领导下，"智慧黄河"建设不断推进，集立体化监测、精准化管理、数字化信息、规范化监督、智能化决策和便捷化服务为一体的黄河"智慧大脑"工程正在有序推进。当前，黄河流域在提升水文测报能力、加强通信传输保障、推进共治共享等方面正在不断发力，346座大型及重点中型水库实现在线监测，1000多路视频信号实现实时传输，技术和管理创新正让黄河治理变得更"智慧"。围绕黄河数字孪生建设，山东省建成"智慧山东黄河防汛"平台，实现黄河干支流指挥调度、巡查观测到工程抢护的智慧化。

(三) 共谋大发展，高质量发展稳步推进

2020年，中共中央政治局审议通过了《黄河流域生态保护和高质量发展规划纲要》，这标志着黄河流域生态保护和高质量发展成为国家战略。此后，沿黄省份积极响应、主动作为、勇于担当、敢于创新，在产业提质增效、新兴产业培育、生态富民安居方面交出了一张张耀眼的成绩单。

一是传统产业提质增效，有力保障粮食安全和能源安全。黄河流域拥有以黄淮海平原、汾渭平原、河套平原为主的粮食主产区和以山西、鄂尔多斯盆地为主的能源富集区，有力保障了国家粮食、能源安全。沿黄省份不断推进主产区粮食生产和现代农业发展、持续推进农牧交错带农业结构调整，以农业高质量发展助力共同富裕目标实现。2021年，沿黄9省（区）粮食产量突破2.35亿吨，占全国总产量的比例为34.5%，河南、山东粮食产量位居全国省域第二位和第三位。沿黄省份从做优存量、做大增量两个方面持续发力，推动能源由"黑"转"绿"，淘汰落后产能，做大优质产能；聚焦关键能源寻求技术突破，促进能源产业高端化发展；着力推进能源生产消费方式变革。通过"北煤南运""西电东送""西气东输"工程的持续推进，油气产量全国第一、煤炭产量全国第三的陕西省，有七成以上一次能源产量外送全国各地；作为国家能源安全保障"压舱石"的山西省，有58%的原煤、79%的焦炭、30%的电力外调全国各地；内蒙古和山西正在着力推动由原来的"一煤独大"向现在的新材料、高端化工多元化发展。

二是大力培育新兴产业，着力挖掘经济高质量发展新动能。重点围绕数字经济、生态经济、文旅经济等，向数字化应用、清洁能源、黄河文化保护性开发等产业发力。围绕数字经济，国家在内蒙古、甘肃、贵州、宁夏四省份布局一体化算力网络枢纽节点，加快发展数据中心集群，推进"东数西算"实现；山东省通顺应算网融合技术发展趋势，着力在新型基础设施建设、信息化系统、5G应用场景、智慧园区方面打造行业新标杆；河南省在大数据、鲲鹏计算、网络安全、新一代人工智能等数字产业发展方面引领全国，全面推进以新一代信息技术的加速融合应用赋能传统行业高质量发展。围绕生态经济，沿黄省份积极发展生物质能、太阳能、风电等清洁能源，加快落实国家"双碳"目标。2021年，内蒙古风电、光伏发电等新能源装机容量达到4144万千瓦、发电量达到800亿千瓦时，居全国第一；甘肃新能源发电装机容量达到3355万千瓦，占全省装机容量的42%，新能源发电量达到446亿千瓦时，占发电量的23%；山西新能源发电装机容量达到3283万千瓦，占全省装机容量的32%，新能源发电量达424亿千瓦时，占发电量的13%；宁夏新能源总装机容量达到1611万千瓦，占总装机容量的41%，新能源发电量485亿千瓦时，占发电量的23%。围绕文旅经济，沿黄省份注重系统性保护和整体性开发，交流协作提升"品牌效应"，共建文旅产业分工协作的沿黄生态经济带，彰显黄河流域非物质文化遗产的时代价值。

（四）共建幸福河，生态富民稳步推进

自黄河国家战略实施以来，沿黄省份在推进生态保护和高质量发展的

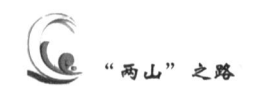

同时，持续改善黄河沿岸居民的生产生活条件，为实现共同富裕目标不懈努力，使黄河成为造福人民的幸福河。

一是黄河上游地区稳步推进生态移民富民工程。对生态环境脆弱、水土流失严重地区居民进行集中或分散搬迁安置，以股份合作方式流转土地承包经营权，继续享受支农惠农补贴和退耕还林政策，并完善就业帮扶政策，促使移民从开发者变成守护者和建设者。三江源国家公园区域已完成6万余人的生态搬迁，祁连山国家公园已完成8万多群众生态搬迁，超过2万牧民被聘选为生态管护员、宣传员和巡护员。宁夏吴忠市红寺堡区共集中安置了23万生态移民，以"搬得出、稳得住、管得好、逐步能致富"为工作目标，通过产业、教育、社会等多种帮扶形式，探索走出一条"扬黄调水、生态富民、易地搬迁、产业增收"的道路。

二是黄河中游地区实施坡耕地治理与农业转型富民工程。通过生态保护修复发展与农业转型发展相结合，实现水土保持与农业增效、农民增收的多赢。通过退耕还林还草工程，水沙治理成效明显，生态富民逐步实现。山西先后完成25度以上坡耕地整治170万亩，河南省先后完成6度以上坡耕地整治465.7万亩。"十四五"时期，黄河流域还将实施坡耕地水土流失综合治理407万亩。近年来，陕西省深入实施"藏粮于地、藏粮于技"战略，建成高标准农田605万亩，耕地质量和水利基础设施提升明显，促使传统农业向现代农业转型发展，促进特色农业产业成为当地农民增收致富的重要来源。

三 经验与启示

沿黄省份稳步推进实施国家战略，黄河流域生态保护和高质量发展取得显著成效。通过协同推进"治沙、治污、治洪"治理，促使河流生态明显好转、洪涝灾害有效控制；通过共谋产业大发展，促使传统产业转型升级和新兴产业崛起；通过共建幸福河，促使生态富民、产业富民实现。但是，我们也应该看到，当前的生态基础依然薄弱、环境污染时有发生、洪涝灾害防范艰难、产业结构依然较为单一、产业效益有待提升。下一步，黄河流域应强化"一盘棋"思想，树立系统思维方式，克服就水论水的片面性，注重全局谋划、整体治理和协同发展，开创大江大河治理新局面，促进大江大河转化为金山银山。

一是以系统思维统筹兼顾协同治理。黄河流域上下游、左右岸分属不同行政单元和生态单元，功能地位各不相同。上游地区生态极为脆弱，主要功能是生态保护与生态修复；中游地区既是粮食主产区又是黄河水患的高发区，主要功能是保障生态安全和粮食安全；下游地区生态破坏和环境污染较为严重，主要功能是污染治理和新旧动能转换。在黄河治理中，应突出全局性、整体性和协同性，不断加快干支流防洪减灾体系和能力建设，推进黄河干支流河道综合治理，完善水沙调控机制，做好防洪调度和加强水情监测预报预警，有效应对处置险情，形成黄河流域生态保护协同治理机制。一方面，沿黄省份要在充分考虑生态资源环境承载力基础上，因地制宜地探索生态保育指标、环境治理指标、农业产业发展指标进行绩效考核；另一方面，沿黄省份要深入贯彻新发展理念，形成"成本共担、效益共享"的跨区域协同治理机制，健全和完善横向生态补偿机制、财政转移支付制度，推进水权、碳排放权、排污权的市场化交易，推行污染治理第三方委托制。

二是加强区域政府政策协同合作机制。由于生态环境的外部性、生态保护的复杂性和长远性、环境治理的整体性和系统性、产业发展的链条性，某一区域政府无法解决相关的政策冲突和分治行为，这就急需政府间建立跨区域合作以破解生态型公共产品有效供给难题。长期以来，在政绩考核的压力下，沿黄省份之间的利益博弈引发诸多"搭便车"行为，屡屡在生态保护、环境治理和产业发展方面存在不积极、少投入、不合作现象。为实现在竞争中合作、在发展中保护、在复杂的利益纠葛中协同推进生态保护与高质量发展国家战略，沿黄省份应尽快转变思维方式，摒弃追求区域利益最大化、以牺牲整体环境换取一时一域发展的做法。一方面，沿黄省份需要树立全流域生态共同体理念，坚持山水林田湖草沙生态空间一体化保护与修复，坚持上下游环境污染综合治理、系统治理与协同治理；另一方面，沿黄省份要在协同中分层推进黄河战略，沿黄省份应建立差异化的生态绩效考核机制、建立地区间利益磋商协调机制、健全横向和

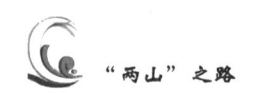

纵向生态补偿机制，制定和完善相关的地区间合作规章制度，确保黄河流域高质量发展行稳致远。

三是加强基础设施和资源开发的共建共享。沿黄省份要优先考虑生态脆弱性和水源涵养，在严格保护中推动资源有序开发，建立产业链分区布局、"产业飞地"、"生态飞地"等类型的产业项目合作开发和协同发展机制，实现全流域经济社会发展的均衡与协调。一方面，沿黄省份需要尽快完善基础设施规划与建设的联动机制，切实防止重复建设与盲目投资，共同推动流域软硬件发展环境的改善。另一方面，沿黄省份应积极探索区域间的生态合作、产业合作、技术合作、创新合作、文化合作等，建立合作清单，完善合作机制，加强合作保障，形成协同优势，构建能够支撑国内大循环的协调发展格局。再则，通过积极对接京津冀、长三角、长江流域等区域重大战略，促使黄河流域实现更大范围的借势借力发展。如推动黄河流域与长江流域在生态保护层面的合作，实施三江源、秦岭、若尔盖湿地等跨流域重点生态功能区协同保护和修复机制，加强生态保护政策、生态发展项目、生态产业联结的机制联动，在保护优先原则下适度引导跨流域的产业转移。

善弈者谋势，善治者谋全局。我们要始终坚持"大江大河也是金山银山"的理念，坚持在保护中发展、在发展中保护，促进生态保护和高质量发展国家战略的顺利推进。我们应以上下一盘棋思维，以全流域生态空间一体化思路，加强统筹谋划和顶层设计，加强重大问题研究，着力创新体制机制，纵深推进区域合作，携手修复黄河生态、强健黄河体魄、发展黄河经济、传承黄河文化。

第五节　碧海蓝天也是金山银山：以海南省为例

一　海南省的基本情况

海南是中国最靠近赤道的省份，拥有中国面积最大的热带雨林，贡献了相当于中国陆地面积1/4的广阔海域。海南的陆地（包括海南岛和西沙群岛、中沙群岛、南沙群岛）总面积是3.42万平方公里，海域面积约200

万平方公里；海南生物多样性丰富，全岛有维管束植物有 5000 多种，野生维管束植物有 3900 多种；全岛脊椎动物有 648 种，属于国家一级保护的有 14 种；有绵延 1944 公里的海岸线，范围 4400 余平方公里的海南热带雨林国家公园。

同时，由于处于海陆相互作用的动力敏感地带，海南省的生态系统敏感性强、稳定性差，一旦受损就难以复原。其生态系统明显且独特的脆弱性，给生态环境保护和社会经济发展带来严重影响。随着经济建设和社会发展的持续推进，全岛环境承载力也面临严峻考验。当前海域岸线自然生态和风貌破坏明显、部分自然保护区管护不力、环境基础设施建设滞后等问题，给海南生态保护与环境治理敲响了警钟。

近年来，海南省紧紧追随时代步伐，积极向上争取生态保护与经济建设协同发展的政策支持。2018 年，中共中央、国务院发布《关于支持海南全面深化改革开放的指导意见》。2019 年，中央办公厅和国务院办公厅印发《国家生态文明试验区（海南）实施方案》。海南省聚焦全面深化改革开放试验区、国家生态文明试验区、国际旅游消费中心、国家重大战略服务保障区（"三区一中心"）的新战略新定位，探索生态环境高质量和资源利用高效率的路径，打造新时代中国特色社会主义的海南范例。

二　海南省的创新实践

以改革试点实验为契机，海南充分利用得天独厚的自然资源条件，留存可持续发展的"绿色银行"，以生态环境保护建设推进生产力发展，以生态环境保护促进民生改善，实现蓝天碧海转化为金山银山。

（一）留存可持续发展的"绿色银行"

曾经的海南，碧海波涛与风姿绰约的山林互动，浩瀚南海与热带雨林蓝绿相连，云雾缭绕的吊罗山、猿声不绝的霸王岭、万木争荣的五指山、藤蔓交织的尖峰岭、坡鹿栖息的猕猴岭、飞泉流瀑的黎母山满载着生命的律动。曾经的海南，人们肆意挥霍良好的生态环境基础，生态严重破坏，环境污染不断，人工林替代天然林，经济林替代生态林。从 20 世纪 60 年代开始，海南以牺牲天然林面积为代价来支持浆纸人工林、橡胶人工林、

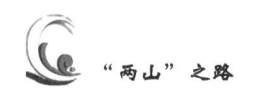

农业经济作物以及其他商业开发的行为十分盛行。1960年前后，海南相继建立16个森林采伐企业；1979年，海南的天然林面积从原来的1800万亩锐减至570万亩；2000年至2010年，中部海拔300米以上的山区发展浆纸人工林牺牲的热带天然林资源面积为3.8万公顷（约57万亩），约占天然林面积的13%。2010年开始，因养殖场污染排放，水体呈现富营养化状态，局部水域为Ⅳ类或劣Ⅳ类海水水质，浮游生物大量繁殖引致团水虱爆发，造成500余亩红树林死亡或濒临死亡，1000余亩良田绝收。

过去几十年间，海南省陆续出台《沿海防护林保护管理办法》《海洋功能区划（2011—2020年）》《湿地保护条例》《加强红树林保护修复实施方案》《"十四五"海洋生态环境保护规划》《海南热带雨林国家公园条例（试行）》等一系列文件，积极探索"增绿""护蓝"的道路，促使海南生态环境修复平衡。增绿，能涵养好海南绿"肺"；护蓝，可守护海南最诱人的风景。从20世纪50年代开始，海南省开始营造的海防林基干林带，已建成以基干林带、片林和农田防护网结合的防护林体系。自2011年以来，海南持续开展"绿化宝岛大行动"，森林覆盖率从60%提高至2020年的63%。自2017年以来，持续加大红树林资源保护与修复力度，开展湿地保护专项行动，全面恢复提升红树林湿地生态功能。截至2020年，海南省共退塘还湿4.4万亩，其中新造红树林1.2万亩；建成12个湿地公园，其中国家级湿地公园7个、省级湿地公园5个。

解决环境保护中存在的问题，需要健全相关体制机制，构筑完善法治保障。近年来，海南省严格执行《环境保护法》，发布实施《海南省生态保护红线管理规定》《海南省生态环境行政处罚裁量基准规定》等法规，对环境保护、污染防治的监测、督察、执法、惩戒、损害责任追究等作出明确规定。自2015年以来，海南对全岛1944公里海岸线进行专项整治，清理整治海水养殖污染、建设项目陆源污染，收回岸线土地8765亩。自2016年以来，海南实行海岸带生态环境损害责任终身追究制、一票否决制、损害赔偿处罚等一系列长效机制，为全岛海岸线上了一道"紧箍咒"。"十三五"时期，海南累计下达环境行政处罚决定书4046份，处罚金额5.2179亿元。全面推行河长制、湖长制，设立省、市、县、乡四级河长

2090名，开展"绿水行动"，管好河道湖泊空间及水域岸线，着力解决"黑臭"水体问题；全面推行湾长制，建立海湾生态环境管理保护责任体系；全面推行林长制，推动生态环境之路持续提升；全面推行岛长制，保护岛礁"水蓝、滩亮、岛美"。海南积极推进排污许可改革试点、国际碳排放权市场建设。同时，海南积极推进北部湾大气污染防治联防联控，与广东、广西联合制定实施监测信息和污染源信息共建共享、环境行政执法和刑事司法联合联动的方案。

（二）留存经济社会发展的生态空间

生态空间是永续发展之根脉。人类文明发展进程可以说是生产空间、生活空间持续膨胀的过程，也是持续挤压并吸收利用自然生态空间的过程。近年来，海南省着力优化生态空间，促进形成生产空间集约高效、生活空间宜居宜业、生态空间山清水秀的发展格局。

一是加快生产方式的绿色化变革。近年来，海南省聚焦旅游业、现代服务业、高新技术产业、热带特色高效农业"3+1"主导产业，通过不断优化生态链、产业链和创新链，构建起科技含量高、资源消耗低、环境污染少的现代新型产业结构。2021年，全省主导产业增加值占比高达70%，上缴税收增长率为33.4%。开展绿色GDP核算体系试点，厘清GDP中耕地、矿物、森林、水、渔业等五项自然资源耗减成本和环境污染、生态破坏等两项环境退化成本占比情况，为污染治理、环境税收、生态补偿、领导干部绩效考核制度等环境经济和管理政策提供依据。自2018年开始，海南省取消了三分之二市县的GDP、固定资产投资考核，强化了生态环境保护负面清单制度和一票否决制度。推进传统产业向高端化、数字化、智能化、低碳化升级，推进高新技术产业不断发展壮大，形成"3+1"主导产业和"3+3+3"新兴产业并重发展的产业格局。其中，"3+3+3"是指数字经济、石油化工新材料、现代生物医药3个战略性新兴产业；种业、深海科技、航天科技"陆海空"为主的3个未来产业；清洁能源、节能环保、高端食品加工3个优势产业。积极推进产业生态化和生态产业化发展，推进重点行业领域节能减排，累计淘汰小火电、水泥等落后产能超千万吨。

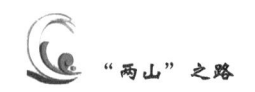

二是推进生活方式的绿色化变革。近年来,海南在美丽乡村建设、生态循环农业、绿色生活、低碳出行方面成效显著。2016年以来,海南实施"美丽海南百镇千村"工程,扎实推进美丽乡村建设。通过夯实基础提升人居环境、提升内涵挖掘盘活乡村资源、打造产业支撑乡村经济振兴,建成222个美丽乡村,47个村庄被列入中国传统村落保护名录。海南生态循环农业提档增速发展,从顶层设计践行生态理念,按大小循环加快产业结构调整,推广"猪—沼—果""猪—沼—热作""水稻—鸭—鱼""猪—沼—菜"等生态立体循环种养模式,构建资源节约、环境友好、产业循环、综合利用的新型农业发展模式,实现保护与发展相互促进。2021年,海南省出台《海南经济特区禁止一次性不可降解塑料制品规定》,要求广大企事业单位、社会公众拒绝使用一次性塑料制品,积极布局全生物降解材料及制品完整产业链。海南省推广新能源汽车持续向好。2019年,海南省发布《海南省清洁能源汽车发展规划》,成为全国首个承诺在2030年全省推广新能源汽车的省份。截至2021年,全省新能源汽车保有量已达19.2万辆,占比20%,位居全国第一。海南省通过"禁塑"行动、绿色生活周、低碳日等活动倡导形成绿色低碳生活理念。

(三)促进生态产品价值实现

建立健全生态产品价值实现机制是生态文明体制改革的重要内容,也是践行"两山"理念的关键路径,对海南建设国家生态文明试验区至关重要。2022年初,海南发布《海南省建立健全生态产品价值实现机制实施方案》,着手布局在生态补偿机制创新、重点区域生态产品价值实现、海洋资源保护和开发利用、生态农业化发展、区域公用品牌、海洋碳汇、城市GEP核算等领域开展实践探索。

一是以资源资产确权促进生态本底增量保值。生态产品是公共产品,生态产品的生产和消费环节存在一定程度的市场失灵和政府失灵。长期以来,因为权属不明确,生态产品的供给主体不明晰,生态产品的生产积极性受限。破解这一问题的关键在于,明确生态产品的所有权、使用权、收益权。实践中,海南省建立了自然资源资产产权制度、横向生态补偿制度、纵向财政补偿制度,结合农村耕地"三权分置"改革,创新了产权租赁流转、抵质押融资、经营管理、利益联结模式，推动将集体土地林地资源等折算转变为企业、合作社的股权，实现资源变资产、农民变股东，让农民长期分享生态产权红利。

二是以价值核算为生态产品定价。多年以来，海南省以国家生态文明试验区建设为抓手，守住"绿水青山、碧海蓝天"，保持生态环境持续变好。海南省先后对海南热带雨林国家公园、海南滨海湿地生态系统进行了生态系统生产总值核算，使市场交易有"价"可依。核算结果显示：2019年度海南热带雨林国家公园体制试点区内森林、湿地、草地、农田等生态系统生产总值（GEP）总量为2045.13亿元，单位面积GEP为0.46亿元/平方公里；2020年海南滨海湿地总碳储量价值43.98亿元，滨海自然湿地生态服务功能总价值为96.94亿元。这些将生态系统服务功能价值以货币化的形式度量化、直接化和可视化的探索，为将生态资源优势转化为经济优势奠定了基础。

三是探索市场化交易机制改革促价值实现。要实现碧海蓝天的价值，必须将碧海蓝天生态资源进行集中收储打包，必须吸引市场主体前来交易，必须将生态资源产品变现为"活资金"。实践中，海南省通过生态循环农业示范省、省级现代农业产业园、商标富农工程、农业产业化联合体建设，打造琼中绿橙、三亚芒果、海口火山荔枝、海南文昌鸡、万宁槟榔、澄迈苦丁茶等地理标志品牌，促进农业产业链不断完善优化，带动行业产值成倍增长，为农民找到致富路，助力村集体组织发展。通过构建以观光旅游为基础、休闲度假为重点、文体旅游和健康旅游为特色的生态旅游产业体系，形成"旅游+医疗""旅游+互联网""旅游+购物""旅游+邮轮""旅游+体育""旅游+婚庆""旅游+乡村""旅游+康养"等新业态，实现旅游产业与其他产业共融共赢，努力让"叶子变票子、水流变资金流"。

三　经验与启示

2018年，习近平总书记在海南考察时指出：要充分发挥生态环境、经济特区、国际旅游岛的优势，真抓实干，加快建设美好新海南。海南省牢

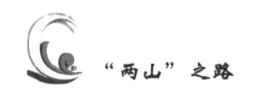

记习近平总书记的殷殷嘱托，深入推进"碧海蓝天"生态资源的价值转化加速推进共同富裕实现。

一是增强产业发展新动力，着力打造具有世界影响力的国际旅游消费中心。统筹谋划，"点线面"结合，协同推动软硬件条件提升，推进全省市县分批、分层通过全域旅游示范区的国家验收，建设三亚海棠湾、陵水清水湾等省级旅游度假区，发展壮大邮轮游艇旅游产业。协同协作，建设旅游新景区和培育旅游新业态，推进海南康养旅游建设工程，打造中医康养旅游基地、热带森林国家公园、房车露营示范基地等，提升和创建三亚天涯海角游览区等一批5A级旅游景区。健全旅游服务体系，提升标准化旅游服务水平，完善旅游质量评价体系，健全立体化投诉受理体系。

二是培育壮大新兴产业，着力推动互联网、大健康、现代物流等产业发展。在推动互联网产业快速成长方面，海南应集中优势资源做大做优海南生态软件园，引进行业龙头企业共建中电科海洋信息产业基地、海口江东新区互联网跨国企业集聚区、海甸岛物联网应用创新基地，推动"互联网+"在旅游、农业、医疗、物流等各领域融合发展。在发展高水平医疗健康产业方面，建议引进国际一流的诊疗治疗、医学美容、康复康养、制药研发机构，实现医疗技术、设备、药品与国际先进水平同步，增强行业竞争力。在加快现代物流业发展方面，建议依托海口、洋浦等重点港口完善国家航线网络布局，不断拓展国际航运中转、多式联运、集装箱货运业务；依托海口机场、三亚机场等发展出岛快速冷链物流，持续完善冷链储存设施设备，拓展水产、鲜花等冷链业务；依托海陆空交通优势，加快建设快件处理设施和绿色通道，提高国际快递处理水平。

三是准确把握保护与发展的关系，加快树立生态有价、生态赋能的意识。生态环境是产业高质量发展的基础，是良好营商环境的重要内容。保护生态环境对推进经济社会高质量可持续发展具有重要作用。良好的生态环境可转化为生产力，良好的生态环境可以促进传统产业的升级和新兴产业发展。海南省要聚焦农村这一生态治理薄弱环节，持续推进肥药双减、污染土地休耕、人居环境整治、裸露土地覆绿工作。海南省要保护蓝天碧水净土"三大保卫战"成效，持续推进清洁生产，坚持减存量、遏增量，强化大气污染、农业面源、工业污水防治，持续降低 PM2.5 浓度，有效控制臭氧和 VOC 浓度。海南省要深化"禁塑"行动，加快发展塑料替代品产业发展。

四是突出工作重点，加快完善生态产品价值实现机制。以《海南省建立健全生态产品价值实现机制实施方案》为统领。进一步压实责任，创新工作机制，建立健全生态保护的治本长效机制和政府、企业、公众多元协作机制，完善高质量发展考核评价体系与结果运用制度，以更严的作风、更实的举措，抓好生态环境保护工作。加快推进热带雨林国家公园、清洁能源岛建设，大力推广清洁能源汽车，加快建设装配式建筑应用和推广等标志性项目，科学、合理、积极、稳妥推进"双碳"工作，探索绿水青山就是金山银山的海南实现路径。

第八章

"两山"之路的未来展望

第一节 深入推进"两山"之路的战略视野

"两山"之路是一条生态环境保护与经济社会发展协调互促的道路。"两山"之路建设是一项复杂的工程。我们需要牢固树立"两山"理念，坚守生态优先、绿色发展、统筹兼顾的原则，找准确生态环境保护、资源开发利用和经济健康发展的平衡点，实现生态环境向更高层级、更好局面的方向挺进，实现经济发展向更高质量、更好效益的目标前行。

一 持续以环境保护推动国家高质量发展

综合研判当前的发展阶段和发展环境可以发现，中国的经济发展需要始终坚持绿色、低碳、高质量、可循环原则，走"绿水青山"和"金山银山"相互转化、相互促进的高质量发展道路。高质量发展不只是经济的稳健发展，还应包括社会的全面进步；不单是对经济基础较好区域的要求，也是全国各地发展都必须贯彻的理念；不仅是一时一事的具体要求，还是长期全面坚持的要求。由此可见，平衡生态环境保护和经济高质量发展的关系，实现"生态环境持续改善，生态安全屏障更加牢固，城乡人居环境明显改善"[①]，是中国当前及未来一段时间主要的发展目标。

[①] 《中华人民共和国国民经济和社会发展第十四个五年规划和2035年远景目标纲要》，2021年3月13日，中国政府网，http://www.gov.cn/xinwen/2021-03/13/content_5592681.htm。

第八章 "两山"之路的未来展望

进入21世纪以来，社会主要矛盾发生了本质变化，已经从原来的"人民日益增长的物质文化需要同落后的社会生产之间的矛盾"转化为当前阶段的"人民日益增长的美好生活需要和不平衡不充分的发展之间的矛盾"。现阶段，破解主要矛盾和深层次问题的关键在于提高发展质量，这就要求我们应从更加宽广的维度和视角去把握高质量发展的要义。因此，全社会应形成广泛共识，新时代的高质量发展不仅仅是在经济领域更加重视发展质量，更加注重效益提升，而且需要在社会、文化、生态等各领域更加突出平衡永续、和谐共融。全民族应采取一致行动，将高质量发展的思想内化于心、外化于行，将思想落实到生产生活的具体实践中。

大自然是万物之母，生态环境是人类赖以生存和发展的前提和基础。生态环境保护得好与不好，直接关系着经济社会能否实现高质量发展。生态环境保护和高质量发展不是非此即彼的矛盾体，而是有着本质统一性和目标一致性的和谐体。在本质上，生态环境保护和高质量发展都坚持守护生态本底、强调生态资源数量和质量的保有。高质量发展认同良好的生态环境既是生产力要素之一，也是高质量发展的重要内容，在发展时坚定采用资源能源消耗较低、生态环境成本较少的方式。推动生态环境保护时强调尊重自然规律、经济规律、社会规律，这个过程本身就是在推动高质量发展。在目标上，生态环境保护和高质量发展都强调人们的公平感、获得感和幸福感。高质量发展不仅有满足人民对美好生活需要的目标，还包括满足人民对优美生态环境需要的目标。生态环境保护需要维护"当代人"和"后代人"的生态权利，要考虑为后代人发展预留生态空间。同时，在生态环境保护领域体现高质量发展要求，也能为其他领域的高质量发展提供有力支撑、拓展更大空间。

生态环境保护和高质量发展协同共荣是推进生态文明建设的重要战略举措。从世界范围看，当今世界正在经历百年未有之大变局，如国与国之间武力冲突持续不断、经济制裁频频发生、全球疫情肆虐、世界经济整体下行等。从中国视角看，我们面临的国际发展环境日趋复杂、国内发展面临新常态。为精准防范、科学应对、有效化解因内外部环境变化带来的新隐患、新挑战、新问题，关键是要促进经济持续健康发展，实现质量与效

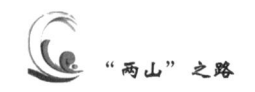

益的明显提升。于是,高质量发展被提上议程。在这里,推动高质量发展不仅仅是当前阶段的权宜之计,更是从全局出发、谋求全域发展、建设现代化的战略选择。要实现高质量发展,我们就应该遵循绿色发展理念,践行"两山"道路,满足老百姓对富裕生活、美好生活向往,并拓展中华民族的永续发展的生态空间。

为此,我们需要牢固树立"两山"理念,坚定践行"两山"之路,持续以生态环境保护推动高质量发展。一方面,我们需要从全局高度、长远眼光谋划和推进生态环境保护,坚持尊重自然、顺应自然、保护自然。实践中,可从顶层设计、体制健全、机制创新、观念转变、科技赋能等层面发力,为实现生态环境保护高质量发展寻求突破口。另一方面,我们需要贯彻落实新发展理念,科学分析生态环境的承载能力,合理设置人类生产生活的环境阈值。通过自然资源资产负债表的编制和生态系统生产总值的测算,评价生态环境的容量、质量和变量。根据环境特征,因地制宜设置资源使用和环境净化的上限,并应约束经济生产、社会行为,使其与自然资源和生态环境承载力相适应,给自然生态留下休养生息的时间和空间,为高质量发展提供更大的环境容量。

优良的生态环境可提升人民群众的幸福感。在共同富裕的大背景下,我们应积极推动全国全域的经济社会高质量发展,特别是补足发展不充分地区这一短板和弱项。长期以来,发展不充分地区的短板在于基础设施薄弱、人力资本缺乏、产业结构不合理,生态环境破坏同样严重、资源环境约束同样趋紧,科技支撑不足、增长动能不足,发展不充分地区高质量发展的担子重了点、步子慢了点。因此,发展不充分地区需在"两山"理念指引下,推动经济发展实现数量的合理增长和质量的稳步提升,走出符合本土、具有特色、扬长补短的高质量发展之路。

高质量发展是一项系统工程,政府主导、企业主体、各界参与方能完成。政府层面应从"一盘棋"角度做好顶层设计,完善政策制度,推进区域协调和部门协同,发挥好领导干部的带动引领作用,发挥好政绩考核的指挥棒作用。企业层面需彻底纠正"拼资源投入、拼物质消耗、拼透支未来""先污染后治理""生态是公共产品,可以无偿使用"等错误思想,应以科技创新增强绿色发展动能、应以新旧动能转化促进产业转型升级，应以生态补偿完善利益联结机制。社会层面应树立生态有价、使用有偿、透支有罪的观念，树立为子孙后代预留发展空间的理念，从个人生活绿色低碳做起。

二 持续以生态治理促进世界可持续发展

人类只有一个地球，各国共处一个世界。当前，全球气候变暖、温室气体效应加剧、臭氧层被破坏、生物多样性减少、酸雨蔓延、森林锐减、土地荒漠化、水体污染、大气污染等问题日益突出。地球已受到极其严重的破坏，如果不能及时采取有效手段保护环境，地球生态系统必将伤痕累累，人类的可持续发展事业必将饱受威胁。根据2019年联合国环境署发布的第六期《全球环境展望》（GEO6），空气污染每年造成600万至700万人过早死亡；全球约有30%的可耕作土地面临退化；每年有140万人死于与饮用水污染和卫生条件恶劣有关的痢疾和寄生虫等可预防疾病；全球有大约42%的陆地无脊椎动物、34%的淡水无脊椎动物、25%的海洋无脊椎动物濒临灭绝；每年有高达800万吨的塑料垃圾流入海洋。气候变化对人类的影响是巨大的，根据2018年联合国政府间组织气候变化专门委员会（IPCC）的统计报告，气温每升高1℃，极端降雨量就会增加7%，强热带气旋将更为频繁地发生，印度洋的季风降雨将更猛烈并且出现在不同季节……气温每增加1℃，极端热浪发生的概率将提高9.4倍；气温升高3℃，以往十年一遇的大雨将变成十年两遇或三遇，水量增加三分之一；过去十年一遇的大旱将成为十年四遇；气候影响的地理范围中，超一半地区会损失约49%的昆虫、44%的植物和26%的脊椎动物；气温升高4℃，以前某国每50年一遇的热浪同一时期将发生39次，平均一年多出现一次。[①]

近年来，我国积极参与全球生态保护与环境治理事业，成为全球生态

---

① 《为全球气候治理提供"中国方案"》，2019年11月23日，人民网，http://env.people.com.cn/n1/2019/1123/c1010-31470599.html。

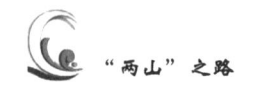

文明建设的重要参与者、贡献者和引领者。2013年，中国在华沙气候大会上公布的《国家适应气候变化战略》，阐述了我们应对气候所做的一系列举措及当前存在的主要问题，并明确提出低碳中国建设的目标要求和重点任务。这是中国首次将气候化解问题提升到国际战略的高度。2014年，《中美气候变化联合声明》在北京发布，表明中国将在雾霾治理、能源革命方面制定目标，并在2020年宣布减排的成绩与贡献。2015年，中国在巴黎向联合国气候变化框架公约组织（United Nations Framework Convention on Climate Change，UNFCCC）递交名为《强化应对气候变化行动——中国国家自主贡献》的报告文件，制定了构建节能低碳产业体系、倡导低碳生活方式等14项行动方案。2016年，在内罗毕召开的联合国环境大会上，《绿水青山就是金山银山：中国生态文明战略与行动》报告正式发布，向国际社会展示了中国20年间生态文明建设的政策举措与实效成绩。2016年，中国发布《中国落实2030年可持续发展议程国别方案》介绍和回顾了中国的经验做法，明确了可持续发展的17项目标，并制订了169项落实方案。这个方案是全球第一个国别方案，标志着中国已经成为全球气候变化谈判进程的引领者。2017年，在日内瓦召开的联合国"共商共筑人类命运共同体"高级别会议上，习近平提出世界各国应联手构建人类命运共同体的提议。2021年，中国政府出台《关于完整准确全面贯彻新发展理念做好碳达峰碳中和工作的意见》，着手布置"3060"计划任务。显而易见，"两山"理念指导下的"两山"之路正以坚定的步伐向前迈进。

"公平正义、合作共赢的新型国际关系"是搞好生态文明建设、构建人类命运共同体的重要保障。在这里，合作是途径，共赢是目标，合作共赢是人类命运共同体的核心理念。当前，随着发展中国家和新兴经济体的崛起，世界多极化格局和经济全球化态势越来越明显，少数强国独霸一方、弱肉强食的丛林法则正在被改变。世界各国越来越清楚地认识到，合作共赢才是促进人类命运共同体的正确选择，才能实现国家之间的成果共享、责任共担。"两山"理念隐含着生态财富价值转化的内涵，为以合作方式追求人类命运共同体共赢目标的道路指明了方向。美丽中国是人类命运共同体的重要组成部分，"两山"理念为美丽中国建设提供了理论基础，

第八章 "两山"之路的未来展望

"两山"之路实践为美丽中国建设提供了整体解决方案。所以，"两山"之路是构建人类命运共同体的中国方案。

第二节 深入推进"两山"之路的重点任务

一 生态产业主导化

（一）实施产业生态化转型

产业生态化的本质要求是绿色、低碳、循环。产业生态化的基本途径是将"生态+"理念融入经济发展全过程，加快完成传统产业的改造升级，加速形成符合可持续理念的新业态。在2013年召开的亚太经合组织峰会上，习近平总书记向世界申明："我们不再简单以国内生产总值增长率论英雄，而是强调以提高经济增长质量和效率为立足点。"[1] 以新发展理念为引领，兼顾经济与生态的发展模式已然成为当前及未来很长一段时间的明智选择。在不损害生态服务功能前提下，经济生态化转型是必然趋势。在生态文明建设进程中，全国各省积极从污水治理倒逼产业业态的改造和升级，下一步，文明需要在更严格的空气、土壤等环境标准下推进产业转型升级，实现"凤凰涅槃"。

（二）推进生态产业化发展

生态产业化的本质是保护与发展并重、当前利益与长远利益协调，实质是指经济发展以绿色为导向、以生态为衡量、以资源为保障，目标是为了实现从"黑色发展"向"绿色发展"的转型、从资源线性利用向资源循环利用的转化、从能源高消耗向低碳低耗发展方式的转变。全国各地已进行了广泛的创新实践，形成许多生态产业主导化的典型案例。我们可以借鉴推广成功的发展模式，加快转型的步伐。例如，浙江省安吉县形成以笋竹、白茶等特色农业为基础，形成深加工和农旅融合的"拖二带三"全产业链生态化发展模式；淳安县依托湖光山色、千岛湖渔业等资源，形成生

---

[1]《习近平在亚太经合组织工商领导人峰会上的演讲》，《人民日报》2013年10月8日第1版。

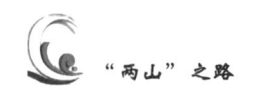

态观光、生态休闲、生态养老等服务业主导型生态化发展模式；宁海县形成在企业、园区、县域等不同系统层级内部循环的生态化发展模式；松阳县以华东最大的绿茶交易市场、保存最完整的古民居群为依托，形成茶旅融合型生态化发展模式。生态产业主导化战略需要实施标准引领、规范约束。实践中，需要明确产业发展目录清单，规定准入类和限制类项目，规范产业发展方向，明确产业发展类别；实施产业政策予以激励和约束，不断提升各产业的绿色化程度。如对绿色发展采取生态补偿、循环补助、低碳补贴等手段进行激励，对黑色发展采取环境税收、资源税收、高碳税收甚至禁令等进行严格约束，以制度保障现代生态产业体系的构建。

将生态和第一产业、第二产业、第三产业进行加法或乘法组合，以"生态+"战略实现产业跨越式发展。在"生态+农业"方面，我们要转变农业发展方式，大力发展彩色农业、创意农业、养生农业、观光农业，提高农业附加值，以农业的一产带动二产和三产的发展。在"生态+工业"方面，我们要提高产业准入门槛，发展资源环境可承载的生态经济、绿色经济，把生态资源转化成富民资本。在"生态+旅游业"方面，我们要增加"旅游+文化""旅游+农业""旅游+工业""旅游+互联网"等业态融合。通过一系列的"旅游+"活动，将生态资源转变成旅游资源，既促进旅游发展，又增加农民收入。在"生态+文化产业"方面，我们要在充分利用当地传统文化的同时，大胆利用创意，进行文化创造，满足社会对生态文化的需求，建立文化与产业融合发展机制。

二 生态消费时尚化

(一) 个人践行绿色生活方式

绿色生活方式是"两山"之路建设的需要，应成为新时代的社会主流风尚。低碳生活方式的本质要求是低消耗、低能耗、低排放、低污染，主要形式是绿色、循环、低碳的生态消费，基本途径是通过教育、激励和约束促使个体自愿的消费转型。

生态消费是以节约资源和保护环境为特征的消费行为。生态消费需要妥善处理人与自然、人与环境、人与资源的关系，需要个体逐步形成环境友好型、资源节约型消费方式。由于生态意识不足，当今社会的主流消费方式表现为奢侈性、破坏性、一次性的非生态消费。这种物质主义导致人类进入"大量生产—大量消费—大量废弃"的恶性循环困境，不仅消耗了口袋里的钱财，还浪费了珍贵的资源。"两山"之路建设倡导生活方式转型，即抑制"异化消费"行为，实现过量消费向"兼顾生态环境保护和提高生活品质"的适度消费转型。践行绿色生活方式的内涵非常丰富，从个人感受看，绿色生活方式体现为简单、方便和舒适；从社会层面看，绿色生活方式表现出高尚、公正和平等；从代际均衡视角看，绿色生活方式表达了爱、责任和希望。

(二) 企业满足绿色生活需求

1. 营造融入战略的企业环境社会责任

企业是绿色发展的主角，其作用体现在经济发展、环境保护、绿色创新等各个层面。企业应将环境保护的社会责任融入企业的文化塑造、生产计划、运营管理、市场营销等战略决策中，形成绿色发展的企业文化，促进履行环境社会责任内化为企业的主动行为，树立社会形象，带来竞争优势。

2. 践行绿色发展理念

环境问题归根到底是发展问题，发展的问题要由发展本身来解决。企业应加强技术研发，推进绿色生产，实现能源消耗数量、污染物排放数量的最小化在运营管理阶段，企业也应做到绿色运营、绿色管理，并积极宣传倡导绿色低碳理念。在生产阶段，企业应严格按照产业规制，采用清洁化生产、循环化利用、资源再回收等方式，保障生产更多的绿色产品。同时，企业应完善生产者责任延伸制度，推进产品包装、原料采购、仓储物流、回收利用等环节的绿色化，以将全过程的能源损耗、资源消耗、污染物排放降到最低。

(三) 政府引导绿色生活方式

1. 政府引领绿色发展理念

一是推进绿色发展规划，营造绿色发展环境，实施强制性绿色消费。比如，严格按照绿色建筑评价标准完成政府办公大楼改造和新建；严格遵

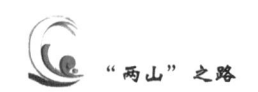

循低碳交通工具的要求采购公务用车；至少50%以上的政府采购产品应符合绿色要求产品。二是运用大数据助推绿色精准治理。数据是公共政策制定的基础，在大数据基础上的政策模拟和仿真为政策执行和评估提供了可能。

2. 进行信息整合

进行信息整合就能准确地了解谁在污染环境、谁在浪费资源、谁在破坏生态，通过精准管理、政策仿真、危机预警就可以提高污染防治水平，提升环境治理能力。所以，加快物联网、数字孪生、数据处理等方面技术研发，推动政府信息系统和公共数据实现互联、开放、共享，可以为精准治污提供新领域。

3. 推进绿色导向的政府公共治理

夯实绿色行政，助推绿色发展，需要制定相关法律法规，政府相关部门示范引领，需要推动社会广泛参与。政府应制定绿色方针、绿色计划，实施绿色政策和绿色管理，提高行政人员自身的环境意识和政策水平，促进建立一个利于社会、经济、生态和谐发展的决策机制和运行机制等。在"生态文明建设""生态产品价值实现"等一系列的政策引导下，我国在大气治理、节能降耗、水污染治理和生态工程建设等问题上都有了很大进展，各项生态指标持续趋好。政府要根据发展要求制定重点治理方向和目标，推动生态文明的持续改进。

三 生态资源经济化

在"绿水青山就是金山银山"理念中，"就是"并不意味着"绿水青山"可以自然而然地转化为"金山银山"，只有通过一些有效的方式，采取一些可行的手段才能将"绿水青山"转化为"金山银山"。其中，有效的方式主要包括市场化方式和非市场化方式。市场化是将"绿水青山"源源不断地转化为"金山银山"的主要手段，具体就是将土壤、水域、气候、森林、特色文化等资源等视作经济资源，通过资源配置优化、生态环境保护、合理开发利用使其转化成货币化价值。非市场化仍然是现阶段"绿水青山"转化为"金山银山"的重要方式，具体就是公益林生态补偿、流域生态补偿、生态环境投资等方式。当前生态资源经济化还存在一些亟待解决的体制机制上的障碍，生态资源的产权如何确定？集体资源的生态价值如何分配？生态资源的经营管理权属怎么优化？碎片化资源怎么整合，怎么与市场实现有效对接？为解决这一系列的问题，我们需要将生态理念、生态思维、生态行为全方位融入产业升级和经济转型，促进生态优势到产业竞争力、产品附加值和生活品质的转化；我们需要识别生态产品信息、度量生态产品功能量和价值量、完善生态资源（排污权、水权、矿业权、碳排放权等）有偿使用制度、建立生态产品市场交易体系。

1. 推进自然资源经济化

水资源、土地资源、森林资源等自然资源大都属于国家或集体所有。国家对水资源实行用水总量控制、水资源调度、取水许可和取水收费等水权制度，这些制度主要依赖行政手段推进。要通过市场或经济手段促进水资源"保护者受益、使用者付费、污染者受罚"的生态补偿制度，就需要宏观、中观和微观层面同步推进，多使用市场化手段。水权分配制度建设方面，迫切需要解决流域水资源总量的调查及取水总量的确定，需要完善流域上下游、左右岸之间、每家企业、每户家庭的初始水权确定和分配方案，需要通过完善水资源阶梯价格制度并运用经济化手段实现水资源的优化配置，实现区域之间、企业之间、家庭之间的水权交易。森林资源包括林地资源、林木等生物资源、森林生态资源三个方面。森林资源具有生态效益的非专一性、非排他性和消费的公共性。为实现外部性内部化，需要以明晰产权为核心，将林地使用权和林木所有权承包到户。在产权明晰的基础上，深化林业改革，维护森林生态安全，发展绿色富民产业。在能源总量控制的大背景下，企业在一年内经确认可消费的直接与间接能源量的权利被称为用能权。用能权的实质是发展权在资源利用上的体现。为推进用能权有偿使用和市场交易制度建设，我国于2017年至2020年在浙江、福建、四川和河南四个省份开展了试点工作。以浙江省为例，自2012年开始探索企业用能总量指标分配制度、建立用能指标交易平台，[1]进行用能

---

[1] 官波：《我国森林资源生态产权制度研究》，《生态经济》2014年第9期。

权有偿使用实践。通过企业之间的用能权交易，实现了资源的高效配置。

2. 推进环境资源经济化

环境资源经济化的主要途径是排污权交易和环境税制度。国家对排污权实行有偿使用制度和市场交易制度。在排污行为的前置约束方面，污染排放者（通常是企业）需要通过向政府或其他企业购买排污权。在排污行为的末端约束方面，污染排放者需要支付排污费。未来，应该以省为单位，建立以排污许可证、刷卡排污、排污权交易、排污权基本账户、总量准入为核心的"五合一"总量管理平台，完善省、市、县三级排污权指标基本账户，实现排污权指标收入、支出和结余的精准化管理。环境税是将生态破坏、环境污染等社会成本内化到企业的生产成本中，再通过发挥宏观税收调控职能进行资源配置的一种经济手段。实践中，环境税主要是根据企业的产品生产数量、生产要素或消费品中所包含污染物的数量、污染物的排放量征收。但无论哪一种征收方法，都面临着税基的量化问题。同时，环境税的税率确定是个难题，如果税率过低，企业污染环境造成的损失就难以补偿，环境状况恶化的趋势将难以改变，如果税率过高，企业难以承受，制约企业的发展。实践中，我们应充分发挥政府管制、市场诱导等的作用，利用税收、价格、信贷等多种经济手段来引导企业将污染成本内部化，以保障资源环境的合理开发利用、防治生态环境持续恶化。

（三）气候资源经济化

气候资源经济化的主要方式是碳排放权交易和碳汇交易。碳排放权交易是以碳排放权为商品进行的市场交易行为。这是一种以较低成本实现温控目标的减排机制。政府通过免费发放、拍卖发放、购买配额等不同手段授予企业碳排放权配额。企业可以运用节能减排技术降低配额，再将多余配额放在市场进行交易获利。对于技术落后企业来说，单位产出能耗高于平均水平，只能通过市场购买配额获得碳排放权。这能够激励先进企业加快技术研发，倒逼落后企业转型升级或削减规模或退出经营，从而实现经济低碳化和转型升级的双赢。接下来，我们应建立健全碳排放权交易市场体系，即在进一步完善碳排放监测、报告和核查体系基础上，健全分行业、分区域的配额分配、配额管理和市场主体履约机制，健全以温室气体自愿减排交易机制为基础的碳排放抵消机制。

　　作为一种虚拟交易，碳汇交易是通过市场机制实现森林生态价值补偿的一种有效途径。森林生态系统具有碳固定与碳蓄积的功能和碳汇价值。其中，生态系统将大气中的二氧化碳固定成有机物，这一过程给人类带来的利益就是我们所说的碳固定价值。[①] 当固定的碳以有机物形式储存或蓄积在生态系统中，这一过程给人类带来的利益就是我们所说的碳蓄积价值。中国从2014年开始就积极推进林业碳汇交易，开展碳汇城市建设，探索绿色金融改革。2017年国家全面启动碳排放权交易，并允许中国核证自愿减排量（CCER）林业碳汇项目进入交易体系，碳汇交易必将为新形势下林业生态建设提供又一发展机遇。

　　2020年9月，习近平主席在第75届联合国大会上申明："中国将提高国家自主贡献力度，采取更加有力的政策和措施，二氧化碳排放力争于2030年前达到峰值，努力争取2060年前实现碳中和。"[②] 此后，中国从法制体系构建、技术创新革命、市场体制建设、新基建完善等方面着手，进行经济社会的系统性变革。在实现"碳达峰""碳中和"进程中，我国首先需要实现能源和产业结构的系统性变革。具体措施，一是要有序减碳，确定碳排放的顶点和峰值，从国家层面研究能源结构；二是要大力发展碳捕集利用和封存（CCUS）技术，促进二氧化碳的资源化利用；三是要树立全民低碳意识，汇聚建设美丽中国的强大合力；四是要推进全球气候治理科技合作，主动参与制定国际标准，发起国际科技合作，共促世界可持续繁荣。

四　生态环境景观化

　　生态环境景观化就是依据生态要素进行景观改造和景观设计，形成生态环境的景观化。其前提是要维护生态要素数量不减少、质量不降低。其目的是要关注人民群众对美好生活的需求，打造宜人的人居环境，形成美

[①] 谢高地、李士美、肖玉等：《碳汇价值的形成和评价》，《自然资源学报》2011年第1期。
[②] 《努力推动实现碳达峰碳中和目标》，2021年11月11日，国家发展和改革委员会，https://www.ndrc.gov.cn/wsdwhfz/202111/t20211111_1303691_ext.html。

丽的生态环境，让人感受到生活着是幸福的、工作着是美丽的。

（一）美丽的人居环境

人居环境是人类生存的空间场所，包括自然环境和经过人类建设的人工环境。人类从巢居、穴居发展到定居、美居，反映了人们在求生存、谋发展过程中一直追求心理、伦理、审美等方面的内在精神体验与不断寻求舒适、宜人、安全的外在环境空间。美丽的人居环境可以给人带来舒适感、愉悦感、幸福感。人居环境的对象包含人、建筑、建筑外的环境以及人与建筑的聚集状态。随着生活水平的提高，人们对人居环境的整洁度、舒适度、安全度和美丽度的要求越来越高。一直以来，农村的人居环境较差。近年来，为建设宜居宜业的和美乡村，全国各地都在积极推进农村的厕所革命、垃圾革命、生活污水治理，都在加快推动农村人居环境的功能健全、品质提升。

建设美丽的人居环境，需我们正视生态现状、坚持因地制宜、实行分类施策，充分利用河流湖泊、山峦林田、气候气象等自然资源，进行环境改造和建筑设计；需要我们引导广大干部群众养成良好的生活方式、消费模式和行为习惯，使大家自觉主动地成为美丽人居环境建设的主体；[①]需要我们注重在居住条件、公共设施和环境卫生等方面缩小城市与城市、城市与乡村、乡村与乡村之间差距，全面提升人居环境总体水平；需要我们形成政府主导、社会参与、市场运作的管护机制。

（二）美丽的生态环境

习近平总书记认为，小康全面不全面，生态环境质量是关键，良好生态环境是最公平的公共产品，是最普惠的民生福祉。生态环境与人类的生存与发展息息相关。近期的经济快速发展，给生态环境带来了很大的伤害。所以，我们绝不可再走"先污染后治理"的老路，应努力探索一条经济社会发展与生态环境保护兼顾的道路。从历史的大视野和人类发展的大趋势看，我们需要建设"两山"之路，需要推进生态产业化和产业生态化，需要促进生态产品价值实现。

---

① 黄承梁：《从战略高度推进生态文明建设》，《人民日报》2017年6月21日第7版。

近年来，随着人们的生活状态由"盼温饱"向"盼环保"的改变、"求生存"向"求生态"的转变，干净的水、清新的空气、安全的食品、优美的环境成为人们的热切期盼，生物多样性维护、土壤污染修复、水体污染治理等成为人们反映强烈的重大现实问题。随着生态环境在人民群众生活幸福指数中的地位不断凸显，我们要进一步落实"保护有利、破坏受罚、使用付费"的生态环境责任机制，进一步加强环境综合治理，促进天更蓝、水更清、空气更清新。

五 生态城乡特色化

中国特色的城镇化之路是创新破解城市盲目发展造成的资源浪费、环境污染、生态失衡、社会和谐等困境的方案。所谓的特色，是指城市、城镇、村落都有明晰边界，具有各自特点。

（一）生态城乡特色化

钢筋水泥不能隔绝城市与自然之间互依、互扰、互促的矛盾统一关系。在对生态文明与人口城市化的实践研究中，世界各国学者形成了"绿色城市"理论、"田园城市"理论、"低碳城市"理论、"紧凑城市"理论、"海绵城市"理论。这些理论既注重城市的生态环境打造，更注重城市规划和城市建筑及城市交通等对城市人均能耗和人均碳排放的影响。

中国特色的新型城镇化道路具有以人为本、协调有序、持续发展的特点，符合我人口众多、资源相对短缺、生态环境比较脆弱、城乡二元体制的国情。中国的城镇化发展速度非常快，从1975年的17.37%发展到2022年的65.22%。随着互联网和大数据的快速发展，智慧城市正成为一种新的城市管理生态系统，新加坡市、迪比克市、斯德哥尔摩市、鹿特丹市等地进行了先行探索，中国在北京、香港、深圳、上海、杭州等超过500个城市进行试点。智慧城市整合了数字城市、生态城市、创新城市等特征，是城市发展的高级形态，[①] 最终目的是满足居民生活的幸福感和获得感，

---

① 王国平：《智慧城市建设战略研究》，中国社会科学出版社2015年版。

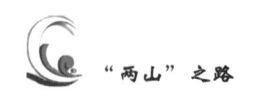

促进城市的可持续发展。

特色小镇是介于城市和乡村之间，以新理念、新机制、新载体推进产业集聚、产业创新和产业升级的空间场所。2015年，浙江省首先开展特色小镇的探索试点。2016年，国家层面开始推进特色小镇创建。截至目前，我国已经培育形成休闲旅游、商贸物流、现代制造、教育科技、传统文化、美丽宜居等不同特色类型的1000多个特色小镇，呈现蓬勃发展态势。特色小镇已经成为推进新型城镇化建设、培育新动能、实现创新发展、绿色发展的新平台，充当着区域经济社会发展的新引擎。接下来，特色小镇的特色彰显、品质提升、业态丰富是工作重点。如何突出特色小镇的独特风貌，"保护生态环境、资源环境、文化遗产等"，[①]如何完善空气质量、污水处理率、垃圾无害化处理率、特色风貌保护、生态环境修复等内容，是提高宜居舒适度的关键。同时，如何加强污染治理、突出环保基础设施建设、推进产业集聚发展、丰富公共服务品类，是提高宜居宜业满意度的关键。

（二）生态村落特色化

美丽乡村就是农民群众心里的中国梦，美丽乡村建设是"美丽中国"目标在乡村的体现和实施。浙江省人民、企业和政府在美丽乡村建设中敢为人先，勇于开拓，率先开展"千村示范、万村整治"项目，形成了生态经济化、资源循环化、全县景区化等特色鲜明的美丽乡村建设模式，有些乡村已经实现了绿水青山向金山银山的转化。

由于中国广袤乡村的资源禀赋各具千秋，生态村落特色化的探索途径可以多元。一是对于自然资源禀赋丰富、生态文化氛围浓郁的乡村，可通过生态产业化路径促进自然资源向生态资本的有效转化，通过多元生态补偿促进生态保护向生态红利的经济转化。二是对于自然资源相对匮乏的乡村，可通过探寻资源的循环利用，实现农业资源的高效循环利用。对于这类乡村，发展循环经济既能够节约资源投入，又实现了保护环境与修复。

---

① 李学辉、温焜：《建设特色小镇应补齐生态环保短板》，《光明日报》2017年7月1日第12版。

以浙江省奉化县滕头村为例，因为资源丰裕度不高，村里发展形成"农作物轮作""粮肥轮作""果粮间作""立体种养""鱼塘立体养殖""室内立体圈养""山地立体开发"等七种立体种养殖模式，建立了"种养加沼"四结合的循环系统，成为上海世博会全球唯一入选乡村。三是对于产业基础较好、交通条件较好的乡村，可以探索全域景区化发展模式，将零散的美丽乡村串联起来，形成村村联动、处处景观的规模效应，带动区域整体发展。以浙江省安吉县为例，通过举全县之力建设"中国美丽乡村"，利用 99 千米的环景道路串联 10 个乡镇、100 个特色村，形成集中布局、串点成面、处处是景的发展态势。

挖掘美丽乡村的独有特色。在新的发展阶段，要紧密围绕习近平总书记关于新农村建设"望得见山、看得见水、记得住乡愁"的嘱托，保护和传承优秀的乡村文化，尊重、遵循乡村特有的文脉。实践中，应通过深度挖掘每个乡村的独有特色，形成人文—历史—自然—生态的和谐统一。下一步，为修复优雅传统建筑、弘扬传统耕读文化、营造田园生活方式、打造优美人居环境，各地应积极开展历史文化村落保护、修复与活化利用。也就是说，我们既要保存村落原有的历史文化村落风貌完整性和历史真实性，也要体现村落未来生命的延续性和可持续性。

第三节　深入推进"两山"之路的长效机制

自党的十九大以来，树立和践行"两山"理念得到我国人民的衷心拥护，成为正确处理生态保护与经济发展的关系、大力推进我国生态文明建设的根本遵循，并得到包括联合国、共建"一带一路"合作国家等国际社会的广泛认同。"两山"理念正在成为构建人类命运共同体的重要理念，"两山"转化正在成为指导全球可持续发展的重要思想。"两山"之路的探索是一个由试点示范到全国推广的过程，是一个从少数人主动作为到全社会达成共识并自觉参与的过程。为把握"两山"之路建设的进程与质量、防止出现认知片面和行动失误，我们需要进行体制、机制、制度的改革与创新。

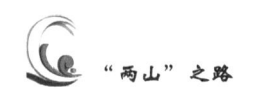

一 体制改革

(一) 体制改革的基础保障

体制改革是"两山"之路建设得以顺利前行的重要保障,也是关乎"两山"之路建设成效的基础性、长效性、根本性的要素。[①]"两山"之路建设是以习近平同志为核心的党中央站在我国经济社会发展全局和战略的高度做出的一项重大决策。不论是实施长江经济带发展、长三角一体化发展、乡村振兴、共同富裕、荒漠化治理等重大国家战略,还是全面融入"十四五"国民经济和社会发展规划,都需要举全社会之力进行"两山"之路建设。可以说,"两山"之路建设是从根本上提高人们生态保护积极性、主动性、创造性的重要保障,是强化以经济手段保护生态环境的实践创新,是培育绿色发展新动能的重要举措,是正在走向社会主义生态文明新时代的我国各族人民推动经济社会全面协调可持续发展的时代重任。

(二) 体制改革的谋篇布局

当前,"两山"之路建设正从试点走向示范,体制改革也从探索走向完善。一是设立"两山"之路建设的专门管理机构。2014年,中央全面深化改革领导小组设置经济体制和生态文明体制改革专项小组,指导我国的生态文明建设。2018年,国务院进行了机构改革,成立自然资源部、国家林业和草原局、国家公园管理局等,指导自然资源保护、生态环境治理工作。二是出台促进"两山"之路建设专门的制度文件。2015年出台的《生态文明体制改革总体方案》搭建了"两山"之路建设的制度框架并明确了任务书和路线图。2016年出台《关于健全生态保护补偿机制的意见》,2021年印发《关于建立健全生态产品价值实现机制的意见》,2022年发布《关于全面推行河长制的意见》《关于推动职能部门做好生态环境保护工作的意见》《国家公园管理暂行办法》,这些都对"两山"之路建设具有非常重要的指导作用。2015年印发《党政领导干部生态环境损害责任追究办

---

① 董战峰、李红祥、葛察忠等:《生态文明体制改革宏观思路及框架分析》,《环境保护》2015年第19期。

法（试行）》，2016 年实施《重点生态功能区产业准入负面清单编制实施办法》，2017 年出台《关于划定严守生态保护红线的若干意见》等，这些政策文件都对生态环境保护具有约束作用。三是推进"两山"之路建设的试验试点改革。2016 年，中央在《关于设立统一规范的国家生态文明试验区的意见》中进一步明确"绿水青山就是金山银山"，并分别在福建、海南开展建设。2019 年，国家发改委、长江办批复在浙江省、江西省进行生态产品价值实现机制试点。从 2017 年开始，生态环境部每年开展国家生态文明建设示范区和"两山"实践创新基地遴选工作，当前已发布六个批次共 470 个示范区和 187 个创新基地。全国各地广泛开展了省域、市域的试点示范，形成一大批生态保护与经济发展协同共进的典型经验和做法。

（三）体制改革的战略指向

未来，在推进"两山"之路建设过程中，我们应注重制度的顶层设计、系统设计、结构设计。当前，我们的紧迫任务是谋划制定中长期建设战略，争取以最小的环境和资源代价实现经济的持续发展和科技的持续创新，进而推进"两山"之路高质高效建设。一是需要进一步深入实施对"两山"之路建设具有指导、约束、倒逼作用的政策文件。二是持续完善"两山"之路建设改革措施的设计，培育"我要保护"生态意识，促进"生态+"理念与生态保护行动在产业发展、乡村振兴中落地实施，形成全社会参与、人人受益的建设布局。三是进一步理顺体制，打破区域、部门"各自为政"的"体内循环"模式；以系统思维、全局意识进行体制改革和环保督察，推进环境保护共治。四是完善归属清晰、权责明确、监管有效的自然资源资产产权制度，健全自然资源资产管理体制。五是构建协调优化的国土空间开发格局，进一步完善主体功能区制度，推进自然生态空间的统一规划、有序开发、合理利用。六是持续拓宽"买、卖、转、换、护"的"两山"转化通道。

二 机制构建

"两山"之路是一条转型发展的改革创新路，需要加快政府、企业、非政府组织之间的配合协作、群策群力、共建共享。"两山"之路是一条

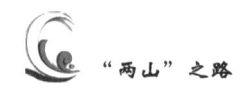

非同寻常的披荆斩棘路，需要加快机制构建，形成政府、市场和非政府组织的机制创新协同。①

（一）政府机制构建

一是要持续完善分类政绩考核机制。考核评价制度是推进"两山"之路建设的重要机制，资源消耗、环境损害、生态保护等内容应作为约束性指标纳入政绩考核范畴。各区域的主体功能差异巨大，优化开发区域、重点开发区域、限制开发区域、禁止开发区域具有完全不同的产业形态。我们对不同地区应采取分类分层差异化的政绩考核办法，对具有重要生态功能的地区可以"不考核 GDP，只考核 GEP"或者"GDP 和 GEP 同时考核"，促使领导干部树牢政绩观、践行生态观。对优化开发区域来说，因其承担支撑并带动全国经济发展的重任，长期以加强技术创新、优化产业结构、健全城镇体系、转变发展方式、优化生态系统格局、提高经济增长质量为主要任务，因此除了对其考核经济增长、公共服务、社会保障的内容，也需要考核单位 GDP 的资源消耗与能源损耗、生态修复与环境治理方面。对重点开发区域来说，因其肩负工业化和城市化建设的任务，除了考核经济增长、公共服务、劳动就业、产业结构、城镇化进程外，还需要增加资源消耗情况、环境保护成效、土地集约节约利用等方面的评价，改变以往"以 GDP 论英雄"的政绩考核导向，扭转环境污染、产能过剩、耕地占用过多等现象。对限制开发区域来说，因其实行生态保护优先、生态产业适度发展策略，对其主要考核生态产品供给能力。对禁止开发区域来说，应对其实行生态保护优先政策，重点考核其调节服务类、文化服务类生态产品的供给能力。

二是深入实施领导干部问责机制。领导干部决策部署会对生态环境保护产生重要影响。要明确界定领导干部的生态环境保护职责、划定责任红线，若有违反则需迅速启动生态破坏的问责机制。为杜绝"拍脑袋决策、拍屁股走人"现象的发生，问责期限可以无限延伸，生态破坏惩处应包含

---

① 沈满洪：《从绿色浙江到生态浙江　浙江生态文明建设辉煌五年》，《浙江日报》2002 年 5 月 25 日。

行政处分和经济处罚。同时，抓住领导干部这个关键少数，实施自然资源资产审计，强化自然资源资产和生态环境的保护工作。通过对生态环境保护与自然资源开发方面履职行为的监督、对履职成效的审计，有利于更加科学、全面地评价领导干部任期内的经济责任和社会责任。另外，应强化环保督察、限期整改机制。为减少同级评价、同系统评价的"人情往来""弄虚作假"现象，应持续深化环保督察制度。除了中央的环保督察，各省也要强化环保督察生态责任追究制度，设立一个或多个监察局，承担各领域的监察工作，形成国有自然资源资产所有权人和国家自然资源管理者相互独立、相互配合、相互监督的管理体制，行使对自然资源资产和生态环境的监管职能。

（二）市场机制构建

一是全面推进生态产权制度。健全自然资源资产产权制度是"两山"之路建设的重要基础。一方面，可以避免"公地悲剧"，明确责任主体，加强对自然资源资产的保护和监管；另一方面，可以逐步解决生态环境保护的"外部性"问题。通过推动所有权和使用权相分离，建立有偿出让制度。在确定自然资源资产产权时，要分两种情况：一种是纯粹自然的、非人工的自然资源，可以规定保护者和生产者拥有一定的使用权和处置权；另一种是投入人类劳动、经生产建设增加的自然资源，应赋予保护者和生产者拥有全部或部分的所有权、使用权和处置权。水、空气、土壤、日光辐射、生物、自然遗迹等自然资源是第一种情况，可以从使用权角度进行权属确定。以水资源为例，政府可对水资源的使用权进行初始分配，企业或其他市场主体根据一定标准获得年度配额，通过技术创新、管理创新节约下来的那部分配额可以通过市场交易获利。水库、风景名胜区、城市公园等自然资源是第二种情况，可以从所有权、使用权、管理权和收益权角度进行权属确定。以个人建设的小型水库电站为例，个人拥有电站厂房设施的所有权、水库电站的使用权、发电和水库渔业的收益权，但库区的所有权归国家或集体。浙江省、广东省、江苏省在水权交易制度、排污权交易制度、休渔期制度等方面已经取得了较为成功的经验。及时推广这些成功经验，尤其要全面推广排污权有偿使用和交易机制、环境污染强制责任

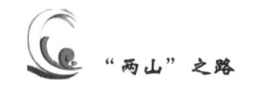

保险、生态保护足额补偿机制，让市场机制发挥更大的作用。

二是全面推进绿色财税制度改革。由于中国当前的产业结构不合理，重化工产业占比较重，资源能源的消耗量巨大。如何协调政府和市场的关系、理顺中央和地方的关系、处理保护与发展的关系，财税政策大有可为。首先，完善转移支付制度，守住生态红线。通过财政补贴，引导居民退出不宜居住、生态脆弱的一些地区，以利于生态系统的自然恢复。通过对高能耗、高污染、资源性产品征收消费税，可以促进企业加快转型升级，有利于加快地方淘汰落后产能。继续实行差别化的排污费征收政策，提高有毒有害污染物的排污费标准，可以促进技术创新和产业升级。其次，健全横向生态补偿机制，推动跨流域跨区域生态保护。在福建、湖南、安徽、浙江等省份成功经验的基础上，推广"联防共治、相互监督、成本共担、受益共享"的大保护模式。最后，以政府采购践行绿色理念。完善政府生态采购制度，规定政府生态采购的财政资金配比，提高生态环保类产品在各级政府机关单位和团体组织的采购占比。制定政府生态产品采购需求标准，形成政府生态产品采购目录清单，引导市场主体生产、销售绿色化、低碳化、可循环的产品，发挥政府在生态产品消费方面的示范和引领作用。通过资源税、环境税、碳税、循环补助、生态补偿、低碳补贴等方面的全面推进，中国式现代化的财税制度改革必将推动"两山"之路建设再上新台阶。

（三）社会机制构建

一是协同推进绿色治理。绿色治理的对象包括生态环境问题及与其相关的经济社会问题，绿色治理的主体包括政府、企业、非政府组织和社会个人等。多元主体职责功能互补的协同治理是实现绿色治理效果的必要条件。协同推进绿色治理有利于在全社会形成浓厚的生态环境治理氛围，有助于各主体正视生态环境问题的重要性。构建绿色协同治理体系过程中，上下级政府、企业与政府、企业与社会之间不可避免会存在一些矛盾和冲突，只有正视问题并采取有效化解措施，才能将矛盾和冲突对合作治理的影响最小化。矛盾与冲突的化解需要一系列措施，如完善交流沟通机制，健全合作协作机制，建立利益共享机制，结合使用奖惩机制，设立科学合理的预警机制，构建及时高效的解决机制。

二是加强环境安全信息披露。为强化污染者责任，环保部门需严格落实企业的环境信息强制披露制度。为提升公众的环境保护意识，相关责任部门应加大信息公开力度，借助网上、网下多种渠道及时公布空气、水体、土壤的环境质量信息，定期发布重点排污企业和违法排污企业名单，定期发布环境污染惩戒、污染治理、环境修复等情况。为形成环境保护的良好社会氛围，应实现环境影响评价报告书（表）全本公开、政府承诺文件公开、审批决定公开、环评机构和人员诚信信息公开。通过信息公开制度建设，能够强化公众的环境意识、监督企业的环境行为。

三是社会共治是公众参与的保障。民众是良好生态环境的受益者，也是环境违法行为的监督者。鼓励和引导社会公众自觉参与环境生态治理工作，是提高生态环境治理效能的重要举措。群众参与投票、民意调查、谈判协商、听证会等行动，群众关注政策制定、方案实施、惩戒落实等行为，有利于加快社会治理理念和模式的创新，同时为生态环境治理注入新的活力。充分发挥科研院所、高等院校和专家学者的智囊作用，为环境保护提供必要的智力支持和技术支撑。有效发挥民间环保组织和志愿者的作用，为顺利推进环保宣教、生态创建、环境维权等工作提供支持。重视发挥环境信访、有奖举报、行风评议等社会监督作用，促进公众更好地参与环境保护、监督环境违法违规行为，把群众的热情和智慧转化为共建共享生态文明的具体行动。

三 制度完善

制度完善是指通过已有制度的继承和创新形成较为完整的制度体系、制度工具箱、制度矩阵。"两山"之路的制度建设应按照"源头严防、过程严管、后果严惩"[①]的思路进行设计，形成具有中国式现代化特性的制度体系。

---

① 杨伟民：《建立系统完整的生态文明制度体系》，《光明日报》2013年11月23日。

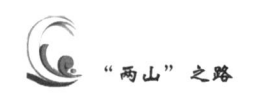

(一) 源头防范制度

践行"两山"之路,最根本的策略是严格实行源头保护制度,即规范和约束人类对自然资源资产的开发、利用、保护行为。自然资源资产权属清晰、国土空间保护开发边界清晰、资源总量质量控制和分配合理是源头防范的三大重要制度。

1. 健全自然资源资产产权制度

由于自然资源资产类型多样、情况复杂,长期以来都存在所有权、使用权、经营权的权属不清晰、权益归属混乱的现象。众所周知,只有自然资源资产的权利和责任明确,相关的开发和保护活动才能顺利实施,所以形成归属清晰、权责明确、监管有效的自然资源资产产权制度是关键。

一是应建立统一的确权登记系统。产权是所有权的核心和主要内容。自然资源确权登记是指对自然生态空间内各种各类的自然资源进行产权登记,主要解决所有权人不到位、权益不落实等问题。为实现资源有效管理和信息共建共享,需要加快自然资源资产确权登记系统建设。

二是要健全自然资源资产管理体制。当前的机构改革有效解决了部门职责交叉、多头管理的问题,但自然资源的产权虚置弱化、所有者职责不清晰、所有者权益得不到落实等问题依然存在。在构建委托代理关系以集中统一行使所有权职责、完善自然资源资产有偿使用制度、实现所有权和监管权相互分离和相互制约等方面,我们应加强在产权理论等方面的基础研究,借鉴美国、加拿大、澳大利亚和俄罗斯等资源大国管理经验,及时总结并分步推进福建南平国家试点的经验与做法。

三是需探索建立分级行使所有权的体制。自然资源的所有权可以分为全民所有和集体所有两种形式。但是自然资源实行国家所有中央政府直接行使所有权、国家所有地方政府行使所有权、集体所有集体行使所有权等不同权属,相互间的边界一直非常模糊。为明确权责主体和权属界限,不仅需要加快划清国家所有、集体所有、不同层级政府行使所有权、不同类型自然资源之间的"四条边界",更需要厘清各级政府直接行使所有权的资源清单和空间范围。

2. 建立国土空间开发保护制度

因工业化和城市化的快速发展，过去几十年生态空间占用过多、生态破坏、环境污染问题突出，耕地资源无序开发、过度开发、分散开发形势严峻。为着力解决这些问题，我们应尽快构建以空间规划为基础、以用途管制为主要手段的国土空间开发保护制度。

一是应坚定不移实施主体功能区制度。在全面落实国家和省级主体功能区规划基础上，各地应统筹谋划人口分布格局、科学谋划经济布局、合理制定国土利用和城镇化开发边界，完善开发政策，控制开发强度，规范开发秩序。根据可持续发展需要，可将适宜工业化城市化开发的国土空间确定为优化开发或重点开发的城市化地区，并适当降低增长预期，应将生态脆弱地区确定为限制开发区或禁止开发区域，不以GDP作为地方政绩考核内容。

二是要建立国土空间规划体系并完善监督体系。城乡规划、国土规划、生态环境规划等都是对国土空间布局的谋划，当前各类规划之间存在一些交叉重叠和缺位、越位、错位问题，需要形成统一衔接的体系。加强统筹协同，落实政府不同部门之间、不同层级政府之间、同一部门不同阶段的"多规合一"，是破解规划约束和引领作用不突出、行政效能不高等问题的关键。严格落实《中共中央　国务院关于建立国土空间规划体系并监督实施的若干意见》，是化解"规划打架"、坚持"一张蓝图绘到底"的重要保障。

三是需健全国土空间用途管制制度。"山水林田湖沙"是一个生态共同体，大众生产、生活的场所和环境是国土空间，对一定区域内国土空间做出的开发、管控与保护安排是国土空间用途管制。健全国土空间生产、生活、生态的用途管制制度，不仅涉及生态保护红线、永久基本农田和城镇开发边界"三条红线"的管制，还需要严格实施森林、草地、河流、湖泊湿地、海面、滩涂等生态空间的用途管制。为确保生态环境质量不降、生态空间面积不减、建设用地总量合理增长，需要设置国土空间的开发强度指标，需要分解落实指标到各级行政区域。同时，完善覆盖全国国土空间的"天眼+地眼+人眼"监测系统，动态监测国土空间变化并及时通报

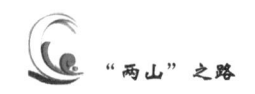

违法违规行为。

3. 完善生态资源总量管理制度

摸清家底是打牢自然资源总量管理的基础。加快完善自然资源调查监测体系，形成"一张底版、一套数据和一个平台"，有助于厘清生态资源家底。"人靠自然界生活"，人类可持续发展离不开对自然资源的开发利用。实施开发利用总量控制方能合理释放自然资源利用空间，提高开发利用效率才能促进自然资源节约集约利用。

一是应完善最严格的耕地保护制度。加快发布实施《耕地保护法》，做好土地分级分类管理，划定永久基本农田，实行退耕还林还草、占补平衡、非法占用严惩、受污染耕地安全利用和风险管控等特殊保护政策，落实耕地保护共同责任机制。由于土壤污染有着很强的隐蔽性、滞后性、累积性，相关部门需要完善土壤污染监测预警体系。加快已污染农田土壤的修复治理工作，稳步推进耕地安全利用。同时，加强对耕地占补平衡指标区域调剂（又称为"飞地"）的监管，注重空间均衡、生态效应，推进耕地占补平衡的国家区域统筹。

二是要健全最严格的水资源管理制度。划定水资源管理"三条红线"（即水资源开发利用控制红线、用水效率控制红线、水功能区限制纳污红线）。严格实行用水总量控制，根据地区水资源容量与用水总量情况，实施限制或暂停审批建设项目新增取水。完善区域、行业、项目的用水总量控制指标，建立严格的考核指标体系，加快节水型社会建设。科学评估水域纳污能力，科学测算入河限制排污总量，建立健全水资源监控和计量统计制度。

三是需健全能源消费总量管理制度。深入推进实施《节约能源法》，实行能源消费强度和消费总量"双控"。科学计量能源消费总量，实施项目能耗审批管理，分层实施能源消费总量规模考核，落实高能耗领域的节能减排管理。各地应锚定"3060"目标，加快出台"碳达峰""碳中和"科技行动方案，建立碳排放总量控制制度，建立碳排放目标的分解落实机制。

四是健全林业资源科学开发和保护机制。过去很长一段时间，由于缺乏系统性的规划、缺少全周期经营的理念、产业化程度不高、科学技术水平较低等原因，我们对林业资源保护、经营和利用关系的处理过于简单。今后的工作重心是构建保护和开发管理体系，持续升级保护管理措施，加快开发利用技术创新，构建协调、有序的林业资源开发和保护机制。

五是建立健全湿地保护修复制度。深入推进实施《湿地保护法》，持续完善湿地生态保护体系建设，加强湿地资源管理、湿地保护与利用、重要湿地修复等工作。坚持"保护者受益、使用者付费"原则，国家建立湿地生态保护补偿制度，区域政府间探索湿地生态补偿。对因生态建设等公共事业带来的湿地破坏，由政府予以补偿。对因生产生活造成的湿地破坏，需由使用者向保护者进行赔偿。选择试点地区探索建立湿地"占补平衡"制度。

六是健全海洋资源科学开发和保护机制。因过去对海洋自然资源开发与保护的着力点偏重于开发利用，导致资源保护的历史欠账较多。加强海陆统筹，完善保护与开发的顶层设计，需要加快海洋环境资源方面的立法，修编海洋主体功能区划与海洋功能区划，建立科学的海洋环境评估制度，探索围填海闲置资源收回储存制度，建立与完善海洋工程后评估制度，提升海洋科技水平及竞争力，推进港口绿色高质量建设。探索"总量不变、盘活存量"的海洋空间资源供给思路，实行自然岸线保有率目标控制制度，建立自然岸线"占补平衡"制度，完善围填海总量控制管理。

七是健全矿产资源科学开发利用和生态修复制度。深入推进实施《矿产资源法》和矿产资源总体规划，落实矿产资源分类分区分级管理制度，依法依规审批、监督、管理矿产资源的勘查、开发利用与保护修复活动。严格落实规划开采区和限采区的矿产资源地质勘查报告和勘查方案评审制度。严格执行基本农田保护区、各级自然保护区、森林公园、风景名胜区、地质公园、湿地公园划定为禁止开采区的规定。持续推进矿山环境治理和生态恢复责任机制，建立健全矿山生态修复治理基金制度，完善提升生态修复惩戒机制。

（二）过程严管制度

注重过程严管，是践行"两山"之路的主干性工作，是促进"绿水青

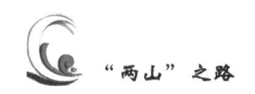

山"向"金山银山"转化的关键步骤。实行过程严管，是对"两山"之路主干性工作进行针对性制度引导的过程。根据新形势下高质量发展的需要，应重点从如下三个方面入手。

1. 健全资源有偿使用和生态补偿制度

一是完善自然资源资产有偿使用制度。由于价值评估核算方法不科学、不合理、不全面，当前存在自然资源价值严重被低估现象。建立健全体现自然资源市场供需平衡、反映自然资源稀缺与富集程度、呈现自然资源生态价值和代际补偿价值的价格形成机制是自然资源资产有偿使用的基础。资源价格改革工作包括开展自然资源开发使用的成本评估，构建涵盖所有者权益和生态环境损害成本的价格形成机制；完善自然垄断产品价值的管理规范、标准和方法，根据业务性质类别实行自然垄断行业的价格管制；因地制宜开展自然资源超额使用的累进加价机制；实行差别化水价和污水处理费制度；深化工业化用地市场化配置改革，完善差别化供地政策和地价政策；深入推进矿业权"招拍挂"等市场化方式出让，落实矿产资源国家权益金制度；及时调整和完善海域无居民海岛使用金征收标准；加快资源环境税费改革，全面推行与化学需氧量、氨氮、二氧化硫、氮氧化物、总磷、总氮、挥发性有机物等污染物排放总量挂钩的财政奖惩制度。

二是完善纵向和横向生态补偿制度。生态产品（尤其是调节服务类生态产品）具有公共性、外部性，其形态不易分割、受益者难以分清、价值实现具有滞后性，当前的补偿制度存在范围偏窄、标准偏低、类型笼统，因此要持续完善对重点生态功能区的生态补偿机制，持续完善与生态效益相挂钩的生态补偿标准。同时，要按照"谁受益、谁补偿"原则，推动地区间建立流域、大气等生态资源的横向生态补偿制度。各地可借鉴浙皖两省跨界流域水环境补偿试点的成功经验，积极探索建立以水质水量为基础的流域生态补偿机制。完善生态保护修复资金筹措机制，形成多渠道、多层次、多元化投资机制，支持符合条件的项目采取 PPP、BOT、EPC 等模式，鼓励社会资本积极参与；完善社会化、规范化的生态环境修复费用和赔偿资金管理和使用机制，深入推进国土江河综合治理，加大对重点领域污染治理、生态保护与修复的支持力度。

2. 建立健全环境治理体系

一是创新环境治理组织结构。持续完善纵向权责体系，根据环境因子的外部性影响大小界定上下级环境管理权限和职责。持续完善横向协调机制，按照"责任共担、信息共享、协商统筹、联防联控"工作原则，推进区域之间建立环境问题的协作防治机制。形成多中心治理模式，建立"环境监测、污染控制、行政处罚"一体化的环境监管机制，形成政府主导、企业主体、各界参与的协同共治机制；完善环境产品市场交易体系，推进环境污染第三方治理；建立横纵结合的环境治理网状结构，形成资源共享、环境共治、惠益共享的合作机制。

二是落实环境治理主体责任。政府是环境治理的引导者，是社会利益博弈的"平衡器"，企业是环境治理的主导者、受益者，公众是治理的中坚力量和受益者，社会组织是政府、企业、公众之间的"黏合剂"。政府的职责是综合运用财政、考核、执法等政策手段，整合相关职能部门，形成职能配置科学、组织机构合理、运行高效顺畅的生态环境治理体制，避免社会各阶层因利益冲突而损害环境治理协作；同时，尊重和保障公众环境的知情权、参与权、表达权和监督权。企业的职责是按照法律政策和社会准则规范开展生产经营活动，自觉减少环境污染、破坏和违法行为，追求经济利润、社会责任和环境保护的目标统一；同时，实现环境信息的"透明化"，主动接受政府、社会和民众的批评与监督，进一步完善企业内部的环境治理。公众的职责是提高自身环保意识，积极向绿色低碳、文明健康的生活方式转变。社会组织的职责是发挥专业性，弥补公众参与专业性不足的弊端，搭建良好的信息沟通平台，调节不同主体的利益关系，缓解冲突和解决矛盾。

三是完善环境治理制度体系。首先，完善污染物排放许可制。建立统一公平、覆盖所有固定污染源的企业排放许可制，合理配置企业治理污染的责任，实现企业治污行为由被动向主动转变、企业治污责任由部分向全面转变，污染源管控范围由重点向全部转变。其次，完善污染防治区域联动机制。污染源具有时间延续性、空间流动性，区域之间需要打破属地化、条块化管理体制，破解分而治之、政出多门、"九龙治水"等困境。

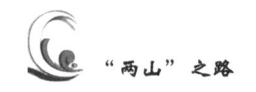

流域上下游之间、毗邻地区之间多策并举协同开展联防联治工作，方能提高环境治理的有效性。再次，完善农村环境治理体制机制。建立以生态溢价实现为目标的现代生态产业体系，完善以绿色生态为导向的农业补贴制度，制定和完善与农村生产、生活、生态相关的技术标准和规范，加强农村环保设施投资与建设，培育多元治污主体等。最后，健全环境信息公开制度。提高环保信息公开化水平，减少由于信息不对称引发的无效监管，调动公众参与环境保护的积极性，鼓励和引导每个人都成为保护环境的参与者、建设者和监督者。

3. 健全环境治理市场交易制度

一是推行用能权和碳排放权交易制度。因地制宜实施以单位 GDP 能耗为基础的节能量交易制度、财政奖惩制度。开展重点用能企业用能权确权（能耗指标、节能量指标确权）工作，制定出台企业综合能耗确权核算办法，建立用能权交易平台，扩大用能权有偿使用交易范围。推广综合能源服务、合同能源管理模式，持续释放节能市场潜力和活力。持续推进国家温室气体清单编制工作，建立常态化管理和定期更新机制，按照履约要求编制国家温室气体清单，推动清单编制方法与国际要求接轨。对接国内外碳排放权交易市场，制定全国碳排放权交易总量与配额分配方案。建立省级碳排放权交易市场监管和交易核查体系。

二是完善排污权交易制度。完善法律法规，明确排污权法律地位以及权属认定，明确具有公共物品性质的环境容量资源使用权的私有产权。建立合理的环境成本负担机制和污染治理激励机制，充分调动企业自觉开展环境保护工作的积极性和主动性。建立健全区域交易体制机制，推动跨省交易试点工作，实现区域整体经济与环境效益最大化。同时，统一排污权定价、有效期、实施范围等标准，建立全国统一的排污权电子竞价交易平台，推动排污权交易在更大尺度、区域、流域广泛推行。建立健全排污权抵押贷款等制度。

三是完善水权交易制度。完善水权制度建设，实施最严格的水资源管理制度，守住水资源"三条红线"，即开发利用控制红线、用水效率的控制红线、水功能限制纳污的红线。完善水权分配制度，研究制定初始水权总量，合理界定和分配区域水权、用水权、灌溉用户用水权。创新水权交易制度，构建国家、省、市、县四级交易体系，完善水权交易系统功能和服务内容，探索单向竞价、水权回购、协议转让等交易方式，完善地区间、行业间、用水户间的水权交易规则与监管制度。各地可借鉴东阳—义乌的区域之间水权转让模式、甘肃张掖农民用水户之间的水票转让模式、宁夏—内蒙古的"投资节水，转换水权"的跨行业大规模水权转换模式。推进水权交易改革和水利领域不动产投资信托基金（REITs）试点，以水利资产作为抵押争取政策性金融信贷。

四是完善林权流转机制改革。借助数字化信息化手段，加快完成林地资源信息整合，梳理解决边界不清、权属不明等历史遗留问题。继续深化集体林权制度改革，规范林权确权登记工作，深化林地"三权分置"改革。进一步拓展集体林权权能，鼓励以转包、出租、入股等方式流转林地，科学发展林下经济、生态旅游、森林康养等。积极引导林权规范有序流转，鼓励社会主体通过转包、租赁、转让、入股、合作等形式参与流转林权。巩固"三权分置"改革成果，推进适度规模经营，引导社会和金融资本"进山入林"，健全林权纠纷调处机制。建立林权交易评估云平台，扩大林产品现货电子交易。健全林权抵押贷款制度。

（三）末端严惩制度

实行最严格的损害赔偿制度、责任追究制度是践行"两山"之路必不可少的重要措施。资源环境是公共产品，对其造成损害和破坏必须追究责任。损害赔偿制度，主要是针对企业和个人造成生态环境严重破坏的行为而实行的制度。对违背空间规划、违反污染物排放许可和总量控制的行为，实行严惩重罚。对生态环境损害事件中负有责任的领导干部和企业，实行严肃追责。构建后果严惩的制度，包含以下三个制度。

1. 严格实行生态环境损害赔偿制度

严格落实《生态环境损害赔偿管理规定》，建立健全全国统一的生态环境损害鉴定评估技术标准体系；完善生态环境损害鉴定评估机构的管理制度，健全信用评价、监督惩罚、准入退出等机制，推进专业力量建设，提升鉴定评估工作质量。加强环保督察，对违法违规进行开发、违反污染

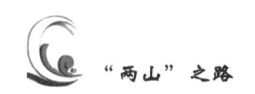

物排放许可制度、污染物排放总量控制制度、破坏生态环境的企业和个人要严惩重罚。加强环境损害评估核算，对破坏行为按照损害的生态价值进行赔偿。加强企业入驻和退出工业园区的环境评估，探索高风险企业环境损害保证金制度。破坏行为对生态环境造成严重后果的，需要依法追究刑事责任。加强宣传教育，树立"环境有价、损害担责"的法治意识。

2. 严格实施生态环境损害责任终身追究制

各级政府应严格实施生态环境损害责任追究的条例或实施细则，落实各级党委和政府及其相关部门的环境保护责任。完善领导干部环保目标责任考核制度，把生态环境质量状况作为党政领导班子考核评价的重要内容。对不顾生态环境盲目决策、造成严重后果的领导干部，需要终身追究责任。同时，完善自然资源资产负债表编制制度，定期对水资源、环境状况、林地、开发强度等进行综合评价，完善领导干部自然资源资产离任审计的目标、内容、方法和评价指标体系，健全经常性、常态化的审计监督制度。

3. 完善企业环境违法黑名单制度

完善企业环保行为监查制度，将企业环境保护行为和破坏行为纳入社会信用体系，对列入环境违法"黑名单"的失信企业在政府采购、投融资等方面依法予以限制。引导金融机构创新生态信贷产品，根据企业环境行为类别实行差异化信贷政策，对高耗能、高污染行业企业实行增息、减额的信贷管控制度，对节能环保企业、高新技术企业实行减息、简化手续等信贷支持制度。同时，进一步拓宽节能环保企业、高新技术企业的直接融资渠道，支持符合条件的企业在银行间市场发行短期融资券、中期票据、中小企业托收票据等债务融资工具。另外，深入实施环境污染强制责任保险制度。完善上市企业和发债公司环保信息强制性披露机制。

参考文献

《马克思恩格斯全集》第 32 卷，人民出版社 1974 年版。
《马克思恩格斯文集》第 5 卷，人民出版社 2009 年版。
《马克思恩格斯文集》第 9 卷，人民出版社 2009 年版。
《马克思恩格斯选集》第 1 卷，人民出版社 1995 年版。
《马克思恩格斯选集》第 2 卷，人民出版社 1995 年版。
《马克思恩格斯选集》第 1 卷，人民出版社 2012 年版。
《马克思恩格斯选集》第 2 卷，人民出版社 2012 年版。
《马克思恩格斯选集》第 3 卷，人民出版社 2012 年版。
《邓小平文选》第 3 卷，人民出版社 1993 年版。
习近平：《把握新发展阶段，贯彻新发展理念，构建新发展格局》，《求是》2021 年第 9 期。
习近平：《决胜全面建成小康社会　夺取新时代中国特色社会主义伟大胜利——在中国共产党第十九次全国代表大会上的报告》，人民出版社 2017 年版。
习近平：《推动我国生态文明建设迈上新台阶》，《求是》2019 年第 3 期。
习近平：《习近平谈治国理政》，外文出版社 2014 年版。
习近平：《习近平谈治国理政》第二卷，外文出版社 2017 年版。
习近平：《习近平谈治国理政》第三卷，外文出版社 2020 年版。
习近平：《携手构建合作共赢新伙伴　同心打造人类命运共同体——在第七十届联合国大会一般性辩论时的讲话》，《人民日报》2015 年 9 月 29 日第 2 版。

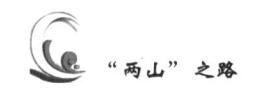

习近平：《在全国脱贫攻坚总结表彰大会上的讲话》，《人民日报》2021年2月26日第2版。

习近平：《在哲学社会科学工作座谈会上的讲话》，《光明日报》2016年5月19日第1版。

习近平：《扎实推动共同富裕》，《求是》2021年第20期。

习近平：《之江新语》，浙江人民出版社2007年版。

习近平：《之江新语》，浙江人民出版社2015年版。

《党的十九大报告学习辅导百问》，学习出版社2017年版。

《党的十九届六中全会〈决议〉学习辅导百问》，党建读物出版社2021年版。

《中共中央关于制定国民经济和社会发展第十四个五年规划和二〇三五年远景目标的建议》，人民出版社2020年版。

邓伟根、王贵明：《产业生态学导论》，中国社会科学出版社2006年版。

连玉明：《中国生态文明发展报告》，当代中国出版社2014年版。

中共中央文献研究室：《习近平关于全面建成小康社会论述摘编》，中央文献出版社2017年版。

中共中央宣传部：《习近平新时代中国特色社会主义思想三十讲》，学习出版社2018年版。

中共中央宣传部：《习近平总书记系列重要讲话读本》，学习出版社、人民出版社2014年版。

中央文献研究室：《习近平关于社会主义生态文明建设论述摘编》，中央文献出版社2017年版。

朱瑞博：《金融契约、治理结构与产业整合》，复旦大学出版社2006年版。

[德] 海德格尔：《人，诗意地安居》，郜元宝译，上海远东出版社1995年版。

[美] 蕾切尔·卡逊：《寂静的春天》，吕瑞兰、李长生译，吉林人民出版社1997年版。

参考文献

常纪文：《推动乡村振兴产业生态化与生态产业化不可偏废》，《中国战略新兴产业》2018 年第 41 期。

常纪文：《习近平生态文明思想的科学内涵与时代贡献》，《中国党政干部论坛》2018 年第 11 期。

陈柏仁、黄勇：《生态文明视阈下三峡库区错位发展路径研究》，《重庆三峡学院学报》2015 年第 1 期。

陈长：《论贵州协同推进生态产业化与产业生态化》，《贵州省党校学报》2018 年第 6 期。

陈长：《省域生态产业化与产业生态化协同发展理论、实证：以贵州为例》，《贵州社会科学》2019 年第 8 期。

陈长、莫秋橙：《生态资源可达性视阈下县域生态产业化实现的理论与实证》，《生产力研究》2021 年第 5 期。

陈洪波：《"产业生态化和生态产业化"的逻辑内涵与实现途径》，《生态经济》2018 年第 10 期。

陈黎明、王文平、王斌：《中国产业系统生态化发展效率研究》，《统计与决策》2016 年第 4 期。

陈柳钦：《产业发展的可持续性趋势——产业生态化》，《未来与发展》2006 年第 5 期。

陈佩佩、张晓玲：《生态产品价值实现机制探析》，《中国土地》2020 年第 2 期。

崔敏：《"绿水青山就是金山银山"理念的科学内涵与时代价值》，《广西职业技术学院学报》2021 年第 2 期。

代宇涵、赵雯、李静芝：《湖南省城市化与生态环境耦合协调关系研究》，《云南地理环境研究》2018 年第 5 期。

邓路、李蓉蓉：《中国 31 个省（区、市）产业生态效率评价研究》，《安徽农学通报》2014 年第 18 期。

丁毓良、武春友：《生态农业产业化内涵与发展模式研究》，《大连理工大学学报》（社会科学版）2007 年第 4 期。

方一平、朱冉：《"两山"价值转化的经济地理思维：从逻辑框架到西南实

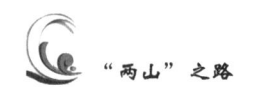

证》,《经济地理》2021 年第 10 期。

方永丽:《中国产业生态化综合评价及其耦合协调发展研究》,《河南工业大学学报》(社会科学版) 2021 年第 6 期。

方哲、向永胜、吴浩楠:《"两山理念"下自然资源生态价值核算——以森林资源为例》,《商业经济》2021 年第 11 期。

付伟、罗明灿、李娅:《基于"两山"理论的绿色发展模式研究》,《生态经济》2017 年第 11 期。

高越风、陈沛绅:《论高质量发展、乡村振兴与共同富裕的逻辑理路》,《领导科学论坛》2022 年第 1 期。

顾颐、李珂:《习近平"两山论"辩证统一思想研究》,《西部学刊》2020 年第 18 期。

郭显光:《改进的熵值法及其在经济效益评价中的应用》,《系统工程理论与实践》1998 年第 12 期。

郭亚军、冯宗宪:《"绿水青山就是金山银山"的辩证关系及发展路径》,《西北农林科技大学学报》(社会科学版) 2022 年第 1 期。

郭占恒:《深入践行"两山"理念的实践探索与再深化再出发》,《浙江经济》2020 年第 8 期。

韩旭东、李德阳、郑风田:《如何依托"两山"理论实现乡村振兴?——基于滕头村的发展经验分析》,《农村经济》2021 年第 5 期。

韩志伟、陈治科:《论人与自然生命共同体的内在逻辑:从外在共存到和谐共生》,《理论探讨》2022 年第 1 期。

胡安俊:《中国的产业布局:演变逻辑、成就经验与未来方向》,《中国软科学》2020 年第 12 期。

胡长生:《习近平新时代"两山论"的思想内涵——学习〈习近平新时代中国特色社会主义思想三十讲〉体会》,《中共天津市委党校学报》2018 年第 5 期。

胡晓燕:《生态环境保护促进共同富裕的理论阐释和实践路径》,《企业经济》2021 年第 12 期。

黄群慧:《改革开放 40 年中国的产业发展与工业化进程》,《中国工业经济》2018 年第 9 期。

黄志斌、王晓华：《产业生态化的经济学分析与对策探讨》，《华东经济管理》2000 年第 3 期。

黄志峰：《提升九江经济实力　优化高质量发展新品质》，《九江日报》2019 年 8 月 9 日。

黄祖辉：《"绿水青山"转换为"金山银山"的机制和路径》，《浙江经济》2017 年第 8 期。

江德森、牛佳牧、姜贵全：《长白山森林食品资源产业化开发及模式研究》，《林业经济》2003 年第 9 期。

江小莉、温铁军、施俊林：《"两山"理念的三阶段发展内涵和实践路径研究》，《农村经济》2021 年第 4 期。

寇有观：《自然资源生态产品价值实现机制探索》，《中国自然资源报》2019 年 7 月 25 日第 3 版。

赖熹姬：《江西省生态产业发展研究》，硕士学位论文，南昌大学，2014 年。

兰菊萍、刘克勤、朱显岳：《生态资源资本化的演化逻辑、实践探索与战略指向》，《浙江农业科学》2020 年第 12 期。

黎元生：《生态产业化经营与生态产品价值实现》，《中国特色社会主义研究》2018 年第 4 期。

李光勤、徐晶、侯苏哲：《"两山"理论如何促进乡村振兴？——来自浙江省安吉县余村 140 名村民的调查分析》，《中国西部》2019 年第 2 期。

李桂花、杜颖：《"绿水青山就是金山银山"生态文明理念探析》，《新疆师范大学学报》（哲学社会科学版）2019 年第 4 期。

李慧明、王军锋：《物质代谢、产业代谢和物质经济代谢：代谢与循环经济理论》，《南开学报》（哲学社会科学版）2007 年第 6 期。

李慧明、左晓利、王磊：《产业生态化及其实施路径选择：我国生态文明建设的重要内容》，《南开学报》（哲学社会科学版）2009 年第 3 期。

李集生：《产业生态化、环境规制与循环经济绩效的耦合实证——基于 18 个城市群面板数据》，《技术经济与管理研究》2022 年第 6 期。

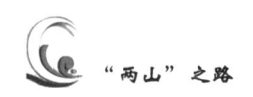

李琳、楚紫穗：《我国区域产业绿色发展指数评价及动态比较》，《经济问题探索》2015年第1期。

李晟婷、周晓唯、武增海：《产业生态化协同集聚的绿色经济效应与空间溢出效应》，《科技进步与对策》2022年第5期。

李涛、朱红：《重要流域内生态产品价值实现机制研究——以加拿大锡姆科湖流域为例》，《中国土地》2019年第10期。

李晓西、刘一萌、宋涛：《人类绿色发展指数的测算》，《中国社会科学》2014年第6期。

李星林、罗胤晨、文传浩：《产业生态化和生态产业化发展：推进理路及实现路径》，《改革与战略》2020年第2期。

李忠鹏：《新时代生态扶贫：生成逻辑、价值意蕴与推进路径》，《中南林业科技大学学报》（社会科学版）2020年第6期。

梁盛平、刘仁罕、肖霖：《新时代国家级新区创新发展对策探析》，《新经济导刊》2020年第4期。

廖茂林、潘家华、孙博文：《生态产品的内涵辨析及价值实现路径》，《经济体制改革》2021年第1期。

林卫斌、陈彬：《经济增长绿色指数的构建与分析——基于DEA方法》，《财经研究》2011年第4期。

刘传江、吴晗晗、胡威：《中国产业生态化转型的IOOE模型分析——基于工业部门2003—2012年数据的实证》，《中国人口·资源与环境》2016年第2期。

刘东皇、陈晓雪、李向东：《新常态下中国产业生态化转型研究》，《经济论坛》2016年第9期。

刘海霞、胡晓燕：《"两山论"的理论内涵及当代价值》，《中南林业科技大学学报》（社会科学版）2019年第3期。

刘力、郑京淑：《产业生态研究与生态工业园开发模式初探》，《经济地理》2001年第5期。

刘曙光、王璐、尹鹏、郭付友：《中国地级以上城市产业生态化时空特征及其驱动因素研究》，《资源开发与市场》2018年第11期。

刘小双、罗胤晨、文传浩：《生态产业化理论意蕴及发展模式研究综述》，《经济论坛》2020年第3期。

卢宁：《从"两山理论"到绿色发展：马克思主义生产力理论的创新成果》，《浙江社会科学》2016年第1期。

陆根尧、盛龙、唐辰华：《中国产业生态化水平的静态与动态分析——基于省际数据的实证研究》，《中国工业经济》2012年第3期。

罗琼：《"绿水青山"转化为"金山银山"的实践探索、制约瓶颈与突破路径研究》，《理论学刊》2021年第2期。

罗胤晨、李颖丽、文传浩：《构建现代生态产业体系：内涵厘定、逻辑框架与推进理路》，《南通大学学报》（社会科学版）2021年第3期。

马国霞、於方、王金南等：《中国2015年陆地生态系统生产总值核算研究》，《中国环境科学》2017年第4期。

南漳县委、南漳县人民政府：《走特色差异化发展之路》，《政策》2015年第6期。

聂宾汗、靳利飞：《关于我国生态产品价值实现路径的思考》，《中国国土资源经济》2019年第7期。

欧阳志云、赵娟娟、桂振华等：《中国城市的绿色发展评价》，《中国人口·资源与环境》2009年第5期。

彭念一、吕忠伟：《农业可持续发展与生态环境评估指标体系及测算研究》，《数量经济技术经济研究》2003年第12期。

彭文英、滕怀凯：《市场化生态保护补偿的典型模式与机制构建》，《改革》2021年第7期。

齐骥：《"两山"理论在乡村振兴中的价值实现及文化启示》，《山东大学学报》（哲学社会科学版）2019年第5期。

秦曼、刘阳、程传周：《中国海洋产业生态化水平综合评价》，《中国人口·资源与环境》2018年第9期。

丘水林、靳乐山：《生态产品价值实现：理论基础、基本逻辑与主要模式》，《农业经济》2021年第4期。

丘水林、庞洁、靳乐山：《自然资源生态产品价值实现机制：一个机制复

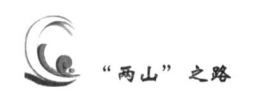

合体的分析框架》，《中国土地科学》2021年第1期。

人民日报评论员：《把生态保护好　把生态优势发挥出来》，《人民日报》2020年8月22日。

人民日报评论员：《牢固树立绿水青山就是金山银山的理念》，《人民日报》2020年5月14日第1版。

人民日报评论员：《习近平在江苏考察时强调贯彻新发展理念构建新发展格局　推动经济社会高质量发展可持续发展》，《人民日报》2020年11月15日第1版。

人民日报评论员：《习近平在青海考察时强调坚持以人民为中心深化改革开放　深入推进青藏高原生态保护和高质量发展》，《人民日报》2021年6月10日第1版。

人民日报评论员：《习近平在深圳经济特区建立40周年庆祝大会上的讲话》，《人民日报》2020年10月15日第2版。

人民日报评论员：《习近平在中共中央政治局第二十八次集体学习时强调完善覆盖全民的社会保障体系　促进社会保障事业高质量发展可持续发展》，《人民日报》2021年2月28日第1版。

任志远：《区域生态环境服务功能经济价值评价的理论与方法》，《经济地理》2003年第1期。

尚嫣然、温锋华：《新时代产业生态化和生态产业化融合发展框架研究》，《城市发展研究》2020年第7期。

邵帅、张可、豆建民：《经济集聚的节能减排效应：理论与中国经验》，《管理世界》2019年第1期。

沈辉、李宁：《生态产品的内涵阐释及其价值实现》，《改革》2021年第9期。

石敏俊、陈岭楠、林思佳：《"两山银行"与生态产业化》，《环境经济研究》2022年第1期。

石涌江：《产业化、生态化和数字化：三化融合的思考》，《科学学研究》2021年第6期。

史培军、刘学敏：《生态建设产业化，产业发展生态化》，《求是》2003年第 4 期。

宋庆丰、牛香、王兵：《黑龙江省森林资源生态产品产能》，《生态学杂志》2015 年第 6 期。

唐任伍、徐道明：《新时代高质量旅游业发展的动力和路径》，《旅游学刊》2018 年第 10 期。

陶火生：《当代产业形态的三大生态化转型比论》，《南京林业大学学报》（人文社会科学版）2016 年第 3 期。

田逸飘、郭佳钦、廖望科：《城镇化、生态环境与产业结构调整——基于省际面板数据的 PVAR 分析》，《科技和产业》2021 年第 3 期。

王斌：《生态产品价值实现的理论基础与一般途径》，《太平洋学报》2019 年第 10 期。

王汉祥、赵海东：《旅游产业生态化研究述评》，《经济管理》2015 年第 9 期。

王金南、马国霞、王志凯等：《生态产品第四产业发展评价指标体系的设计及应用》，《中国人口·资源与环境》2021 年第 10 期。

王金南、王志凯、刘桂环等：《生态产品第四产业理论与发展框架研究》，《中国环境管理》2021 年第 4 期。

王礼刚：《汉江生态经济带产业生态化与生态产业化耦合协调发展研究》，《长江流域资源与环境》2022 年第 6 期。

王丽敏：《"两山论"的理论渊源及其实践路径》，《理论月刊》2020 年第 11 期。

王太明：《后脱贫时代生态扶贫的逻辑、困境及规制》，《临沂大学学报》2021 年第 2 期。

王夏晖、何军、牟雪洁、朱振肖、柴慧霞、刘桂环、饶胜、张箫：《中国生态保护修复 20 年：回顾与展望》，《中国环境管理》2021 年第 5 期。

王晓君、吴敬学、蒋和平：《中国农村生态环境质量动态评价及未来发展趋势预测》，《自然资源学报》2017 年第 5 期。

王雅俊：《中国西部地区工业化、城镇化与产业生态化的关系——基于 PVAR 模型的分析》（英文），*Journal of Resources and Ecology* 2021 年第 1

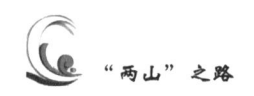

期。

王占仁：《习近平新时代中国特色社会主义思想的马克思主义立场观点方法》，《西北工业大学学报》（社会科学版）2021年第1期。

王祖山、姚欣雨：《长江经济带的产业结构调整与生态环境发展——基于面板向量自回归模型的证据》，《中南民族大学学报》（人文社会科学版）2022年第6期。

魏玲丽：《生态农业与农业生态旅游产业链建设研究》，《农村经济》2015年第10期。

吴巨培、彭福扬：《产业生态化发展及其实现路径》，《湖南社会科学》2013年第5期。

吴夏妮：《浅谈逆向物流与循环经济》，《科技资讯》2010年第26期。

武志杰、张丽莉：《循环经济——可持续的经济发展模式》，《生态学杂志》2006年第10期。

谢家平、孔令丞：《循环经济与生态产业园区：理念与实践》，《管理世界》2005年第2期。

辛越优、张颂：《"绿水青山就是金山银山"理念地方践行成效指数排名与时空特征分析》，《贵州社会科学》2021年第4期。

新华社：《中华人民共和国国民经济和社会发展第十三个五年规划纲要》，《人民日报》2016年3月18日第1版。

熊鹰：《生态旅游承载力研究进展及其展望》，《经济地理》2013年第5期。

徐保根：《生态农业产业化经营浅析》，《中国生态农业学报》2002年第1期。

徐朝旭、裴士军：《"绿水青山就是金山银山"理念的深刻内涵和价值观基础——基于中西生态哲学视野》，《东南学术》2019年第3期。

徐桂英、苏胜利、周敏等：《林业产业化发展关键环节的探讨》，《技术经济》2006年第1期。

徐静、俞晓敏、张桔等：《生态产业化与产业生态化协同发展："山江湖"综合开发背景下的南昌产业发展新思路》，《中共南昌市委党校学报》

2010 年第 5 期。

徐磊:《习近平"两山论"再探:生态生产力的新视界》,《广西社会科学》2019 年第 6 期。

许秋梅、姜旭扬:《产业生态化影响因素综述》,《产业创新研究》2022 年第 4 期。

闫军印、李百华:《基于循环经济的矿产资源生态化开发技术体系研究》,《科技管理研究》2014 年第 5 期。

严金明、王晓莉、夏方舟:《重塑自然资源管理新格局:目标定位、价值导向与战略选择》,《中国土地科学》2018 年第 4 期。

严立冬、谭波、刘加林:《生态资本化:生态资源的价值实现》,《中南财经政法大学学报》2009 年第 2 期。

颜建军、徐雷、李扬:《资源、环境双重约束下的湖南省产业生态化发展路径》,《经济地理》2017 年第 6 期。

颜翔:《"科技+产业扶贫"引领脱贫攻坚——井冈山科技扶贫调查报告》,《老区建设》2018 年第 1 期。

杨多贵、高飞鹏:《"绿色"发展道路的理论解析》,《科学管理研究》2006 年第 5 期。

杨海龙、杨艳昭、封志明:《自然资源资产产权制度与自然资源资产负债表编制》,《资源科学》2015 年第 9 期。

杨煌辉:《"绿水青山就是金山银山"的三重逻辑》,《石河子大学学报》(哲学社会科学版)2021 年第 5 期。

杨晶:《生态文明建设的价值目标》,《东岳论丛》2020 年第 8 期。

杨美勤、唐鸣:《习近平"两山"论的四重逻辑》,《科学社会主义》2019 年第 6 期。

杨文杰、葛超、陈晓非:《吉林省林业产业化探讨》,《西北林学院学报》2007 年第 3 期。

杨亚妮、白华英、苏智先:《中国生态建设产业化的典范》,《生态经济》2002 年第 12 期。

易成栋、罗志军:《中国生态工业园初探》,《中国人口·资源与环境》

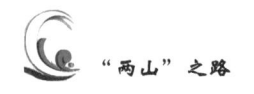

2002年第3期。

余东华:《黄河流域产业生态化与生态产业化的战略方向和主要路径》,《山东师范大学学报》(社会科学版)2022年第1期。

郁庆治:《社会主义生态文明观与"绿水青山就是金山银山"》,《学习论坛》2016年第5期。

喻锋、李晓波、张丽君、徐卫华、符蓉、王宏:《中国生态用地研究:内涵、分类与时空格局》,《生态学报》2015年第14期。

袁世一、李永武、陈维国、谢启伟:《产业生态化与空间集聚效应研究——来自中国31个省、市、自治区的面板数据》,《管理评论》2020年第6期。

袁增伟、毕军、张炳、刘文英:《传统产业生态化模式研究及应用》,《中国人口·资源与环境》2004年第2期。

曾晓文、刘金山:《广东产业生态化的发展战略与路径》,《广东财经大学学报》2016年第5期。

翟帅:《江苏省普惠金融指数及其影响因素研究》,《财会月刊》2015年第12期。

张波、白丽媛:《"两山理论"的实践路径——产业生态化和生态产业化协同发展研究》,《北京联合大学学报》(人文社会科学版)2021年第1期。

张彩虹、戴广翠、张大红:《我国森林环境资源及其产业化问题研究》,《林业经济问题》2002年第3期。

张车伟、邓仲良:《探索"两山理念"推动经济转型升级的产业路径——关于发展我国"生态十大健康"产业的思考》,《东岳论丛》2019年第6期。

张春晓:《生态文明融入中国特色社会主义经济建设研究》,博士学位论文,东北师范大学,2018年。

张光紫、张森年:《"两山"理论的哲学意蕴与实践价值》,《南通大学学报》(社会科学版)2018年第2期。

张雪原、张晓明、曹琳、朱红伟:《水生态产品的产业化价值实现路径与模式研究——以九江市芳兰湖片区为例》,《中国国土资源经济》2022年第7期。

张亚明、陈宝珍:《京津冀生态环境支撑区产业生态化效率研究》,《现代城市研究》2016年第12期。

张月芳、李柱、连利军:《渝东南产业生态化与生态产业化协同发展研究》,《重庆行政》(公共论坛)2016年第3期。

张云、赵一强:《环首都经济圈生态产业化的路径选择》,《生态经济》2012年第4期。

张智光:《超循环经济:破解"资源诅咒",实现"两山"共生》,《世界林业研究》2022年第2期。

赵德余、朱勤:《资源—资产转换逻辑"绿水青山就是金山银山"的一种理论解释》,《探索与争鸣》2019年第6期。

赵建军、杨博:《"绿水青山就是金山银山"的哲学意蕴与时代价值》,《自然辩证法研究》2015年第12期。

赵林飞:《产业生态化的若干问题研究》,硕士学位论文,浙江大学,2003年。

赵武、马一丹、王汝涛、滕昕:《区域产业生态化:理论演进、评价方法及实现路径》,《中国人口·资源与环境》2013年第2期。

赵亚东:《"两山"理念在乡村振兴中的价值实现及生态启示》,《齐齐哈尔大学学报》(哲学社会科学版)2020年第10期。

郑红霞、王毅、黄宝荣:《绿色发展评价指标体系研究综述》,《工业技术经济》2013年第2期。

郑瑞强、郭如良:《促进农民农村共同富裕:理论逻辑、障碍因子与实现途径》,《农林经济管理学报》2021年第6期。

周谷平、倪好、董雪兵:《"绿水青山就是金山银山"理念促进区域协调发展的三重路径与要素支撑》,《浙江大学学报》(人文社会科学版)2021年第6期。

周世祥、韩勇:《我国工业生态化问题研究及对策思考》,《能源与环境》2009年第4期。

周小萍、陈百明、卢燕霞、张正峰：《中国几种生态农业产业化模式及其实施途径探讨》，《农业工程学报》2004年第3期。

周游：《我国区域经济的生态化发展——评〈区域经济生态化研究〉》，《环境工程》2021年第8期。

庄贵阳、丁斐：《"绿水青山就是金山银山"的转化机制与路径选择》，《环境与可持续发展》2020年第4期。

《国务院关于印发〈中国制造2025〉的通知》，2015年5月19日，中国政府网，http://www.gov.cn/zhengce/content/2015-05/19/content_9784.htm。

《中共中央 国务院关于支持浙江高质量发展建设共同富裕示范区的意见》，2021年6月10日，中国政府网，http://www.gov.cn/zhengce/2021-06/10/content_5616833.htm。

杜尚泽、丁伟、黄文帝：《弘扬人民友谊 共同建设"丝绸之路经济带"——习近平在哈萨克斯坦纳扎尔巴耶夫大学发表重要演讲》，2013年9月8日，人民网，http://cpc.people.com.cn/n/2013/0908/c64094-22843681.html。

孟东军、杨春光、敖晶等：《建立生态文明生态经济体系健全生态化产业化发展路径》，2018年6月18日，人民论坛，http://www.rmlt.com.cn/2018/0618/521209.shtml。

《中共中央 国务院印发〈生态文明体制改革总体方案〉》，2015年9月21日，中国政府网，http://www.gov.cn/guowuyuan/2015-09/21/content_2936327.htm。

《中共中央 国务院关于加快推进生态文明建设的意见》，2015年6月22日，国务院新闻办公室网站，http://www.scio.gov.cn/xwfbh/xwbfbh/yg/2/Document/1436286/1436286.htm。

《中共中央办公厅、国务院办公厅印发〈党政领导干部生态环境损害责任追究办法（试行）〉》，2015年8月17日，中国政府网，http://www.gov.cn/zhengce/2015-08/17/content_2914585.htm。

《中共中央办公厅 国务院办公厅印发〈深化农村改革综合性实施方案〉》，2015年11月2日，中国政府网，http：//www. gov. cn/zhengce/2015-11/02/content_ 2958781. htm。

《绿水青山是最普惠的民生福祉》，2017年10月16日，中国共产党新闻网，http：//cpc. people. com. cn/B1G5/n1/2017/1016/c414305-29588269. html。

Allenby B. R. , "Industrial Ecology Gets Down to Earth", *IEEE Circuits and Devices Magazine*, No. 1, 1994.

Erkman S. , "Industrial Ecology: A Historical View", *Journal of Cleaner Production*, No. 1, 1997.

Frosch R. A. , Gallopoulos N. E. , "Strategies for Manufacturing", *Scientific American*, No. 3, 1989.

Huber J. , "Towards Industrial Ecology: Sustainable Development as a Concept of Ecological Modernization", *Journal of Environmental Policy and Planning*, No. , 2000.

Hwang C. L. , Yoon K. S. , *Multiple Attribute Decision Making Methods and Applications*, Berlin: Spring-verlag, 1981.

Jelinski L. W. , Graedel T. E. , Laudise R. A. , et al. , "Industrial Ecology: Concepts and Approaches", *Proceedings of the National Academy of Sciences of the United States of America*, Vol. 89, No. 3, 1992.

Tinsley H. New Instruments and Tools, "Radio Frequency Multi-range Milliammeter", *Journal of Scientific Instruments*, No. 12, 1935.

Yale University, Columbia University, World Economic Forum, "2018 Environmental Performance Index: Global Metrics for the Environment: Ranking Country Performance on High-priority Environmental issues", 2018 – 10 – 28, https: //epi. envirocenter. yale. edu/downloads/epi2018policymakerssummaryv01. pdf.

Singh A. , Basak P. , "Economic and Environmental Evaluation of Municipal

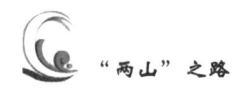

Solid Waste Management System Using Industrial Ecology Approach: Evidence from India", *Journal of Cleaner Production*, Vol. 195, 2018.

Magnusson T., Andersson H., Ottosson M., "Industrial Ecology and the Boundaries of the Manufacturing Firm", *Journal of Industrial Ecology*, Vol. 23, No. 5, 2019.

Tony M. A., "An Industrial Ecology Approach: Green Cellulose-based bio-adsorbent from Sugar Industry Residue for Treating Textile Industry Wastewater Effluent", *International Journal of Environmental Analytical Chemistry*, Vol. 101, No. 2, 2021.

Baldassarre B., Schepers M., Bocken N., et al., "Industrial Symbiosis: Towards a Design Process for Eco-industrial Clusters by Integrating Circular Economy and Industrial Ecology Perspectives", *Journal of Cleaner Production*, Vol. 216, 2019.

Bruel A., Kronenberg J., Troussier N., et al., "Linking Industrial Ecology and Ecological Economics: A Theoretical and Empirical Foundation for the Circular Economy", *Journal of Industrial Ecology*, Vol. 23, No. 1, 2019.

Saavedra Y. M. B., Iritani D. R., Pavan A. L. R., et al., "Theoretical Contribution of Industrial Ecology to Circular Economy", *Journal of Cleaner Production*, Vol. 170, 2018.

Pauline D., Giuseppe I., "From Theory to Practice: Enhancingthe Potential Policy Impact ofIndustrialEcology", *Sustainability*, Vol. 7, No. 2, 2015.

Chen C. F., Sun Y. W., Lan Q. X., et al., "Impacts of Industrial Agglomeration on Pollution and Ecological Efficiency: A Spatial Econometric Analysis Based on a Big Panel Dataset of China's 259 Cities", *Journal of Cleaner Production*, Vol. 258, 2020.